KB268338

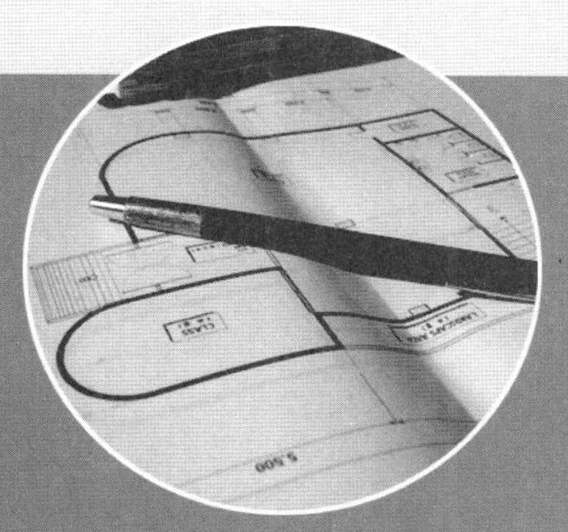

Geothermal System Design

지열설계사

지열인력양성센터 편저

이 책의 구성

- 지열 시스템 개요
- 기초 이론
- 지열 시스템 설계
- 지중 열교환기 및 지중지반
- 수직형 지중 열교환기 설계
- 건물의 부하와 에너지
- 히트펌프 유니트 선정
- 순환시스템 설계
- 프로젝트 관리
- 하이브리드 시스템 및 성능평가
- 지열 히트펌프 시스템의 효과 분석
- 용어 설명

도서출판 건기원

지열설계사

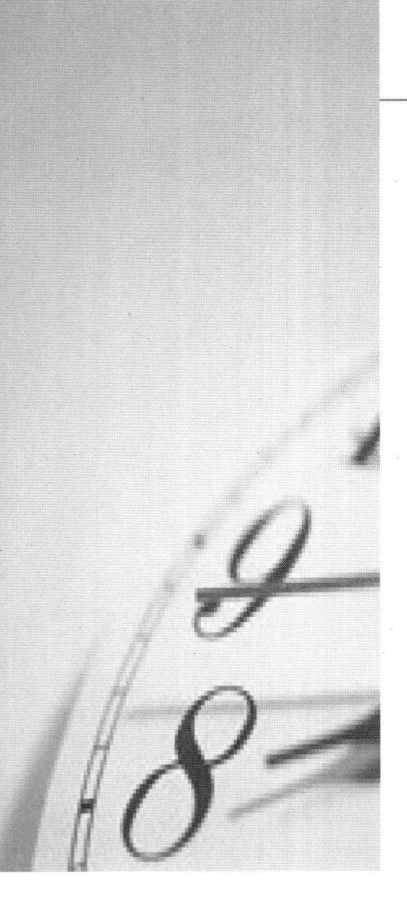

정가 ▌ 25,000원

편저자 ▌ 지열인력양성센터
펴낸이 ▌ 조 상 범
펴낸곳 ▌ 도서출판 건 기 원

2011년 2월 20일 제1판 제1인쇄
2011년 2월 25일 제1판 제1발행

주소 ▌ 서울특별시 강서구 공항동 1343-3 (⊕157-816)
전화 ▌ (02)2662-1874~5
팩스 ▌ (02)2665-8281
등록 ▌ 제11-162호, 1998. 11. 24

● 건기원은 여러분을 책의 주인공으로 만들어 드리며 출판 윤리 강령을 준수합니다.
● 본서에 게재된 내용 일체의 무단복제 · 복사를 금하며 잘못된 책은 교환해 드립니다.

ISBN 978-89-5843-448-1 13540

머리말

1970년대 석유파동 이후 선진국은 불확실한 세계정세에 따라 급변하는 유가의 변동, 화석연료의 무기화, 환경오염문제 나아가 화석연료 고갈 등의 우려 때문에 그동안 등한시 해 왔던 신·재생에너지의 연구개발 및 보급에 박차를 가하고 있다. 특히 기후변화협약에 따른 저탄소 사회실현과 고유가 시대를 대비하기 위해 신·재생에너지에 대한 관심이 고조되고 있다.

현재 신·재생에너지원 가운데 가장 각광을 받고 있는 분야가 우리 발밑에 부존되어 있는 지열을 이용한 지열원 열펌프 시스템 관련기술이다. 지열원 열펌프 시스템은 지중이 보유한 태양 복사에너지와 지구심부의 마그마로부터 끊임없이 생산되는 열에너지를 활용하기 때문에 화석연료를 연소시켜 얻는 에너지에 비해 일산화탄소 및 이산화탄소의 발생을 줄일 수 있고, 국내 어디서나 이용할 수 있는 유비쿼터스 에너지이면서 안전하고 효율적인 청정 신·재생에너지이다.

지열 냉난방 시스템은 세심한 설계와 더불어 정확한 시공을 통해 성능이 결정된다. 그러나 기존에 수행되어온 설계나 시공의 경우 주먹구구식으로 이루어져 시스템 성능을 저하시키는 중요한 요인이 되고 있다. 이러한 문제를 근본적으로 해결하기 위해 지열인력양성센터에서는 설계와 시공의 기술력 증진 및 이를 토대로 한 보급 확대를 위해 지열 관련 자격증 제도를 운영하고 있으며, 지열시공사에 이어 두 번째로 본 교재를 발간하게 되었다.

본 교재는 지열 냉난방 시스템의 개요, 시스템 설계이론, 냉난방 부하계산, 수직형 지중 열교환기 설계, 순환시스템 설계 및 효과분석까지 지열시스템 설계 및 M&V와 관련된 전반적인 내용을 다루고 있다.

이 책의 발간을 통해 지열설계자, 설계사무소, 감리자, 관련공무원, 학생 등에게 지열시스템 설계를 위한 기술서로서의 역할은 물론, 산업현장에서 빈번히 발생되는 설계 오류를 줄여 설계 기술력 향상 및 지열 시스템의 신뢰성을 확보하고자 한다.

끝으로 본 교재 작성에 열성적으로 참여해주신 김진상 박사님과 지열센터 직원들(공형진 사무국장, 유혜정 행정실장, 강성재 주임, 김미선 주임), 실험실 학생들 그리고 책으로 엮어져 세상에 나와 빛을 볼 수 있게 해준 도서출판 건기원의 조상범 사장님께 심심한 감사의 인사를 드리는 바입니다.

2011. 01

지열인력양성센터장 임효재

CHAPTER 1

지열시스템 개요

1.1 냉난방 설비의 형식

1.2 지열시스템의 원리

1.3 지열시스템의 형태

1.4 지열시스템의 구성요소

 **핵심요약**

　건물 분야는 온실가스의 배출감축 잠재량이 가장 높은 분야로서 에너지 절약 및 온실가스 배출감축에 대한 관심이 매우 높다. 지열 히트펌프 시스템은 가장 효율이 높고 친환경적인 냉난방 시스템으로 인식되고 있다. 신재생에너지원 중에서 건물의 냉난방에 지열 히트펌프를 적용하면, 이용 잠재량이 가장 높은 신재생에너지원이다.

　지열 히트펌프는 히트펌프 방식의 하나로서 하절기에는 히트펌프 응축기를 통해 나오는 열을 지중에 저장하고 동절기에는 지중에 저장된 열을 히트펌프 증발기를 통하여 이용한다.

　이 장에서는 냉난방 설비로서 지열히트펌프 시스템을 살펴보고자 한다. 다른 설비와 비교하여 차이점을 다루고, 지열시스템의 원리를 다루며, 지열히트펌프의 종류, 그리고 지중열교환기의 종류에 대하여 다루고, 지열히트펌프 시스템의 구성요소를 소개하며, 이를 통해 지열히트펌프 시스템에 대한 전반적인 이해를 높이는 것을 목적으로 한다.

01 지열시스템 개요

CHAPTER

1.1 냉난방 설비의 형식

1.1.1 냉난방 설비의 종류

지난 수십 년 동안 가정용이나 업무용 건물에서 사용할 수 있는 깨끗하고, 효율적이며 친환경적인 냉난방 시스템에 대한 연구가 꾸준히 진행되어 왔으며, 이러한 연구는 여러 가지 냉난방시설들의 안정성, 설치비, 유지관리비용과 쾌적성을 동시에 고려하여 최적의 시스템을 찾기 위해 노력해 왔다.

난방시설은 화석연료를 연소시켜 열에너지를 생성·공급하는 연소형 시설(Combustion System)과 화석연료를 전혀 사용하지 않는 비연소형 시설(Non-Combustion System)이 있다. 현재 우리나라를 포함하여, 대다수의 나라에서 채택하고 있는 중앙식 냉난방시설은 20세기 초에 사용했던 유류, 천연가스, 프로판가스와 같은 화석연료의 연소과정을 거쳐 필요한 열에너지를 공급·생산하는 연소형 시설이 대부분을 차지하였다. 그러나 선진국(미국, 스웨덴, 네덜란드, 독일, 노르웨이, 오스트리아 등)들은 연소형 시설보다 효율적이고 친환경적인 열펌프와 같은 비연소형시설을 많이 이용하고 있다. 비연소형시설은 열에너지를 생산하기 위해 새로운 화석연료를 사용하는 것이 아니라 기존의 열에너지를 지열과 같은 별도의 열원으로부터 에너지를 추출하여 부하가 필요한 수요처로 이동시켜 사용하는 방법이다.

최근 국내의 냉난방 시스템의 경우 가스엔진을 탑재하여 엔진동력으로 구동되는 압축기를 이용하여 냉난방 시스템을 구성하는 가스식 열펌프(Gas Heat Pump ; GHP)와 전기로 압축기를 구동시키는 전기식 열펌프(Electric Heat Pump ; EHP)시스템을 주로 이용하고 있다. 이는 순수한 지열을 열원으로 하는 지열원 열펌프 (Ground Source Heat Pump ; GSHP)와는 근본적으로 차이가 있는 시스템이다.

가. 연소형 시스템(Combustion System)

연소형 난방장치는 가정용이나 산업용으로 사용되어온 난방시설이었다. 그 이유는 초기 설치비가 저렴하고 이용의 편의성을 들어 현 시장에서 가장 보편적으로 이용되어온 시스템이기 때문이다. 그러나 불행하게도 이들 시설을 이용할 때 발생되는 환경오염물질의 배출과 더불어 연료비 및 유지관리비 측면에서 발생되는 문제들을 우리는 망각하고 있다.

이들 시설은 화염(불꽃)을 이용하여 작동·운전되기 때문에 열교환기, 소화기, 굴뚝 및 가스관과 같은 부대시설을 부실하게 설치·관리하거나 특히 파손이 되는 경우에는 화재나 폭발이 발생하여 해당 사업장은 물론 그 인근에 소재하는 재산과 인명에 막대한 손실과 위해를 끼칠 수 있다.

또한 연소형 시스템은 대부분 난방설비에 국한되어 있다. 따라서 냉방운전을 위해서는 별도의 냉방 시스템을 설치해야 한다. 별도의 냉방설비의 구축에 따른 설치비 및 유지관리비용의 상승이 단점으로 꼽히고 있다. 더구나 실내의 쾌적성을 확보하기 위해 가습기와 같은 별도의 설비를 추가적으로 설치해야하는 부담도 안고 있다.

연소형 난방시설은 대형건물일 경우 중앙식 냉난방시스템과 연결하여 운영하는데 이 방법은 완전 분리된 냉방시설을 이용하는 것에 비해 시설설치비와 운영비가 많이 드는 단점이 있다.

나. 비연소형 시스템(Non-Combustion System)

1) 열펌프 시스템(Heat Pump System)

열펌프는 우리들이 늘 사용하고 있는 냉장고나 에어컨처럼 일종의 열교환기 (Heat Exchanger)이다. 즉 냉장고나 에어컨은 공기를 열원으로 이용하는 일종의 공기열원(Air Source) 열펌프이고, 물을 이용하는 열펌프는 수열원 열펌프라 통칭한다. 열펌프는 온도가 낮은 곳에서 높은 곳으로 열을 이동시켜 필요한 곳에서 해당 열에너지를 사용하는 시스템이다. 일반적인 열펌프의 경우 열원을 공기로 이용함으로서 혹한기나 혹서기때 성능저하를 나타내고 단점이 있으나, 하나의 장비로 난방과 냉방을 동시에 수행할 수 있는 장점을 가지고 있다.

열펌프는 설치비용이 중앙 집중 연소식 난방시설 및 중앙 냉방시설을 혼합한 형식에 비해 저렴하며, 필요에 따라 중앙집중식 냉난방시설로 이용이 가능하다. 전술한 바와 같이 열펌프는 에너지를 이동시키는 장치로서 여름철에 실내의 열을 추출한 다음, 응축기를 통과시킨 후 실외로 이동시켜 실내 온도를 낮추는 일을 하고, 이와 반대로 겨울철에는 그 과정이 하절기의 반대 방향으로 작동하여 실외공기로부터 열을 추출하여 실내에 난방을 하는 장치이다.

2) 지열원 열펌프 시스템

최근에 공기열원 열펌프보다는 훨씬 효율적이고 개선된 냉난방 시설로서 열원을 지중열(지하수열)을 이용하는 열펌프가 널리 개발, 이용되고 있는데 이를 지열원 열펌프라 한다. 국제지열히트펌프협회(IGSHPA)는 지열펌프(Geothermal Heat Pump ; GHP) 혹은 지열원열펌프(Ground Source Heat Pump ; GSHP)로 명명하고 있다.

지열의 이용방법은 지중열, 지하수 및 지표수(저수지, 하천 및 호수)를 열원으로 하여 열전달 매체인 지중 순환수 회로망(Tubing Network)과 연결시킨 물 대 물 또는 물 대 공기 열펌프 시스템을 토양 이용 열펌프(Ground Coupled Heat Pump ; GCHP)시스템이라 하며 이는 상술한 지열원 열펌프의 일종이다.

지중 연결 지열원 열펌프(GCHP)는 일반적으로 열펌프와 지중에 매설한 지중코일(지중 순환회로)로 구성되어 있다. 옥외에 열원 취득을 위한 지중코일을 설치하여 내부를 순환하는 순환수를 통해 지중과 열전달하고, 지열펌프를 설치하여 건물 내부의 냉난방을 수행한다.

지중코일은 PE(Polyethylene) 또는 PB(Polybutylene)재질의 파이프로 구성되어 있다. 국내의 경우 물 대 물 열펌프를 주로 사용하나 외국의 경우 물 대 공기형식의 열펌프를 주로 이용한다.

지하수 열펌프(Ground Water Heat Pump ; GWHP) 시스템은 지하수를 취수하여 열원으로 이용하는 방식을 통칭한다.

지표수나 해수를 열원으로 이용하는 지열펌프 시스템을 지표수 열펌프(Surface

Water Heat Pump ; SWHP)시스템이라 한다.

수직형 혹은 수평형 열교환기 등 지중코일을 사용하는 지열원 열펌프 시스템은 근본적으로 수열원 열펌프(Water Source ; WSHP)의 원리를 이용하는 시스템이다. 그러나 북유럽지역에서는 소형 건물에 한하여 지중과의 열전달을 담당하는 지중 코일부분을 냉매순환배관으로 대체하여 직접적으로 지열추출 및 방열에 이용함으로 그 효율을 증대시키고 있다.

최근 EPA(미국 환경청 : United States Environmental Protection Agency)의 연구 결과에 의하면 지열펌프는 현재 가용한 모든 냉난방 시설 중 유지비용이 가장 저렴하고 환경오염 배출량이 가장 적은 시스템이라고 한바 있다. 또한 지열펌프 이용자들은 지열펌프가 가장 쾌적하고 만족스러운 냉난방 장치로서 초기투자비는 타 시설에 비해 다소 높지만 운영, 관리, 유지비가 저렴하기 때문에 3~4년 내에 초기 투자비를 완전히 회수-상환할 수 있는 저비용 냉난방 장치로 평가하고 있다.

<표 1-1>은 연소형 난방시설, 열펌프와 지열펌프의 안정성, 설치비, 운영비, 유지관리비 및 전과정 비용을 최대, 대, 중, 소로 분류한 표이다.

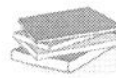 〈표 1-1〉 각 시설의 비교표

내용시설	안정성	설치비	운영비	유지관리비	전과정비용	비고
연소형 시설	-	중	중	대	중	
열펌프	최대	중	중	중	중	
지열펌프	최대	대	소	소	소	최적

1.1.2 히트펌프의 종류

열열펌프는 열을 이송시키는 매체에 따라 <표 1-2>와 같이 4종으로 분류한다.

〈표 1-2〉 열펌프의 종류

분류	열원
1) 공기 대 공기 열펌프(Air To Air Heat Pump)	공기
2) 물 대 물 열펌프(Water To Water Heat Pump)	물
3) 공기 대 물 열펌프(Air To Water Heat Pump)	공기
4) 지열원 열펌프(Geothermal Heat Pump),	지열, 지하수

가. 공기 대 공기 열펌프(Air to Air Heat Pump)

실외 공기를 이용하여 공기속의 열을 추출하고, 부하측에 공급하는 냉난방매체 역시 공기를 이용하여 냉방과 난방용으로 이용하는 시스템을 공기 대 공기 열펌프라 하고, 이때의 열원은 실외 공기이다. 대표적인 공기열원 열펌프는 최근 설치 및 이용의 빈도가 높아지는 전기식 열펌프(EHP)와 가스를 이용한 가스식 열펌프(GHP)시스템이다. 그러나 실외 대기 온도가 높거나 낮을 경우 시스템의 특성상 많은 전력이 소모되어 성능 효율이 하락한다. 국내의 경우 일부지역을 제외하고는 겨울철 외기온도가 낮아 난방용으로 공기 대 공기 열펌프를 이용하기에는 단점으로 꼽히고 있다.

나. 물 대 물 열펌프(Water to Water Heat Pump)

물 대 물 방식의 열펌프 시스템은 열원으로서 물이 보유하고 있는 열에너지를 열펌프를 통하여 추출하고, 부하측에 공급하는 매체역시 물을 이용하여 냉온수를 AHU나 FCU에 공급함으로서 건물의 냉난방에 이용하는 방식이다.

물은 부존상태에 따라 호수, 강물, 해수, 연못, 저수지등으로 구분할 수 있다.

지하수의 경우 지표수와 달리 연중 일정한 온도를 유지한다. 이와 같이 지하수를 이용하는 열펌프를 지하수 이용 열펌프라 하여 일반적인 수열원 열펌프와 구분 짓고 있다.

다. 물 대 공기 열펌프(Water to Air Heat Pump)

이 펌프의 동작원리는 물 대 물 열펌프와 비슷하나, 열펌프가 물에서 추출한 열에너지를 이용하여 냉·온수를 만드는 대신에 덥거나 차가운 공기를 만들어 냉난방에 이용하는 열펌프이다.

대다수의 건물들은 열펌프에 의해 만들어진 가열 및 냉각된 공기를 송풍기와 덕트(Duct)를 통해 필요한 곳으로 보낸다. 실제로 물을 열 에너지원으로 하는 열펌프는 냉난방 형식이 송풍 방식이거나 배관 형식이거나를 불문하고 모두 동일한 열펌프이다.

물대공기 열펌프에다 온수를 만들 수 있는 열교환기를 부착하면 이는 바로 물대물 열펌프와 동일한 시스템이 된다. 물대공기 열펌프에 사용할 수 있는 물의 종류

(지하수, 상수도, 지표수, 해수)와 역할 등은 앞에서 언급한 바와 같다.

라. 지열펌프(Geothermal Heat Pump ; GSHP)

지열시스템의 열원은 크게 지구 내부 에너지인 심부지열과 태양 복사열에너지인 천부지열로 구분 지을 수 있다. 지중 온도는 해당지점의 지리적인 위치(위도, 고도), 심도 및 수리지질조건에 따라 차이가 있긴 하나 비록 극지방이라 해도 지하 깊은 곳의 온도는 0℃ 이상이다.

지열은 수리지질학적인 조건에 따라서 수 ℃에서 수 100℃의 열에너지를 보유하고 있다. 그러나 열펌프를 이용한 냉난방과 관련된 천부지열은 우리들이 항상 사용하는 지하수의 온도규모이다. 일본이나 뉴질랜드의 화산지역은 지열이 비교적 높은 지대이기 때문에 이곳의 고온의 지하수를 직접 지열발전소나 난방용으로 사용할 수도 있지만 이는 특수한 경우에 해당한다.

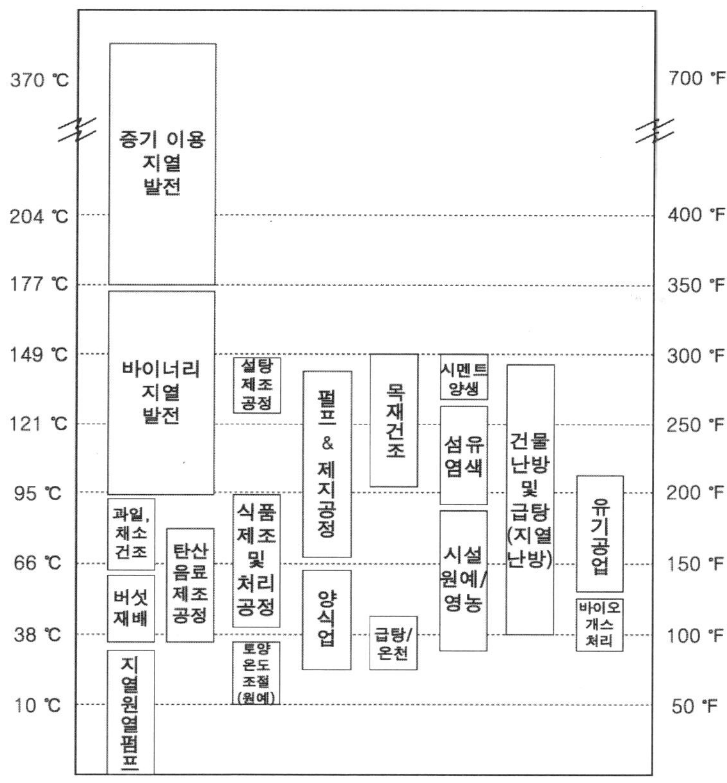

[그림 1-1] 지중 온도별 지열시스템 이용방안

[그림 1-1]은 지중 온도별 지열 시스템 이용방안을 나타낸 그림이다. 지역에 따라 온도 편차를 감안하더라도 전 세계적으로 가장 큰 부분을 차지하는 분야는 지열원 열펌프 시스템임을 알 수 있다.

일반적으로 국내의 경우 지하수면 아래 약 5m 하부에 부존된 지하수와 그곳의 지온은 연중 15±1℃로서 비교적 일정하다. 따라서 이와 같은 지하수나 지열은 우리에게 풍부한 열에너지를 공급해주는 열에너지원이다.

1.2　지열시스템의 원리

1.2.1 냉난방 시스템 원리

가. 냉방 사이클

열펌프는 하나의 패키지 유니트로 되어 있고 내부는 압축기, 열교환기, 4방 밸브, 팽창 밸브 등으로 구성되어 있다. [그림 1-2]에서 보면, 압축기로부터 나온 과열증기 냉매는 4방 밸브를 거쳐 열교환기(응축기)로 들어가 뜨거운 증기의 열을 지중 순환유체 측으로 버리게 된다.

열교환기(응축기)에서 냉매와의 열교환을 통해 비교적 차가운 지중 순환수의 온도는 상승하고 냉매는 상온 기체상태(vapor phase)에서 액체상태(liquid phase)로 변하게 된다. 열교환기(응축기)에서 순환유체가 흡수한 열은 지중과의 열전달을 통해 방출하게 된다. 따라서 지중과의 열교환을 통해 설정 입구온도까지 떨어지게 하는 것이 지중 열교환기의 역할이다.

차가운 액상의 저압 냉매는 팬코일 유니트(증발기 혹은 열교환기)로 들어가 공기나 물과 열교환하여 건물 내부에서 돌아오는 냉수나 공기를 시원하게 만들며 다시 액 냉매는 증기로 상변화를 하게 된다. 증기가 된 냉매는 4방 밸브를 지나면서 압축기로 들어가 다시 뜨거운 고압증기 냉매가 되는 것이다. 이 냉방 사이클에서는 건물 내부를 담당하는 열교환기는 증발기, 지중으로 열을 방열하는 열교환기는 응축기의 역할을 하게 된다.

열교환기를 지나는 뜨거운 증기 냉매는 지중 열교환기의 작동 유체에 열을 방출하고 자신은 액 냉매로 상변화를 한다. 이때 전형적인 시스템에서의 EWT(Entering Water Temperature)는 약 15~20℃ 정도이고 냉매로부터 열을 받게 되어 약 5~6℃정도의 온도가 상승하게 된다. 이렇게 상승된 순환유체의 온도는 지열 파이프를 순환하면서 지중의 15℃정도의 온화한 온도와 열교환이 되어 다시 적절한 EWT(여기서 20℃정도)로 되돌아오면서 시스템은 정상 상태를 이루게 된다. 부동액이 방출한 열량은 모두 지하에 버려지게 되며 이러한 버려지는 열량은 지하의 열용량을 감안하여 정확히 계산되어 지열루프의 크기가 결정된다.

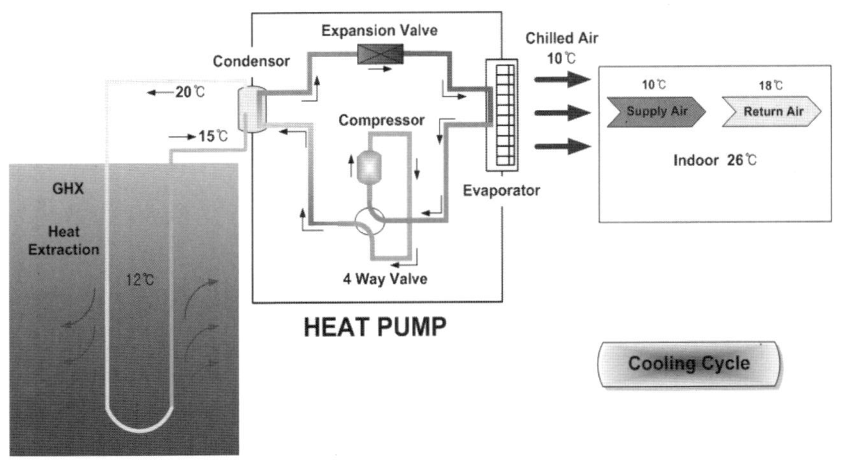

[그림 1-2] 냉방 사이클 구성도

위의 그림에서 보듯이 지열루프는 정확히 하나의 열교환기의 역할을 하는 것이며, 파이프의 성능, 땅의 열용량, 부동액의 유량 등에 따라 열교환기의 성능(길이)이 결정된다.

나. 난방 사이클

[그림 1-3]에서와 같이 압축기로부터 나온 뜨거운 증기 냉매는 4방 밸브를 통해서 팬코일 유니트(응축기 혹은 열교환기)로 들어가 뜨거운 증기의 열을 상대적으로 온도가 낮은 순환 공기 또는 건물 순환수와 열교환한다. 즉 리턴되는 공기는

팬코일 유니트를 통해서 실내 내부를 난방하기 위한 열량을 받는다. 과열 증기 냉매는 팬코일 유니트(응축기)를 거쳐 액 냉매 상태가 되며 팽창밸브를 지나면서 차가운 저압의 액 냉매가 되어 열교환기(증발기)로 흘러 들어가게 된다. 열교환기(증발기)의 열로부터 열량을 받은 액 냉매는 증기로 상변화를 하고 4방 밸브를 통해 압축기에 의해서 다시 뜨거운 증기 냉매가 되는 것이다. 이 난방 사이클에서는 냉방 사이클과는 다르게 팬코일 유니트는 응축기, 열교환기는 증발기의 역할을 하게 되는 것이다.

두 개의 서로 다른 열교환기는 냉방과 난방 모드시 서로 다른 역할을 하게 된다.

열교환기를 지나는 차가운 액 냉매는 지중 열교환기의 작동유체로부터 열을 흡수하고 자신은 증기 냉매로 상변화를 하게 된다. 이때 열교환기는 냉방사이클 중에서 증발기의 역할을 하게 되며 순환유체의 EWT는 전형적으로 약 10℃ 정도가 된다. 경우에 따라서는 EWT가 영하가까이 내려가는 경우도 있지만 부동액의 어는점은 약 -12∼-20℃ 이므로 충분하다.

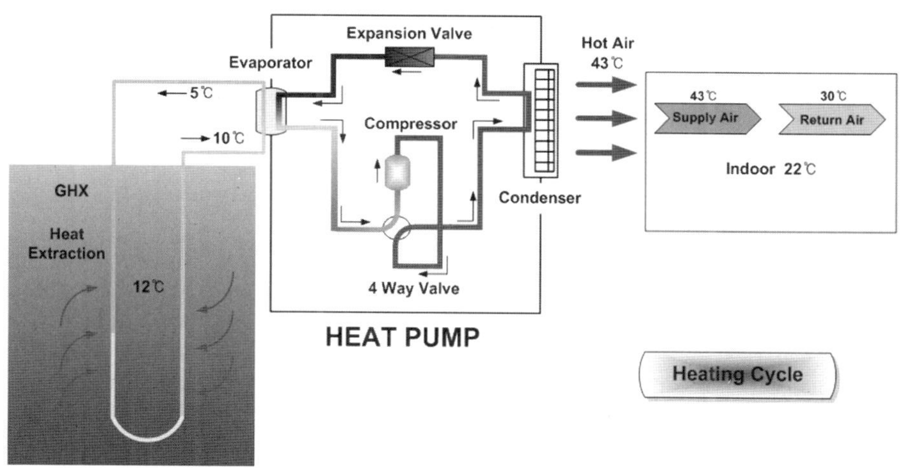

[그림 1-3]   난방 사이클 구성도

이와 같이 약 10℃ 정도의 순환유체는 열교환기를 나갈 때 온도는 약 5℃가 되며 보통 온도 강하는 5∼6℃ 정도이다. 이렇게 강하된 온도의 부동액은 지중 열교환기를 따라서 순환하면서 지중의 온화한 15℃ 정도의 온도와 열교환을 하여 다시 적절한 EWT(여기서 10℃ 정도)로 되돌아오면서 시스템은 정상상태에 이르게 된다. 부동액이 지중으로부터 흡수한 열량은 지하의 열용량을 감안하여 정확히 산출되며 또 이를 근거로 지열루프의 크기를 결정하게 된다.

다. 열펌프의 효율

난방시 열펌프에 투입된 전력과 이로 인해 새로이 생성된 열에너지와의 비를 열펌프의 난방효율 및 성적계수(Coefficient Of Performance ; COP)라 한다. 즉, 다음의 수식으로 표현할 수 있다.

$$COP = \frac{생성된\ 에너지}{투입된\ 에너지(전력)} \quad\text{...} \quad (1.1)$$

보통 공기열원 열펌프의 경우 성적계수는 평균적으로 2 이상이다. 그러나 겨울철 대기온도가 낮아지면 다음과 같은 문제들로 인하여 성적계수가 1 이하로 떨어지나, 지열원 열펌프 시스템의 경우 초기 설계만 정확히 이루어지면 공기열원 열펌프와 같은 극단적인 성능하락과 같은 단점이 줄어든다.

1) 대기온도

대다수의 공기열원 열펌프는 겨울철 대기온도가 7℃ 이하인 경우에도 작동한다. 그래서 열펌프의 COP는 2 이하로 떨어지게 된다. 그러나 대기온도가 -6.7℃(20℉) 이하일 때 열펌프의 COP는 1 이하로 내려간다.

지열원 열펌프 시스템의 경우 초기 설계시 지중 열교환기의 정확한 설계를 통하여 열펌프로 공급되는 순환유체의 온도가 극단적인 경우를 제외하고는 0℃ 이하로 떨어지는 경우가 없어 안정적인 열원을 공급받을 수 있는 장점을 가지고 있다.

2) 제상(Defrost)

실외기에 부착된 열교환기를 통해 유동하는 냉매는 매우 차기 때문에 냉동실에서 동결작용이 일어나는 것처럼 실외 열교환기의 코일이 결빙되곤 한다. 따라서 실외온도가 4.5℃(40℉) 이하로 내려가면 열펌프에 서리가 발생되어 열원과의 열교환 성능 하락으로 열펌프의 효율이 떨어진다. 따라서 실외기에 생기는 서리를 제상(서리제거) 해주어야 한다. 즉 코일에 생긴 얼음을 녹이기 위해서 부가적인 전열기로 실외기에 있는 열교환기의 코일의 서리를 제거한다. 이때 제상 운전 시 열펌프의 효율을 감소시킨다.

3) 부속열(Supplemental Heat)

겨울철에 실외에서 냉매는 온도가 내려가기 때문에 열펌프의 열공급량도 감소한다. 열공급 대상지에 지속적으로 열을 공급해 주어야만 요구하는 실내온도가 유지되어 쾌적한 실내를 구성할 수 있다.

실외 온도가 너무 낮아 실내가 요구하는 모든 열에너지를 열펌프가 공급할 수 없는 경우가 발생할 수 있다. 이를 해결하기 위해 실내에서 부족한 열에너지를 공급하기 위해 열펌프의 실내 케비넷 안에는 전기 난방 코일이 별도로 설치되어 있다. 열펌프의 구성요소 중에서 상술한 부속열 공급장치를 백업(Backup) 또는 응급 열공급 장치라고도 한다. 실외온도가 낮아 실내에 필요한 열에너지를 공급치 못할 경우 작동되며, 특히 서리 제거시 히터를 작동시켜 실외기의 코일에 공급하여 제상 운전한다.

간혹 열펌프 자체가 고장이 나는 경우에 필요한 실내 열에너지를 공급할 수 있기 때문이다. 부속 전기 열공급장치는 열펌프처럼 성적계수가 높지 않다. 대체적으로 전열기의 COP는 1정도이기 때문에 부속 열공급장치를 이용하게 되면 열펌프의 전체 난방효율은 떨어진다.

4) 주기적인 손실

난방장치를 가동하는 경우에 해당 부하공간이 충분히 따뜻해질 수 있을 정도의 열을 공급해야 한다. 그러나 열펌프 가동을 잠시 중지시키면 실내로 공급되지 않은 열에너지는 열펌프 내에 잔존한다. 열펌프를 가동하거나 중지하는 경우에 발생하는 열손실을 주기적 손실(Cycling Loss)이라 한다.

5) 연평균 난방 성능 인자
(Heating Season Performance Factor ; HSPF 또는 SPF)

열펌프의 전반적인 난방효율을 파악하기 위해 표준시험을 실시한 결과를 SPF로 알려진 수치로 표현한다. 이 시험은 제상작용 온도의 변동, 부속열 공급, 송풍 및 열공급 장치의 가동과 중지 사이클 등으로 인해 발생하는 난방효율의 감소를 간접적으로 알아보기 위해 실시한다. 일반적으로 SPF치가 클수록 열펌프의 난방효율은 커진다. 겨울철 난방시기에 SPF가 6인 열펌프의 평균 COP는 약 2가 된다.

계산된 SPF가 실제로 설치한 열펌프의 성능을 정확하게 나타낼 수 있는 지시인자는 아니다. SPF는 특별한 기후조건을 토대로 하여 계산된 값이기 때문에 모든 조건에 일률적으로 적용할 수는 없다.

6) 계절별 에너지 효율비(Season Energy Efficiency Ratio ; SEER)

냉방효율은 SEER을 이용해서 비교한다. 열펌프에 의해 냉방이 되는 효율은 SEER을 이용하고 SEER이 클수록 냉방이 잘됨을 뜻한다. SEER이란 송풍용 팬을 포함한 열펌프를 가동하는데 사용한 에너지와 냉방대상 시설물로부터 (주택 등) 제거한 열에너지와의 비를 의미한다. SEER은 일반적으로 SPF보다 훨씬 크다. 그 이유는 냉방 시에는 추가적인 보조열이 필요하지 않기 때문이다. 냉방을 위주로 하는 열대 및 아열대지역과 하절기 동안에는 SPF치 보다 SEER이 더욱 중요하게 널리 사용되는 효율치이다.

1.3   지열시스템의 형태

지열원 열펌프 시스템은 지열을 추출하거나 실내에서 추출한 열을 지중으로 방열하기 위해 여러 가지 형태의 지중 순환회로를 지중에 설치한다. 지중 열교환기(Ground Heat Exchanger ; GHE)는 지중에서 지열을 흡수 또는 방열하여 냉난방 수요처의 열원으로 이용되며, 일단 지중에 설치하고 나면 눈에 보이지 않으므로 정확한 설계 및 시공이 요구된다.

일반적으로 지열원 열펌프 시스템은 [그림 1-4]와 같이 개방형 시스템(open loop system)과 밀폐형 시스템(closed loop system)으로 분류할 수 있다.

개방형 시스템은 지하수나 지표수를 직접 열교환 함으로서 효율은 높지만, 지하수나 토양의 오염문제 등을 야기할 수 있다. 반면 밀폐형 시스템은 부하수요에 맞게 다양하게 시공할 수 있으나 초기 투자비와 효율 면에서 개방형 시스템에 비해

다소 떨어지는 단점이 있다. 또한 열펌프는 설치 용량에 따라 소형 지열원 열펌프
와 대형 지열원 열펌프로 구분하기도 한다.

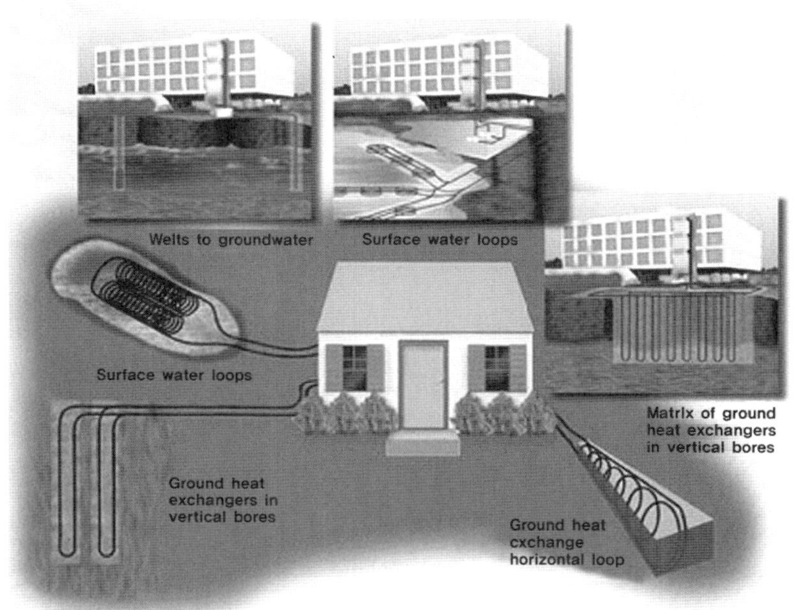

[그림 1-4] 지열 열펌프 시스템의 다양한 형태

1.3.1 밀폐형 시스템(Closed Loop System)

지열원 열펌프 시스템 중에서 밀폐형 시스템은 가장 보편적인 시스템으로 알려
져 있다. 다른 방식의 하나인 지하수 이용 열펌프 시스템은 지하수의 양, 수질 및
설치현장의 조건이 매우 까다롭다. 그러나 본 시스템은 설치 면적만 충분하다면
냉난방 부하에 필요한 열량을 공급할 수 있는 시스템이다.

이 시스템은 열에너지원으로 지표 가까이에 위치한 천부지열을 이용하는 시스템
이다. 이 기법은 열에너지원으로 지하수를 사용하는 대신 지열을 보유하고 있는
지중에 PE 파이프나 PB 파이프로 이루어진 열교환기를 매설하고 이들 밀폐 회로
내에서 물이나 부동액이 혼합된 순환유체가 순환되도록 하여 지중 암반이나 토양
과의 열전달을 통해 필요 열량을 흡수·추출하도록 하는 방법이다.

이 방식에는 수평형, 수직형 등이 있다.

가. 수평형 시스템

이 방식은 통상적으로 건물의 냉난방시 필요 부하량이 적고, 열교환기를 매설할 수 있는 충분한 공간이 있으며, 굴착대상 지중 토양이 굴착하기에 용이한 곳에서 가장 경제적으로 설치할 수 있는 지열원 열펌프 시스템 설치방식으로서 대체적으로 소규모 상업용 빌딩이나 가정용 주택에 주로 설치하는 방식이다.

수평형 시스템의 열교환기 매설깊이는 최소 1~3m 규모이며, 지면에 수평방향으로 PE관을 부설한다. 냉난방용량 1RT당 필요한 PE관의 매설길이는 통상 120~180m이고, 제한된 굴착 공간 내에 PE관을 보다 많이 설치하기 위해서 환형(Slinky)의 코일형태로 감아서 부설하기도 한다.

최근에는 수평착정기를 이용해서 설치지점의 미관을 해치지 않고 폐회로를 설치할 수 있는 방법이 개발되었다. 이 시스템을 설치할 때 지열펌프가 필요로 하는 충분한 양의 열에너지를 전달·흡수할 수 있도록 충분한 길이의 폐회로를 지하에 매설한다.

예를 들면 난방 시 지열펌프의 열교환기 코일 내에서 순환수가 순환할 때 지열펌프의 냉매에 의해 수온은 최소 약 2~4℃ 하강한다. 그렇기에 열교환기의 설치길이는 순환수가 열펌프 내에서 열교환한 열량만큼 지중으로부터 지열을 다시 흡수할 수 있을 정도로 설치한다.

나. 수직형 시스템

본 방식은 천공예정부지의 지질상태가 양호하고, 열교환기 매설부지가 부족하거나, 대용량의 냉난방 부하를 필요로 하는 곳(건물)에 주로 적용하는 방식이다.

평균 150~200m 심도의 수직천공(Bore hole)을 건물주위나 인근에 굴착한다. 그 다음 두 개의 PE관을 U-bend로 연결한 후 굴착공 내에 하나 혹은 두 개의 열교환기를 설치한다. 순환파이프를 설치한 공은 적절한 재료(그라우트 재료)로 뒤채움(그라우팅)을 한다. 이와 같이 수직으로 설치한 PE관을 지표 밑 1.5~2.5m에 매설한 상부 연결관(Header Pipe)과 서로 연결한다. 이들 PE관의 수직·수평 폐회로 내부는 순환유체를 채워 순환수가 지중 암반과의 열교환을 통해 열펌프에 열량을 공급할 수 있도록 한다.

일반적으로 수직형의 설치비가 수평형에 비해 고가이지만 연중 일정한 지중 온도를 이용해 냉난방 부하량을 확보할 수 있다. 따라서 수직형 지중 열교환기의 파이프 설치 길이는 수평식 지중 열교환기 보다 짧다. [그림 1-5]는 수직방향으로 설치한 폐회로형 지중 열교환기의 직렬형 및 병렬형 모식도이다.

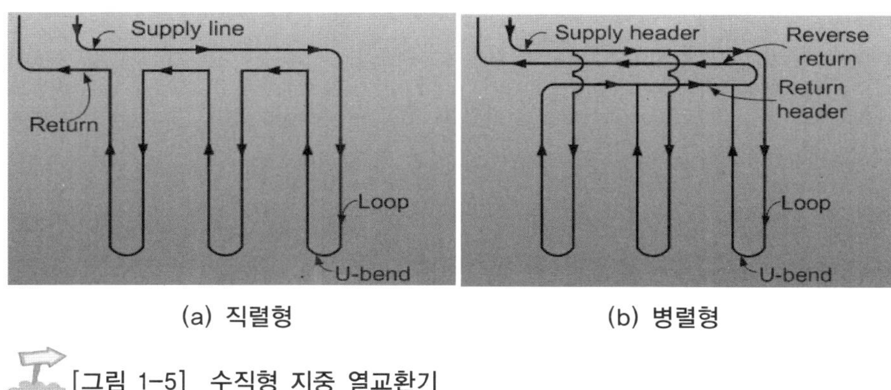

[그림 1-5] 수직형 지중 열교환기

1.3.2 개방형 시스템(Open Loop System)

개방형 지열원 열펌프 시스템은 지하수량이 풍부하고 수질이 우수하며, 지중 상황이 좋은 지역에서 이용 가능한 시스템이다.

개방형 시스템의 경우 일반적으로 토양 이용 열펌프 시스템에 비해 성능이 우수하나, 시스템의 지속적인 이용을 위해서는 취수되는 지하수량의 점검과 수질검사 등 사전 조사가 선행되어야 한다.

지하수에 포함된 오염물질은 배관, 열교환기 및 수중펌프에 파울링 또는 스케일을 야기할 수 있다. 이때 스케일은 주기적인 세정에 의해 줄일 수 있으나, 산(acid) 성분으로 인한 금속 부식작용은 시스템의 수명을 단축시킬 수 있어, 수질이 우수한 것으로 판명되었을 경우에만 이 시스템을 적용하여야 한다. 이와 더불어 지속적인 지하수 및 설비의 점검이 이루어지지 않으면 시스템 효율이 감소하고 이용이 불가능하다.

특히 국내의 경우 지하 대수층의 발달이 미약하여 필요 지하수량을 확보하기 위한 투자가 필요하다. 더구나 지하수는 국가에서 지정 보호하고 있는 수자원으로서, 이용에 따른 관계당국과 협의가 필요하다.

개회로형 지열원 열펌프 시스템은 취수정과 배수정 두 개의 우물로 구성된 복수정(Two well)시스템과 하나의 우물에서 취수와 배수가 이루어지는 직립정방식이 있다. 직립정방식은 우물하부에서 비교적 높은 온도의 지하수를 이용한 후 동일한 우물의 상부에 배수하여 재활용하는 스탠딩 컬럼웰(Standing Column)방식의 시스템이 있다.

[그림 1-6] 복수정 시스템

가. 복수정 시스템(Two Well System)

[그림 1-6]에서와 같이 동일한 대수층에서 취수정과 배수정을 별도로 설치하여 이용하는 방식이다. 지하수가 풍부하게 부존되어 있는 지역에서 이용가능하다.

본 시스템의 가장 큰 특징은 하나의 우물에서 취수된 지하수를 인근에 천공된 다른 우물로 배수함으로서 이용이 간편하나, 취수정 및 배수정을 설치하기 위한 선행 연구가 이루어 져야 하는 단점이 있다.

이 시스템은 대수층에 설치한 취수정(Supply Well)으로부터 지하수를 취수하여 냉난방 대상지역에 설치된 열교환기로 송수한 후 열에너지를 추출하여 이용하고, 이용하고 난 지하수는 동일대수층 내에 설치된 배수정으로 재즈입하여 지중에서 순환시키는 시스템이다.

일반적으로 가정용 지열펌프 시스템에서는 취수정과 배수정 사이의 거리는 평균

30m 정도이면 충분하다. 복수정 시스템의 우물 설치는 소규경의 우물로부터 적정량을 공급받는 지하수량이 풍부한 기존우물의 경우에 적용 가능한 방식이다.

나. 우물관정형 시스템(Standing Column Well System)

이 시스템은 미국의 북동부지역(뉴욕)에서 개발된 기술로서 대수층의 발달이 활발한 지역에서 주로 이용되는 시스템이다. 수직으로 천공된 우물(구경 150mm, 심도 $450\pm\alpha$ m)에서 취수된 지하수를 건물내부의 열교환기로 인입하여 열교환하여 건물의 냉난방에 이용하고, 열교환된 지하수는 다시 수직 천공된 우물 상부에 방류하여 지중과 열교환하는 방식이다.

일반적으로 지하심부로 내려갈수록 지중열과 지하수의 온도는 상승한다. 즉 우물 하부에서 연중 일정한 지하수를 채수하여 지열펌프의 열교환기를 통과시킨다. 그런 다음 온도가 상승하거나 하락한 열에너지는 난방용으로 이용하고 열을 빼앗긴 찬 지하수(냉수)는 다시 동일 우물의 상부구간으로 재순환시킨다.

이 방법은 지하수량이 풍부한 미국, 유럽의 오스트리아, 독일 및 스위스 등에서 널리 이용되고 있는 방식이다.

[그림 1-7]　직립정 시스템

1.3.3 복합형 지열원 열펌프 시스템
(Hybrid Ground Source Heat Pump System)

토양열원 열펌프 시스템은 지중 열교환기 설치를 위한 부지와 설치비용 면에서 제약을 받으며, 건물의 필요 부하량이 많을수록 설치비용은 더욱 증가하게 된다. 또한 빌딩의 냉난방 요구조건이 현저히 다를 경우 부하량이 많은 쪽을 기준으로 지중 열교환기를 설치하여 부하불균형이 발생할 경우가 생긴다. 이러한 점을 보완하기 위해 하이브리드 지열시스템이 제안되었다.

난방부하가 클 경우 기존의 보일러나 태양열 집열판 등으로 보조 열원을 이용하고, 냉방부하가 클 경우 보조냉열원(냉각탑)을 이용함으로서 지중 열교환기 개수나 길이를 줄일 수 있는 장점이 있다.

최근 국내의 경우 난방부하에 비해 냉방부하가 최대 30~40% 큰 건물이 속속 건설되고 있다. 이러한 경우 지열원 열펌프 시스템을 부하가 큰 냉방부하에 맞추기 보다는 하이브리드 시스템을 병행하여 설치함으로서 설치비용 및 운영비용을 절감할 수 있다.

[그림 1-8]은 보조열원이 설치된 하이브리드 지열원 열펌프 시스템을 나타낸 것이다.

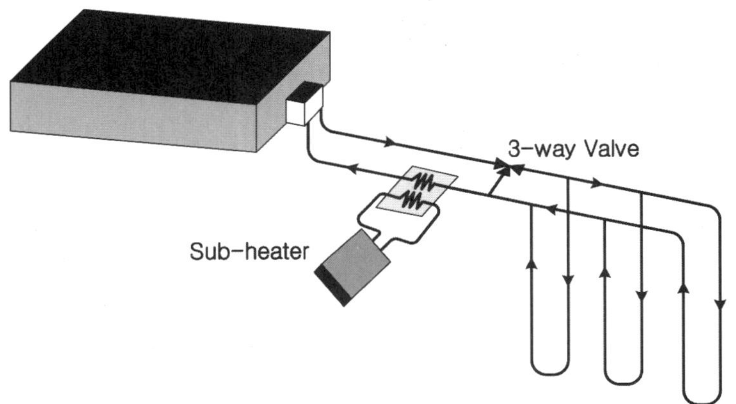

[그림 1-8] 보조열원 하이브리드 지열원 열펌프 시스템

1.3.4 지표수 이용 열펌프 시스템 (Surface Water Heat Pump System)

[그림 1-9], [그림 1-10]은 소형 건물에 적용된 지표수 이용 열펌프 시스템을 나타내고 있다. 지표수 이용 열펌프 시스템은 자연, 인공연못, 호수, 저수지 및 원수 등을 냉열원과 온열원으로 활용한다.

[그림 1-9] 밀폐형 지표수 이용 시스템

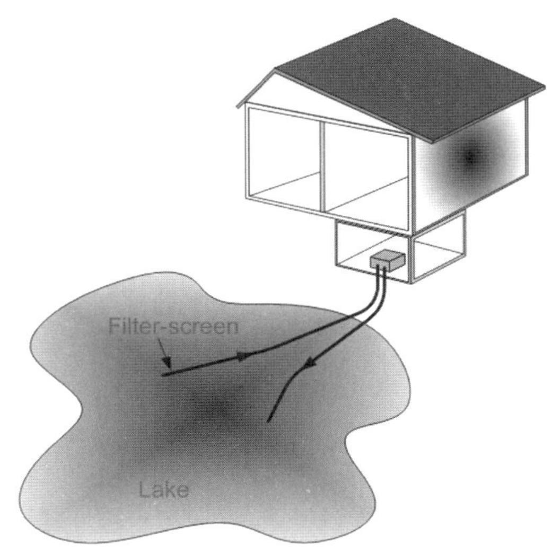

[그림 1-10] 개방형 지표수 이용 시스템

일반적으로 밀폐형 지표수 이용 시스템은 나선(spiral)형상이나 Slim Jim 형태의 열교환기를 이용한다. 이 때 물속의 열교환기는 부력에 의해 뜰 수 있기 때문에 설치에 주의를 기울여야 한다. 그리고 지표수를 직접 열교환기로 인입시켜 열교환에 이용하는 개방형 시스템이 있다. 본 시스템은 열원으로 이용되는 수계의 오염을 야기할 수 있는 단점이 있다.

시스템이 설치된 연못이나 호수의 크기가 작을 경우, 외기온도 변화에 영향을 받아 시스템 효율이 감소할 수 있다.

1.3.5 지하수 열원

물은 이 세상에 존재하는 물질 중에서 열을 가장 많이 저장·운반하는 물질이다. 단위 질량당 온도를 1℃ 상승시키는데 필요한 열에너지를 비열(Specific heat)이라 하며, 물의 비열이 가장 높다.

땅속에 부존되어 있는 지하수는 해당지역의 지중에 존재하는 지열때문에 그 온도는 해당지역의 지열온도와 동일하게 되면서 열에너지(지열)을 저장한다. 그러므로 지하수 이용은 바로 지열에너지를 이용하는 것과 동일하다. 즉 땅속의 지열을 지하수라는 매체를 통하여 간접적으로 사용할 수 있다는 뜻이다.

과학자들은 지하수 내에 저장된 열에너지를 지중 열교환기(GHEX)를 통해서 간단히 추출할 수 있는 기술을 개발하였다. 그러면 지하수가 지니고 있는 지열로부터 추출할 수 있는 열에너지를 간단히 계산해 보자.

> **[예]** 3.78 liter/min의 지하수를 채수하여 수온을 5℃ 낮출 때 시간당 추출 가능한 열에너지는 약 11,340Kcal/h이다.
> (3.78 liter/min×60min×5℃=11,340 Kcal/h
> 이를 British unit로 변환하면
> 60min×10gpm×9℉×8.34 Btu/h'gal=45,036 Btu/h

이와 같은 관계를 이용하여 지하수로부터 추출해 낼 수 있는 열량을 쉽게 계산할 수 있다. 지리적으로 보아 우리나라의 위도와 비슷한 북위 42°상에 위치한 미국 코네티컷주의 지중 심도별 지중온도 분포는 <표 1-3>과 같다.

〈표 1-3〉 미국 코네티컷주의 심도별 지열

지표하 심도(m)	온도(℃)
0	-3.8
17	10.5
31	11.4
46	12.3
61	13.2
76	14.1
91	14.9
107	15.8
122	16.6
137	17.5
152	18.3

<표 1-3>과 같이 지표하 100m 심도에서의 지열은 약 15.5℃이고, 지표하 150m 에서의 지열은 18℃ 정도로서 우리나라와 거의 비슷하다.

지열펌프의 열원으로 지하수를 사용하는 이유 중의 하나는 계절에 무관하게 연중 수온이 거의 일정하기 때문이다. 건물의 냉난방용으로 사용하는 실내온도를 실내 설계온도(design temperature)라 하며, 일반적인 실내 난방과 냉방 설계온도는 아래 표에 제시된 바와 같이 각각 20℃와 26℃ 규모이다.

실내 설계온도를 지속적으로 유지할 수 있도록 하기 이해서는 열에너지의 공급원인 지하수나 해당지역의 천부지열이 연중 일정한 온도를 유지하고 있는 경우가 가장 양호한 조건이다.

주택의 실내 온도기준은 실내 권장값으로 평가한다. 일본의 경우 실내 설계 온도 기준으로 사용하는 실내온도 권장값은 <표 1-4>와 같다.

〈표 1-4〉 냉난방시 실내 권장 온도

온도 난방	난방	냉방
설계목표치	20℃	26℃
온도범위	12~26℃	24~27℃

1.4   지열시스템의 구성요소

1.4.1 지열펌프(Geothermal Heat Pump)

지열펌프는 GHP, EHP와 비슷하나 열원의 이용방식에서 차이점을 보이고 있다. 지열펌프는 전기를 이용하여 압축기를 구동하고 열원으로 지중열을 이용한다. 가스식 열펌프는 가스엔진으로 압축기를 구동하여 냉난방에 이용한다. 전기식 열펌프는 전기를 투입하여 공기 열원으로부터 실내에 냉난방을 한다.

지열펌프의 운전방식은 크게 냉장고와 에어컨과 차이는 없으나 4방 밸브 설치로 냉난방 운전이 가능하고, 일반 수열원 열펌프에 비해 큰 운전온도범위를 가지고 있다.

열펌프는 증발기, 응축기, 4방 밸브, 압축기 및 팽창밸브로 구성되어 있다. 따라서 지중과 순환유체를 이용한 열전달을 통해 지열펌프 내부의 냉난방 시스템을 거쳐 실내에 냉난방 운전을 한다. 이는 기존의 열을 한곳에서 다른 곳으로 효율적으로 이동시킴으로서 에너지 효율성이 크고, 친환경적이다.

가. 압축기(Compressor)

지열펌프에 사용하는 압축기는 여러 종류가 있으나 일반적으로 스크롤 타입의 압축기를 이용한다. 스크롤 압축기는 로타리 압축기의 일종으로 두 개의 스크롤 부품이 선회운동을 하며 압축하는 방식이다.

스크롤 압축기는 선회스크롤의 공진운동에 의해서 냉매를 압축하는 방식으로 고효율, 저소음, 저진동이 대표적인 특징이다.

스크롤 압축기의 장점으로는 체적이 적은데 반해 압축비가 크며 효율이 높다. 또한 기계력에 의한 내부누설 및 손실저감과 형상으로부터 내부 누설 및 손실저감 등이 적어 효율이 비교적 높다.

나. 응축기 및 증발기

열펌프의 가장 큰 특징 중에 하나는 동일한 장비를 이용하여 냉난방에 이용할 수 있는 장점이 있다. 이는 뒤에 설명이 될 4방 밸브의 전환에 의해 냉매 흐름이 바뀌게 되어 운전하게 된다.

지열펌프에 사용되는 응축기(Condenser) 및 증발기(Evaporator)는 냉난방 운전시 그 역할이 바뀌게 된다.

응축기의 역할은 고온고압의 기체냉매를 차갑게 냉각된 저온의 액체냉매로 상변화 시킨다. 반대로 팽창 밸브를 빠져나온 저온, 저압의 액체냉매는 증발기로 유입되어 주위로부터 열을 흡수하여 고온 저압의 기체 냉매가 된다.

물 대 물방식 열펌프의 경우 브래이징 타입의 열교환기가 주로 이용되어 냉매와 순환수간의 열교환을 하고, 물대공기방식 열펌프는 플레이트식 열교환기를 대부분 사용하여 리턴되는 공기와 직접적인 열교환을 한다.

다. 팽창밸브

팽창밸브는 일명 Throttling Device 및 Expansion Valve라고 하며 냉동장치가 최대의 성능을 발휘하고 경제적으로 운전되도록 증발압력까지 팽창시키는 기능과 증발기로 유입되는 냉매량을 조절하는 기능을 한다.

응축기에서 액화된 고압의 액냉매를 좁은 통로로 통과시켜서 저항을 가하여 압력을 강하시키고, 냉매의 유량을 제어하는 역할을 한다.

대표적인 장치로는 모세관형 온도자동 팽창밸브(Thermostatic Expansion Valve)와 전자팽창 밸브 등이 있으며 이들 중 모세관형은 소규모의 가정용 냉장고와 지열펌프에 주로 사용한다.

팽창밸브는 구경이 작은 구리관으로 이루어져 있고 냉매의 흐름을 제어하는 특정길이를 가지고 있다. 따라서 모세관은 관내에서 흐르는 냉매에 작용하는 저항으로서 냉매를 교축시켜 팽창시키는 역할을 한다. 모세관형 교축장치는 가격이 저렴하고 움직이는 부위가 전혀 없으며, 외부로 누출되지 않는 장점이 있긴하나 부하변동에 민감하지 못한 단점이 있다.

라. 4방 밸브(Reversing Valve)

일명 역(Reversing) 밸브라고 한다. 지열펌프는 4방 밸브를 이용하여 냉난방 운전을 전환한다. 압축기를 통과한 증기냉매는 고온고압이기 때문에 열을 방열시킬 수 있는 열에너지가 낮은 응축기 방향으로 이동한다. 4방 밸브를 통과한 고온고압의 증기냉매가 실내측에 설치된 열교환기(응축기)로 이동하면 지열펌프는 난방이 되고 그 반대로 지중 열교환기로 이동하면 냉방이 된다.

4방 밸브는 냉매가 흐르는 밸브 본체와 가동 부분인 슬라이더를 움직이기 위한 솔레노이드 코일과 플런저 니들로 구성되어 있으며 작동원리는 다음과 같다.

① 냉방운전 : 냉방모드에서는 솔레노이드 코일에 전기가 통하지 않는다. 따라서 스프링에 의해 플랜저 니들은 좌측으로 밀려있다. 슬라이더 좌측은 압축기의 흡입측과 연결되기 때문에 저압이 되고, 우측은 고압이기 때문에 압력차에 의해 슬라이더는 좌측으로 밀리게 된다. 압축기에서 나온 고압가스는 실외기로 흐르고 실내기의 저압 가스는 압축기에 흡입된다.

② 난방운전 : 솔레노이드 코일에 전기가 통하면 플랜저는 우측으로 밀려 슬라이더 우측이 압축기 흡입측과 연락되기 때문에 저압이 되고, 좌측은 고압이기 때문에 압력차에 의해 슬라이더는 우측으로 밀려 냉매의 흐름이 냉방 운전시와 완전히 반대가 된다. 즉 난방운전이 된다.

마. De-superheater

디슈퍼히터는 압축기와 4방 밸브사이에 설치되어 있기 때문어 지열펌프 시스템의 냉난방 운전과 별도로 필요한 온수를 언제나 생산할 수 있다. 하절기의 냉방주기에서는 고온의 증기냉매가 디슈퍼히터 내의 열교환기를 통과하므로 이로부터 열을 흡수하여 하절기에는 별도의 열원 제공없이 온수를 무료로 사용할 수 있다. 난방의 경우는 온수를 생성하는 열원을 지중 열교환기에서 추가적으로 공급하여야 한다.

즉 디슈퍼히터의 열교환기는 Coax-Coil형으로서 고온의 냉매와 물이 열교환이 되도록 하여 온도를 높이는 장치로서 지열펌프의 특성에 따라 응축기의 전 용량을 온수 생산에 사용할 것인지 아니면 방열되는 용량 중에서 일부분만 사용할 것인지에 따라 coax-coil의 크기가 달라진다.

01 다음 용어에 대하여 정리하시오.
    가) 냉방 사이클
    나) 냉매
    다) 열교환기
    라) 히트펌프
    마) 밀폐형 지중 열교환기
    바) 개방형
    사) 케이싱

02 다음의 히트펌프에 대하여 그 특징을 간단히 정리하시오. 각각의 열원과 부하의 이용 형태를 포함하라. 그리고 다음 중에서 지열 히트펌프에서 사용되는 히트펌프의 종류는 어떤 것인가?
    가) 물-물 히트펌프
    나) 물-공기 히트펌프
    다) 공기-물 히트펌프
    라) 공기-공기 히트펌프

03 히트펌프 유니트의 기본 구성요소를 정리하라. (압축기, 팽창변, 응축기, 증발기가 필수적이며, 냉방과 난방을 겸하는 경우에는 사방변이 사용됨)

04 지열 히트펌프 시스템의 기본 구성요소를 쓰시오. (지중 열교환기, 히트펌프 유니트, 부하 또는 건물로 구성됨)

05 히트펌프의 효율을 표시하는 COP(Coefficient of Performance, 성적계수)를 정의하시오.

06 수평 밀폐형 지열 히트펌프의 장점과 특징을 간략히 쓰시오.

07 수직 밀폐형 지열 히트펌프의 장점과 특징을 간략히 쓰시오.

08 개방형 복수정지열시스템에서 지중 열교환기는 최소 두 개의 지하수 관정으로 구성된다. 이때 각각 지하수 관정의 명칭을 쓰고 역할을 설명하라.

09 스탠딩 컬럼웰 지중 열교환기의 최소 단위는 몇 개의 관정으로 구성되는가?

10 복합형(하이브리드) 지열 히트펌프 시스템에서 난방부하가 클 경우에 적용하는 보조열원을 쓰시오.

11 복합형 지열시스템에서 냉방부하가 클 경우에 적용하는 보조열원 이용방식은 무엇인가?

12 수직밀폐형 지중 열교환기에서 그라우트 작업의 목적을 2개만 쓰시오.

13 연평균 난방 성능 인자(Heating Season Performance Factor ; HSPF)를 설명하시오.

14 계절별 에너지 효율비(Seasonal Energy Efficiency Ratio, SEER)를 설명하시오.

15 지열 히트펌프의 지중 열교환기 종류를 쓰시오.

16 1RT는 몇 kW인가? 또 kcal/hr인가?

17 GPM은 몇 LPM인가? (GPM은 분당 갤런을 나타내는 유량, LPM은 분당 리터를 나타내는 유량)

18 물이 10LPM의 유량으로 흐를 때, 입구 온도와 출구 온도가 10℃이다. 이때 열량(kcal/hr)은 얼마인가? 이를 kW로 바꾸면 얼마인가?

CHAPTER 2

기초 이론

 **핵심요약**

지열 히트펌프는 하절기에는 히트펌프 유니트 증발기를 통하여 건물에서 흡수한 에너지는 히트펌프 유니트의 응축기를 통해 나오는 열을 지중에 저장한다. 동절기에는 지중에 저장된 열을 히트펌프 증발기를 통하여 흡수하여 이용하며, 히트펌프의 응축기에서 건물의 난방에 필요한 온수나 더운 공기를 생산한다. 이 과정에서 열이 이동하고, 유체가 유동하고, 히트펌프 사이클과 같은 여러 가지 기술 요소를 이해하고 이를 설계에 활용하기 위하여 여러 가지 기술과 이에 관한 이론을 필요로 한다.

이 장에서는 지열히트펌프 시스템과 각각의 구성요소를 이해하는 기초 이론을 다룬다. 시스템의 에너지 흐름과 관련된 열역학, 지중과 열교환기에서 이루어지는 열전달, 히트펌프 순환 유체의 유동, 열교환기의 개념, 물−물 히트펌프의 모델링 등과 같은 요소에 대한 이해를 돕는 것을 목적으로 하며, 다음 장에서 각각의 상세한 설계에 대하여 학습하는 기초를 제공하고자 한다.

02 기초 이론
CHAPTER

2.1 유체역학

2.1.1 유체의 유동상태

Reynolds수는 유체에 작용하는 관성과 점성의 비로 표시되는데, 이를 이용하여 유체유동 상태를 구분하는데 이용한다. 유체는 보통 층류, 난류 및 천이영역으로 구분 할 수 있다. 층류는 낮은 점성, 유속 증가, 큰 관로에서 불안정하게 되고 속도를 증가시키면 난류로 천이한다.

파이프 내부로 유체가 흐르는 관내 유동의 경우 특정 Reynolds수에 도달할 때까지 층류가 유지되는데, 이는 연구자에 따라 다르며, 그 범위는 약 1,800에서 2,300까지이다.

관내 유동에서 Reynolds수는 파이프의 직경, 유체의 속도, 그리고 점도로 표시한다.

$$Re = \frac{VD}{v} \quad\text{\dotfill}\quad (2.1)$$

V : 파이프 내부 유속(m/s)
D : 파이프 직경(m)
ν : 동점성 계수(kinematic viscosity) (m/s^2)

〈표 2-1〉 물의 온도별 점성계수

온도 (℃)	점성계수(μ) (Ns/m^2)×10^{-3}	동점성계수(ν) (m^2/s)×10^{-6}
0	1.787	1.787
5	1.519	1.519
10	1.307	1.307
20	1.002	1.004
30	0.798	0.801
40	0.653	0.658
50	0.547	0.553
60	0.467	0.475

[예제 2-1]

30℃의 물이 내경 40mm의 파이프 내부를 분당 30리터의 속도로 흐를 때, Reynolds 수를 구하라.

【해설】

분당 리터(liter per minute)를 lpm으로 표시기도 한다.

동점성 계수는 점성계수를 밀도로 나누어서 구하기도 한다.

유량 : 30(liter/min)＝0.5(liter/s)＝0.0005(m^3/s)

파이프 내경 : 40(mm)＝0.04(m)

파이프 단면적 : π/4×0.042＝0.001257(m^2)

유속 : 유량÷단면적＝0.0005(m^3/s) / 0.001257(m^2)＝0.398(m/s)

동점성 계수(kinematic viscosity) : 0.801×10^{-6}(m^2/s)

Reynolds수＝(0.398(m/s)×0.04(m))÷(0.801×10^{-6})＝19,875

$$\frac{0.398\,(\text{m/s}) \times 0.04\,(\text{m})}{0.801 \times 10^{-6}} = 19,875$$

[예제 2-2]

[예제 2-1]에서 구한 Reynolds수를 근거로 유체 흐름의 종류를 판단하시오.

(단, Reynolds수 2,000과 4,000으로 층류, 천이 및 난류를 구분한다.)

2.1.2 관내 유동의 압력손실

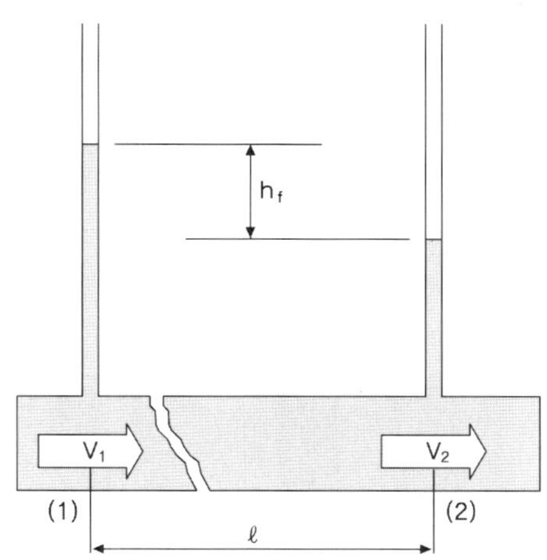

[그림 2-1] 관내 유동에 따른 압력손실

파이프를 이용한 유체 이동은 오래전부터 이용되어 왔으며, 이에 관한 연구도 많이 수행되었다. 파이프 내부를 이동하는 유체는 점성 및 마찰 등으로 압력이 감소됨을 알 수 있다.

관을 이용해서 (1)지점에서 (2)지점으로 물을 보내는 경우, 그 사이에서 점성 및 마찰에 의해 어느 정도의 압력 손실이 발생하는지 계산하여야 한다. 이 두 지점 사이에 성립하는 위치 에너지와 운동에너지의 평형에 관한 방정식은 다음과 같다.

$$\frac{P_1}{\gamma} + \frac{v_1^2}{2g} + h_1 - h_f = \frac{P_2}{\gamma} + \frac{v_2^2}{2g} + h_2 \qquad (2.2)$$

$$h_f = f\frac{l}{d}\frac{v^2}{2g}$$

$$P_f = \gamma h_f$$

배관에서 발생되는 압력손실(pressure loss)은 Darcy-Weisbach 방정식이라 불리는 다음 식을 이용하여 구할 수 있다.

$$\Delta p = \lambda \frac{l}{d}\frac{v^2}{2g}\nu \qquad (2.3)$$

이 식에서 l은 관의길이, d는 직경, v는 유속, g는 중력가속도, υ는 비중량을 나타내며, λ를 관마찰 계수라고 부른다.

λ값에 대해서도 많은 연구가 수행되었으나, 1944년 미국의 Moody가 레이놀즈 수 Re 와 λ의 관계를 선도(Diagram)로 정리하였다. 이것을 Moody 선도라고 부르며, 관 마찰손실을 계산할 경우에 널리 사용되고 있다.

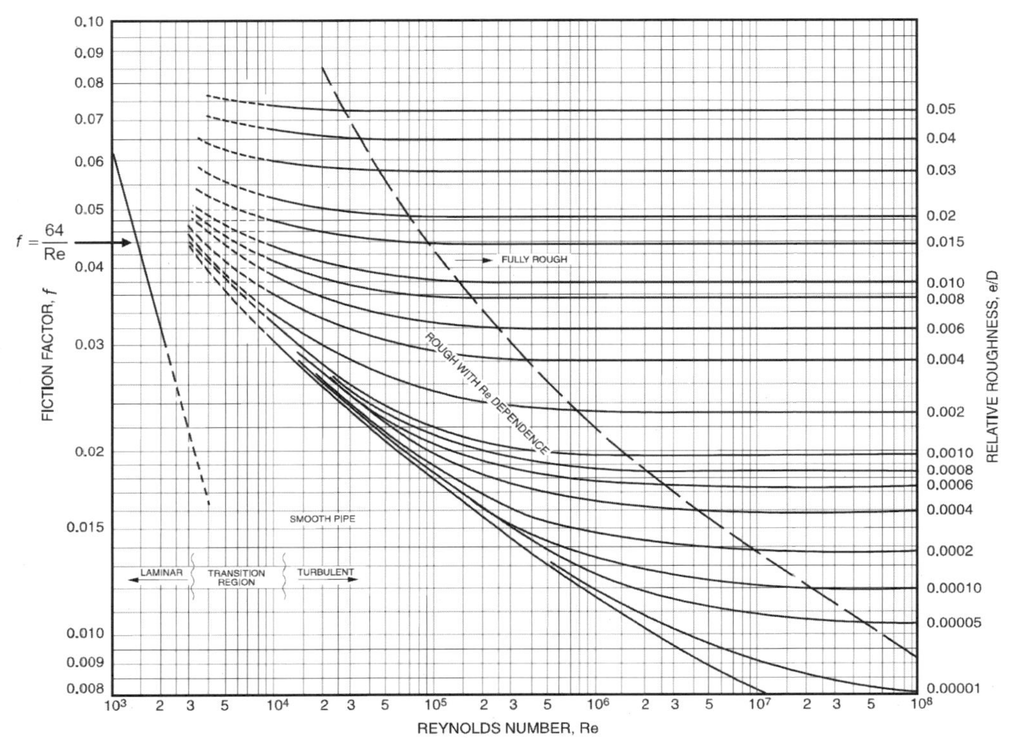

[그림 2-2] Moody 선도

[예제 2-3]

관 길이 400m, 관경 5cm, 관 마찰 계수는 0.03, 유속이 0.8m/s일 때 손실수두를 계산하라.

【해설】

$$h_f = \lambda \frac{l}{d} \frac{v^2}{2g} = 0.03 \times \frac{400}{0.05} \times \frac{0.8^2}{2 \times 9.8} = 7.84(\mathrm{m})$$

2.2 열전달

열역학에서 열은 온도차 혹은 온도 구배(gradient)에 의한 에너지의 전달로 정의한다. 이와 같은 관점에서 열역학에서는 3가지 형태의 열전달 즉, 전도, 복사 및 대류를 열전달로 인식한다.

2.2.1 열전도

원통의 측면이 단열되어 있는 1차원 열전도를 고려하자. 온도차와 열량간의 관계에 있어 각 변수의 영향을 조사하기 위해 한 가지 변수만 바꾸면서 실험을 반복하면 다음과 같은 결론을 얻게 된다.

- 다른 조건들이 같을 때 열량은 단면적(A)에 비례한다.
- 다른 조건들이 같을 때 열량은 거리(x)에 반비례한다.
- 다른 조건들이 같을 때 열량은 온도 차(T)에 비례한다.

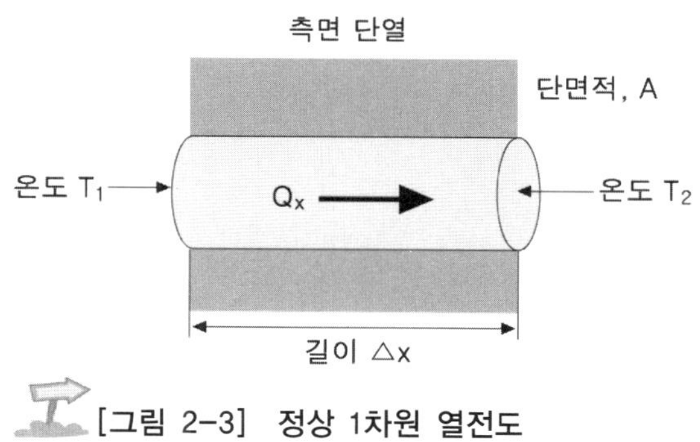

[그림 2-3] 정상 1차원 열전도

이러한 결과와 더불어 재질 마다 다른 비례상수를 가진다는 특성을 고려하고, 단위면적당 열전달량을 나타내는 열유속(heat flux)을 도입하고 열은 항상 온도가 높은 지점에서 낮은 지점으로 흐른다는 열역학 제2법칙을 만족하도록 마이너스 부호를 도입한 후 x를 0으로 보내는 극한값을 취하면 다음과 같은 1차원 Fourier

전도법칙을 얻는다.

$$q''_x \equiv \frac{\dot{Q}_x}{A} = -k\frac{dT}{dx}$$ .... (2.4)

이 식에 도입된 비례상수 k는 열전도도(thermal conductivity)라고 하며 SI 단위로 W/m·K의 단위를 갖는다.

앞에서 설명한 바와 같이 열전도도는 분자 세계에서 열전도를 일으키는 분자 활동의 총체적 결과를 표현하는 계수로서 물질 상태의 함수로 가정한 열역학적 상태량이다. 일반적으로 열전도도는 압력에 큰 영향을 받지 않는 온도의 함수로 알려져 있다.

위의 열전도에 대한 법칙과 전기 회로에 대한 법칙을 비교 정리하면 다음과 같다. 그림 2-4를 통해 알 수 있듯이 전류와 열량, 전압과 온도 차, 전기저항과 열저항 등의 유사 개념의 물리량을 대응시키면 두 가지 현상이 동일한 형태의 수식으로 표현된다. 따라서 전기 회로 해석 방법을 열전달 해석에 그대로 원용할 수 있게 된다.

특히 이러한 '전기 회로-열전도 회로' 간의 유사성은 열저항이 직렬이나 병렬로 연결될 때 그대로 성립하므로 전기 회로 해석을 통하여 습득하게 된 익숙한 기법들을 그대로 응용할 수 있어서 예전부터 널리 사용되어 왔다.

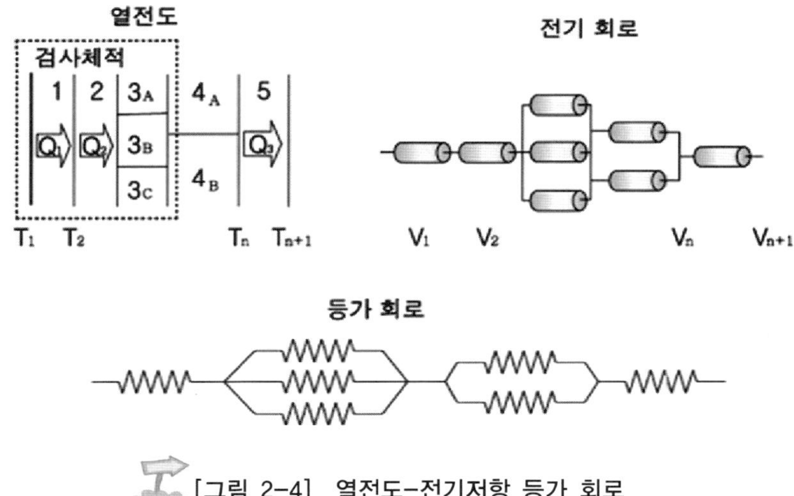

[그림 2-4] 열전도-전기저항 등가 회로

〈표 2-2〉 열전도- 전기저항 법칙의 대응

항 목	전기회로	전도 열전달
보존법칙	$i_1 = i_2 = i_{3A} + i_{3B} + i_{3C}$ $= i_{4A} + i_{4B} = i_5$	$\dot{Q}_1 = \dot{Q}_2 = \dot{Q}_{3A} + \dot{Q}_{3B} + \dot{Q}_{3C}$ $= \dot{Q}_{4A} + \dot{Q}_{4B} = \dot{Q}_5$
마디법칙	$i_i = \dfrac{\Delta V_i}{R_i}$	$\dot{Q}_1 = \dfrac{\Delta T_i}{R_{th,i}}$

2.2.2 대 류

대류라는 이름이 암시하는 것처럼 대류 효과는 매질의 유동과 관련하여 나타나는 현상이다. 전도가 수많은 분자 활동의 총체적 결과를 현상학적으로 나타냄으로서 좌표계를 동반하는 거시적 유동과는 서로 구분된다고 이미 설명하였다.

연속체 개념을 도입하여 유동이 포함된 열전달 해석을 해보면 유속이 온도분포에 직접적으로 영향을 미친다는 것을 알 수 있다. 이 때 어떤 특정 지점에서의 유속은 단지 그 지점에서의 온도에만 영향을 미치는 것이 아니고 전체 유동 영역에 걸쳐 영향을 미치게 되기 때문에 질량 보존, 운동량 보존, 그리고 에너지 보존의 세 가지 보존 조건을 만족하는 식을 동시에 풀어야 온도분포와 열전달량을 알 수 있다.

대류 열전달에 대한 시스템적 관점을 이해하는 것은 실무적으로 대단히 중요하다. 그 이유는 대부분 대류 열전달에서 가장 관심 있는 곳은 고체면과 유체가 만나는 곳이기 때문에 대류 해석 결과를 다음의 Newton의 냉각법칙을 써서 나타내는 경우가 많기 때문이다.

$$q_w = h_c(T_w - T_f) \quad\text{..} (2.5)$$

이 식은 형태가 매우 간단하고 편리하지만 다음과 같은 점은 유념하여 정확하게 적용하여야 한다.

- q_w는 고체와 유체가 만나는 접촉 지역에서의 열유속을 나타낸다.
- T_w는 항상 고체면의 온도를 나타내지만 T_f는 문제의 유형에 따라 적합하게 정의된 대표 온도를 사용해야 한다. 일반적으로 외부유동의 경우는 벽체에서

멀리 떨어져 벽면의 영향을 받지 않게 되는 T_∞를 쓰지만 내부유동인 경우는 평균유체온도(bulk temperature, T_b)를 사용한다. 상변화가 일어나는 이상 유동의 경우에는 그 지점의 압력에 해당하는 포화 온도를 사용하면 편리하다.

앞에서 설명한 것처럼 유동 영역 전역에 걸친 상세한 온도나 유동 정보를 알려면 미분방정식 형태로 주어진 질량 보존에 대한 연속방정식과 유체의 운동방정식, 에너지방정식을 난류 모델 등과 결합하여 적합한 초기조건, 경계조건등과 함께 풀어야 한다.

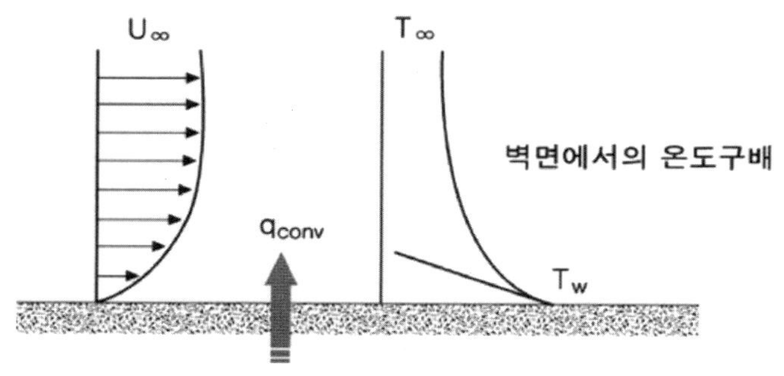

[그림 2-5] 벽면 근처에서의 대류 열전달

고체 벽면 근처에 위치한 점성이 있는 유체는 [그림 2-5]의 속도 분포에서 보듯이 이른바 점착 조건(no slip condition) 때문에 고체 벽면과 같은 속도를 가져야 한다. 즉 정지된 벽면의 경우 유속이 없어지게 되어 벽면 근처에서는 전도로만 열전달이 일어나게 되며 Fourier 전도법칙에 의해 다음과 같이 간단하게 계산할 수 있다.

$$q_w = -k_f \left. \frac{\partial T}{\partial y} \right|_{wall} \quad\text{(2.6)}$$

이처럼 '벽면에서는 대류 효과 없이 전도로만 열전달이 이뤄진다면 왜 대류 효과를 따져야 하는가?'라는 의문이 생긴다. 그 이유는 벽면에서 좀 떨어진 구역을 포함한 시스템 전 구간에 걸쳐 대류 효과를 통하여 유동이 온도분포에 영향을 미치기 때문이다.

결과적으로 U_∞와 같은 유동 파라미터가 벽면에서의 온도 구배값$(\partial T / \partial y)_{wall}$

에 영향을 미치게 되고 열전달량 k값은 변함없더라도(물질의 상태가 변하지 않는 한 k는 일정) 벽면에서의 온도구배가 바뀐 만큼 변하게 되는 것이다.

시스템 관점에서 볼 때 외부유동의 예에서 보듯 벽면에서 멀리 떨어진 곳에서의 속도가 대류 열전달량을 결정하는 중요한 파라미터가 됨으로 거시적으로 보아 대류열전달 해석이란 속도와 온구 구배값 사이의 인과 관계를 정량적으로 파악하는 작업이라 볼 수 있다.

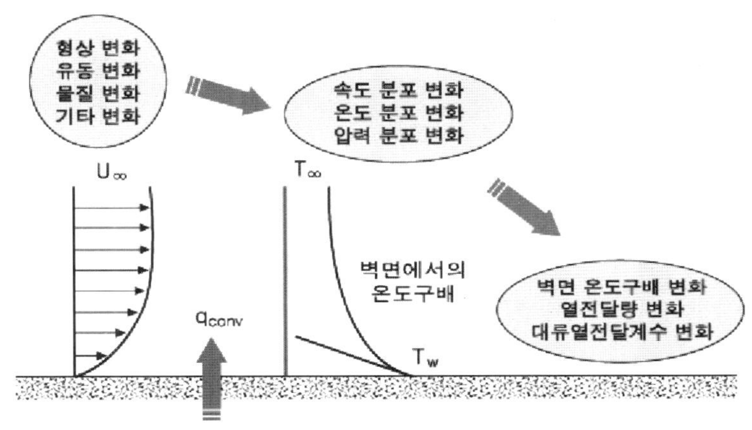

[그림 2-6] 대류열전달의 거시적 관점에서의 물리적 인과관계

2.2.3 복 사

표면 복사에서는 면 하부에 위치한 분자들의 전자 활동 결과 일어나는 표면 현상으로서 복사에너지가 방출된다. 이러한 방식을 통하여 노출된 표면에서 전자기파 형태로 단위면적당 방출되는 복사에너지를 방사도(放射度 ; emissive power, E, W/m^2)라고 한다. 노출된 표면은 방사와는 독립적으로 주변 환경에 따라 복사에너지를 받을 수 있다.

예를 들어 지구 표면에서 맑은 날 태양의 복사열을 받을 수 있고 이 때 받는 복사에너지는 태양의 위치나 구름, 주변 건물 등의 영향을 받는다. 이렇게 외부적 환경 요인에 따라 면에 도달하는 단위면적당 총 복사에너지를 조사(照射 : irradiation, G)라고 한다. 실제 표면은 방사와 조사에 반응한다. 표면 성질에 따라 조정된 복사에너지를 내보내게 되는데 외부 영향을 모두 포함하여 표면에서 나가는 단위면적당 총 복사에너지를 출사(出射 ; radiosity, J)라고 한다.

표면 복사를 시스템 관점에서 이해하는 것은 이들 방사도, 출사 및 조사 간의 관계를 표면의 복사 특성을 표현하는 파라미터들과 결부시켜 이해한다.

면에 조사되거나 출사되는 복사에너지는 기본적으로 파장(λ)과 방향(θ) 두 가지 변수의 함수가 된다. 복사 해석에서 가장 이상적인 경우인 흑체복사(blackbody radiation)에서는 방향의 영향이 없고 파장의 영향은 플랭크 법칙을 통해 주어진다.

흑체가 같은 온도의 모든 표면 중 최대의 방사를 가지면서 면에 조사된 모든 에너지를 흡수하는 이상적인 면이라 가정하면, 주어진 온도에서 어떤 면이 방사할 수 있는 최대 방사도에 대해서는 다음의 Stefan-Boltzmann법칙으로 주어진다.

$$E_b = \sigma T^4 \quad\text{(2.7)}$$

여기서 E_b는 흑체 방사도 $\sigma = 5.67 \times 10^{-8}\,\mathrm{W/m^2 \cdot K^4}$는 Stefan-Boltzmann 상수이다. 실제 면에 대한 방사도 $E(\mathrm{W/m^2})$는 같은 온도에서의 최대값 E_b에 대한 비율을 나타내는 방사율($\varepsilon = E/E_b$)을 써서 다음과 같이 나타낼 수 있다.

$$E_b = \varepsilon \sigma T^4 \quad\text{(2.8)}$$

표면은 조사된 복사에너지는 반사, 통과, 흡수한다. 불투명 면에서는 조사된 에너지 중 일부를 흡수하고 나머지를 반사하는데 이 때 조사된 에너지에 대한 이들 비율을 각각 흡수율과 반사율이라고 한다.

$$\alpha = \frac{G_{abs}}{G}$$
$$\rho = \frac{G - G_{abs}}{G} = 1 - \alpha \quad\text{(2.9)}$$

실제 표면은 조사되는 에너지와 출사되는 에너지 모두에 대하여 방향성과 파장 의존성을 갖는다. 시스템 해석에서는 실제 표면을 회체면(gray surface)으로 이상화하여 계산을 수행한다.

회체면은 방사율(e)과 흡수율(a)이 파장이나 방향에 무관하게 상수면으로 정의된다. 면의 방사율과 흡수율은 서로 독립적이지 못하다.

예를 들어 두 면 사이에서 복사열전달이 일어날 때 두 면의 온도가 같을 때는 순 열전달량이 없다든지 그리고 복사열전달이라고 할지라도 온도가 낮은 표면에서 온도가 높은 표면 쪽으로 열전달이 일어나서는 안 된다든지 하는 물리적 요구 조건을 만족하기 위해 Kirchhoff법칙을 만족하여야 한다.

2.3　전 기

전기 에너지는 발전소에서 만들어져 각 가정이나 산업 현장에 보내진다. 그리고 현장에서는 전기 에너지 사용으로 인한 공해가 거의 없어 우리 생활 그리고 산업에서 가장 간단히 이용하는 에너지 중 하나이다. 그러나 전기에너지는 저장이 어려워 생산과 소비가 동시에 일어나게 되는 특성을 가지고 있다.

2.3.1 전 력

전기를 나타내는 단위는 일률(단위 시간당 에너지) 또는 전력을 사용한다.

$$전력(W, 와트) = 에너지 \ 또는 \ 일(J) / 시간(second, 초) \quad\cdots\cdots\cdots\cdots (2.10)$$

전력의 단위는 와트(W)로서, 60W 백열등 그리고 1,000W 앰프 등으로 표현할 수 있으며 밝기나 소리의 세기를 나타낸다. 전동기 2마력이라는 것도 1마력이 746W이므로 1492W라는 힘의 세기를 말한다. 절전을 할 때도 몇 W를 줄였는지가 주요 관심이 된다.

그러나 전력요금을 계산할 때는 순간순간마다 계산할 수 없으므로 일정기간 사용한 전력을 합하게 된다. 따라서 매월 검침을 한다면 한 달 동안 사용한 전기량을 합산하게 된다. 따라서 전력에 시간을 곱하게 된다. 이것이 전력량으로 단위는 kWh가 가장 많이 쓰인다. 1kWh는 1kW(=1000W)를 1시간 사용하였다는 의미다.

가정 또는 기업에서 전력회사와 계약할 때는 사용할 수 있는 전력(kW)과 전력량(kWh)의 두 가지를 명시하게 된다.

전력량 식으로 표시하면 다음과 같이 나타낼 수 있다.

$$(전력량) = (전력) \times (시간) \cdots\cdots\cdots\cdots\cdots\cdots\cdots\cdots\cdots\cdots\cdots (2.11)$$

2.3.2 전압, 전류, 저항과 전력관계식

전력은 P로 나타내고, 전압은 E, 전류는 I, 그리고 저항을 R로 표시한다.
만일 직류회로이고 저항만 존재하는 경우라면 전력은 다음과 같이 표현한다.

$$P = E \times I \cdots\cdots\cdots\cdots\cdots\cdots\cdots\cdots\cdots\cdots\cdots\cdots\cdots (2.12)$$

이 식에 옴의 법칙을 반영할 수 있으므로 $P = E \times I$라는 식을 대입하면 전력은
다음과 같이 표현할 수 있다.

$$P = I_2 \times R = E_2 / R \cdots\cdots\cdots\cdots\cdots\cdots\cdots\cdots\cdots\cdots\cdots (2.13)$$

2.3.3 유효 전력과 역률

교류회로에서는 선로의 전기저항과 부하(저항)의 C(콘덴서), L(코일)의 성분으로
각각 교류의 위상각(θ)의 차이가 발생하게 된다. 이 위상각을 역률(Power Factor ;
PF)이라 하며, $\cos\theta$로 나타낸다. 실제 현장에서 이용하는 전력은 전압에 전류를
곱한 피상전력이 아니라 역률을 곱한 값이며 이를 유효전력이라 한다.
이를 공식으로 나타내면 다음과 같다.

$$P = E \times I \times \cos\theta \cdots\cdots\cdots\cdots\cdots\cdots\cdots\cdots\cdots\cdots (2.14)$$

예를 들어 220V의 전압과 10A의 전류를 공급하였을 경우 2200W의 전력을 발
생시켜야 하나, 실제로는 2200W의 값에 $\cos\theta$의 값을 곱한 만큼 밖에는 일을 하
지 못한다. 피상 전력과 유효 전력을 구분하기 위하여 피상전력을 VA로 표시하
고, 유효전력을 W로 구분하여 표시한다.
예를 들어 220V의 전압에 10A의 전류가 흐르고 역률이 0.75인 경우에 피상전
력은 전압에 전류를 곱한 2200VA 즉 2.2kVA이고, 유효 전력은 1.65kW가 된다.

2.3.4 삼상 전력

가정용이나 소용량 전기 기계를 제외하고 대부분이 삼상 전력이 사용된다. 삼상은 3개의 상으로 이루어져 있으며, 각 상에서 전압과 전류의 주파수와 진폭은 서로 같으며, 120°의 위상차를 갖는다. 여기서 각 상의 전압과 전류를 사용하여 나타내면, 피상 전력은 $\sqrt{3}\,EI$(VA)으로 표시할 수 있으며, 유효 전력은 $\sqrt{3}\,EI\cos\theta$ (W)로 표시할 수 있다.

[예제 2-4]

3상 380V의 전압에 10A의 전류가 흐르고, 역률이 0.9일때 전력(kW)은 얼마인가?

【해설】

$$P = \sqrt{3}\,EI\cos\theta = \sqrt{3}\times380\times10\times0.9 = 5923.6\mathrm{W}\,(5.92\,\mathrm{kW})$$

2.3.5 결선 방식

고압 송전선로에서 각 가정에서 이용이 적합하도록 저압을 만드는 변압기의 2차측을 결선하는 방식에는 Y 결선 방식과 Δ(Delta) 결선 방식이 있다. 즉, Y 결선 방식은 세 그룹의 코일에서 각각 하나의 단자를 인출하고 나머지 3선을 연결하는 방식이다 그리고 Δ(Delta)방식은 다른 코일의 반대측 단자에 연결하는(Δ) 두 가지 방식이 있다. Y 결선 방식에서 나머지를 모두 연결한 지점을 중성점(흔히 N상이라 말하나 정확히 말해서 Phase를 의미하는 상은 아니다) 이라고 하는 데 이 연결 부분을 동시에 공급하는 경우 삼상 4선식이라고 한다.

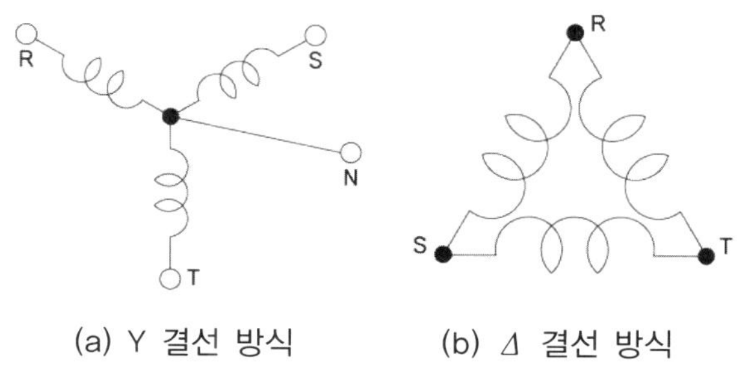

(a) Y 결선 방식　　　(b) Δ 결선 방식

[그림 2-7]　Y 결선 방식 및 Δ 결선 방식

일반적으로 주택을 제외한 상업 시설 등에 적용되는 방식으로는 3상 380V가 많이 이용되며, 가정에서는 표준 저압 배전 방식중의 하나인 중성점과 각 상을 연결한 단상 220V를 많이 이용한다.

2.4   히트펌프 기본 사이클

히트펌프와 냉동기는 저온의 열원에서 에너지를 흡수하여 고온의 저장소에 열을 방출하는 시스템이다. 히트펌프는 주로 고온에서 방출되는 열을 이용하는 시스템이며, 냉동기는 저온에서 에너지를 흡수하는 것을 이용하는 시스템이다. 따라서 히트펌프는 넓은 의미에서 냉동기를 포함하는 개념으로 표현하기도 한다.

히트펌프 또는 냉동기 사이클과 비교되는 것은 역 카르노사이클(Reverse Carnot Cycle) 또는 역 랭킨사이클(Reverse Rankine Cycle)이다.

카르노 사이클은 가역 사이클로서, 2개의 등온 과정과 2개의 등엔트로피 과정으로 구성된다. 이러한 카르노 사이클은 주어진 온도조건에서 가장 효율이 높은 사이클로서 이를 T-s Diagram(온도-엔트로피 선도)로 표시하며 [그림 2-8]과 같다.

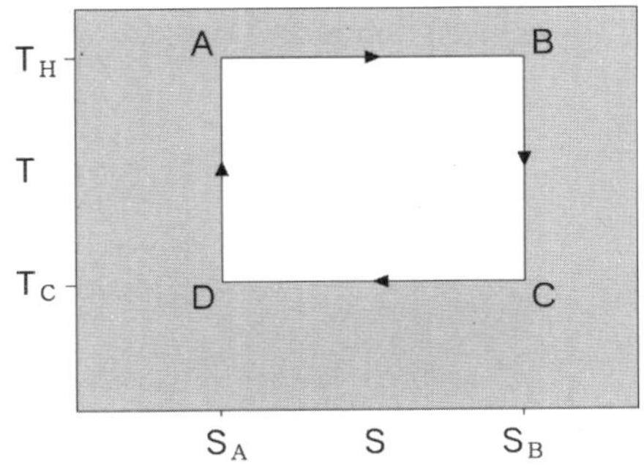

[그림 2-8] 카르노 사이클의 T-s 선도

랭킨 사이클은 물질의 상변화를 이용하는 사이클로서 [그림 2-9]와 같이, 2개의 등압과정과 2개의 등엔트로피 과정으로 구성되어 있다.

이론적으로 등엔트로피 과정으로 압력을 올려 외부 열원으로부터 열을 공급받아 등압으로 액상에서 기상으로 상변화 시킨다. 그리고 기상으로 상변화된 과열된 증기가 터빈을 통해 동력을 발생시키고, 등엔트로피 과정을 거친 압력이 낮아진 기체는 외부 열원으로 열을 배출하면서 등압과정을 거쳐 액체가 되는 과정을 반복한다. 이러한 랭킨 사이클은 통상적으로 쉽게 볼 수 있는 연료를 연소하는 보일러를 이용한 증기 발전 시스템에서 볼 수 있다.

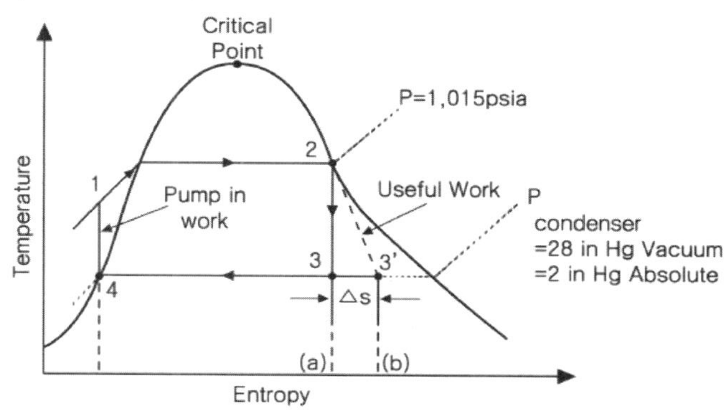

[그림 2-9] 랭킨 사이클의 T-s Diagram

이론적으로 역카르노 사이클 [그림 2-10]을 기반으로 하는 히트펌프나 냉동기는 다음과 같이 응축기와 증발기에서 등온 과정으로, 그리고 압축기와 터빈은 등엔트로피로 구성된 사이클로 운전한다.

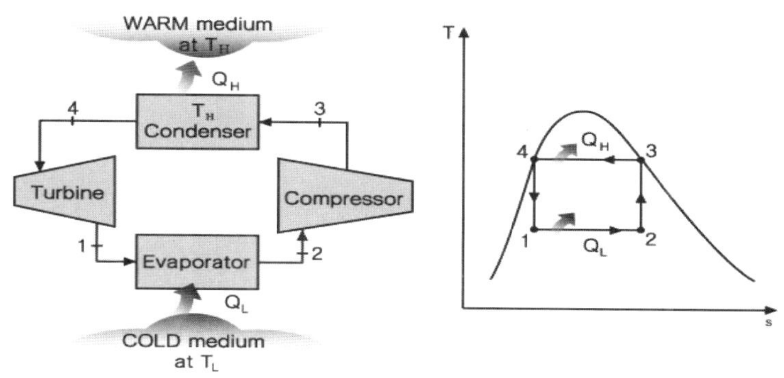

[그림 2-10] 역 카르노 사이클 다이어그램

역랭킨 사이클을 기반으로 하는 히트펌프나 냉동기는 응축기와 압축기에서 등압 과정을 보이고 압축기와 터빈에서 등엔트로피를 보인다. 일반적인 히트펌프나 냉동기의 이론 사이클은 다음과 같다.[그림2-11]

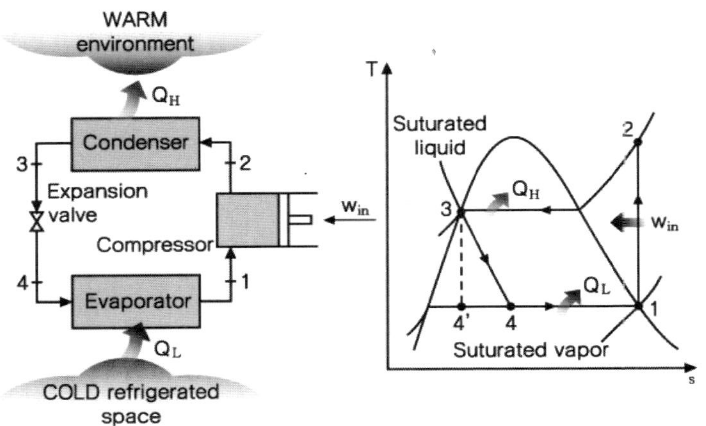

[그림 2-11] 일반적인 냉동 이론 사이클

여기에는 등엔트로피 과정으로 팽창하는 팽창터빈 대신 단열 과정으로 팽창하는 팽창밸브가 설치되어 있다. 앞에 표시된 그림과 같이 1-2-3-4′-1의 과정을 순환하는 사이클이 역랭킨 사이클이나, 통상적인 이론 냉동사이클은 1-2-3-4-1을 순환하는 사이클이다. 이러한 이론적 냉동사이클은 유체의 마찰과 이로 인한 손실을 고려하지 않고, 주변으로부터 열의 획득이나 손실이 없다고 가정하고 있다. 또한 압축기로 포화증기가 흡입되고 팽창밸브로 냉매가 포화 상태로 유입되는 것을 가정으로 하고 있음을 위에서 알 수 있다.

실제로 히트펌프나 냉동기에서 이뤄지는 냉동 사이클은 여러 가지 면에서 이론 사이클과 다르다.[그림 2-12]

① 유체(냉매)의 점성과 마찰이 발생
② 주변으로부터 열전달 발생

위의 두 가지 요인은 실제 냉동사이클의 비가역성의 주요한 원인이다. 또한 압축기나 팽창밸브로 유입되는 포화 기체 또는 포화 액체 상태를 정확하게 유지하는 것은 매우 어려운 일이며, 실제로 히트펌프나 냉동기 사이클에서 유지하는 것은 거의 불가능하다.

이로 인하여 정확한 포화 액체 또는 기체를 유지하는 대신 과열도와 과냉도를 유지하도록 관리하는 것이 현실적이다. 압축기 입구에 약간의 과열도를 갖도록 유지하는 것은 압축기로 유입되는 냉매가 완전히 기화되는 것을 보장하는 효과적인 방법이다.

일반적으로 증발기에서 압축기까지의 배관이 긴 경우가 많은데, 여기에서 과열도가 크거나, 외부로부터 과다한 열이 전달되거나, 압력손실이 많이 발생할 경우 기체 냉매의 비체적이 많이 증가하게 되며, 이로 인한 압축기의 동력소비가 증가하게 된다.

여기서 압축기가 수행하는 일은 냉매의 비체적에 비례함을 알 수 있다.

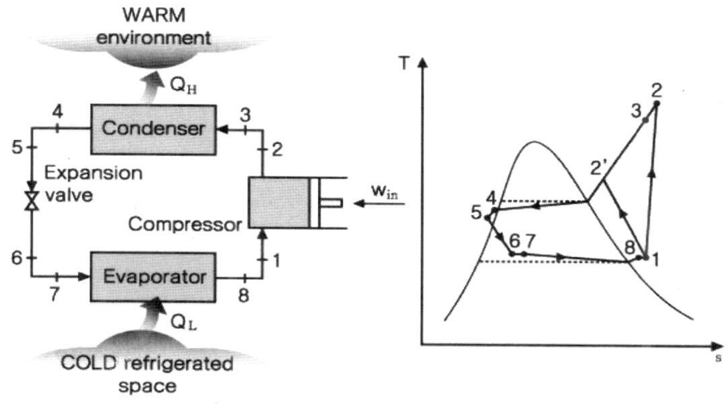

[그림 2-12] 실제 냉동 사이클

이론 사이클에서의 압축 과정은 단열 가역 반응으로 등엔트로피 과정이다. 그러나 실제 사이클에서는 마찰의 영향이 존재하여 엔트로피가 증가한다. 또한 주변과 발생하는 열전달은 엔트로피를 변화시키는 요인이 된다.

실제 압축 과정은 1-2 과정과 같이 엔트로피가 증가하거나, 1-2′ 과정과 같이 엔트로피가 감소한다. 이는 냉매가 마찰이나 열전달과 같은 원인 중에서 어떤 인자가 큰 영향을 미치는지에 달려있다. 효율적인 측면에서 보면 1-2 과정 보다는 1-2′

과정이 더 우수하다. 이는 적은 동력이 소비됨으로 기술적 또는 경제적으로 타당하다면 압축 과정 도중에 냉각 하는 것도 고려할 수 있다.

이론 사이클에서 응축기에서 나오는 냉매는 압축기에서 토출된 압력을 유지한 포화 액체 상태이다. 그러나 실제로 응축기와 이를 연결하는 배관 부위에서 압력 손실은 필연적으로 발생한다. 그리고 응축기에서 나오는 냉매를 포화액체 상태로 유지하는 일은 비현실적이다. 그러므로 팽창밸브로 들어가는 냉매를 적당한 과냉 상태로 유지시키는 것이 필요하다.

압력손실, 과냉도 및 과열도 등을 반영한 P-h선도(Pressure-Enthalpy Diagram)이 [그림 2-13]에 제시되어 있다.

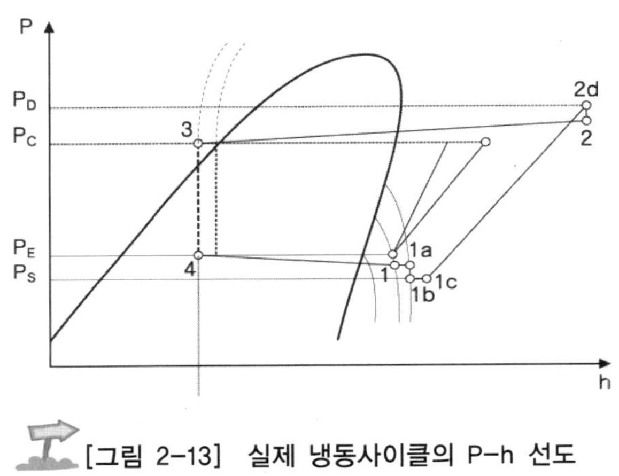

[그림 2-13] 실제 냉동사이클의 P-h 선도

2.4.1 서브쿨러 이코노마이저를 적용한 사이클

스크류 압축기와 이코노마이저가 적용되는 경우, 저온의 액상에 가까운 냉매가 스크류압축기의 중간압에 해당하는 부분에 유입되는 경우가 많다. 여기에 적용된 이코노마이저 열교환기는 응축기에서 나온 액체냉매의 서브쿨러의 역할을 수행하고 있다[그림 2-14].

압축기의 인터쿨링을 위하여 응축기를 거친 일부 액상냉매가 압축기 중간압으로 압력이 낮아지면 온도가 팽창 전보다 떨어지게 된다. 팽창으로 인하여 낮아진 온도 차이를 이용하기 위하여 팽창된 냉매는 과냉기 이코노마이저로 보내서 증발기로 가는 팽창되지 않은 나머지 냉매와 열교환을 수행한다.

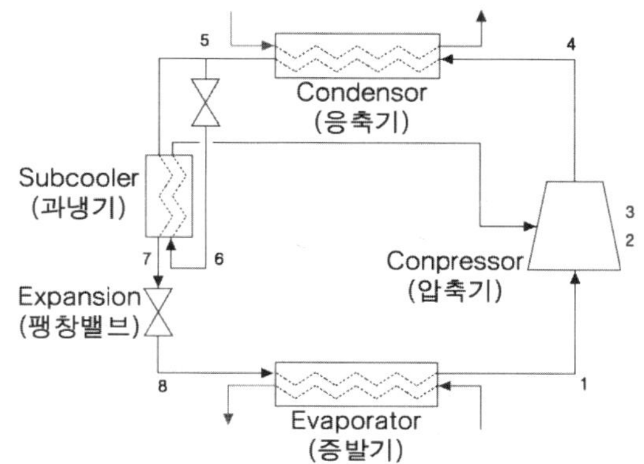

[그림 2-14] 이코노마이저를 적용한 시스템

서브쿨러에서 열교환을 수행한 후에 압축기로 보내지는 냉매는 압축기의 중간압 부분으로 흡입되고, 증발기로 보내지는 냉매는 증발기 앞에 설치된 팽창밸브로 유입된다. 이를 압력-엔탈피 선도에 그리면 [그림 2-15]와 같다.

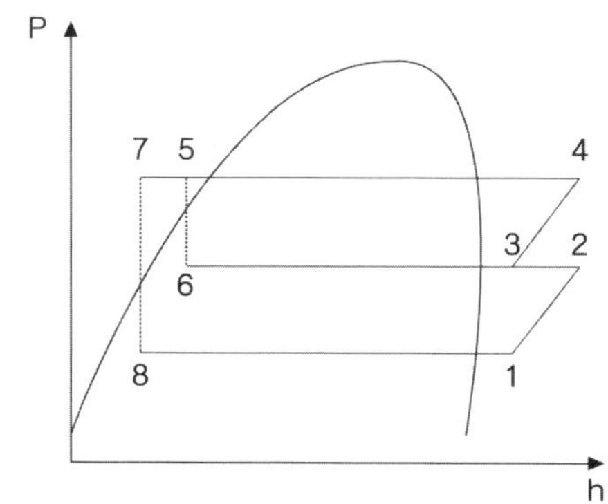

[그림 2-15] 이코노마이저를 적용한 사이클

서브쿨러는 압축기로 보내지는 팽창된 냉매와 증발기로 보내지는 냉매사이에서 열을 교환하는 열교환기이다. 압축기로 가는 팽창된 냉매는 거의 액체상태와 포화상태인 Two-phase 상태일 가능성이 높으며, 이는 [그림 2-16]의 상태 5의 과냉도와 압력에 영향을 받는다. 또한 팽창되지 않은 냉매는 액체상태로서 서브쿨러 이코노마이저는 포화상태인 Two-Phase 유체와 액체 사이에서 열교환하는 유체이다. 열교환후에는 Two-Phase유체는 열을 얻어서 Vapor상태가 많아지고 압력 손실을 무시하면 일정하게 유지하게 된다. 즉 상태 6에서 선을 따라서 오른쪽으로 이동하게 된다.

사이클에서 저압측을 흐르는 냉매의 양은 증발기를 통과하는 냉매의 양과 같으며 이 유량을 m_e라하고, 고압측을 흐르는 냉매의 양은 응축기를 통과하는 유량과 같다. 이를 m_c라 할 때 서브쿨러 열교환기를 거쳐서 압축기의 중간압으로 유입되는 냉매의 양은 $m_c - m_e$이다.

서브쿨러에서 열교환되는 양은 증발기로 보내지는 냉매의 엔탈피 감소로 볼 수 있다.

$$Q_{Subcooler} = m_e(h_5 - h_7) \quad\text{(2.15)}$$

압축기로 보내지는 냉매는 등엔탈피 과정으로, 팽창되어 서브쿨러로 유입되기 전까지 엔탈피의 변화가 없다. 압축기의 중간압으로 유입된 냉매는 1단을 통과한 냉매의 온도를 떨어뜨리는 역할 수행하게 된다. 1단을 통과하고 나온 기체 냉매(상태 2)와 서브쿨러를 통과하고 압축기로 가는 Two-phase 냉매(상태 9)가 혼합되어 상태3의 상태로 2단으로 흡입된다. 여기서 상태3에서의 엔탈피를 구하면 다음과 같다.

$$h_3 = \frac{1}{m_c}(m_c h_5 - m_e h_7 + m_e h_2) \quad\text{(2.16)}$$

증발기로 보내지는 액상냉매는 압력을 유지하며 온도가 떨어지게 된다. 서브쿨러 이코노마이저 열교환기 내부에서의 온도변화를 표시하면 다음과 같다.

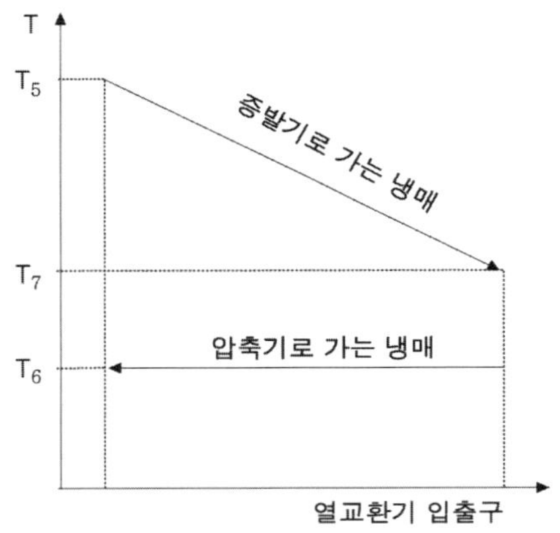

[그림 2-16] 이코노마이저 열교환기의 온도선도

여기서 로그온도차 LMTD를 표시하면 다음과 같다.

$$LMTD = \frac{T_5 - T_7}{\ln\left(\dfrac{T_5 - T_6}{T_7 - T_6}\right)} \quad\cdots\cdots\cdots\cdots\cdots\cdots\cdots\cdots\cdots\cdots\cdots\cdots\cdots\cdots (2.17)$$

서브쿨러 이코노마이저를 적용하는 사이클에서 소비동력은 압축기 토출가스와 압축기 흡입가스의 엔탈피차로 표시되지 않는다. 압축기의 중간냉각을 고려하면 압축기의 소비동력은 다음과 같이 표시할 수 있다.

$$W = m_e(h_2 - h_1) + m_c(h_4 - h_3) \quad\cdots\cdots\cdots\cdots\cdots\cdots\cdots\cdots\cdots\cdots (2.18)$$

그리고 증발기의 냉방능력과 응축기의 난방능력은 다음과 같이 표시할 수 있다.

$$\begin{aligned} Q_e &= m_e(h_1 - h_8) \\ Q_c &= m_c(h_4 - h_5) \end{aligned} \quad\cdots\cdots\cdots\cdots\cdots\cdots\cdots\cdots\cdots\cdots\cdots\cdots (2.19)$$

2.5 물-물 히트펌프 모델링

2.5.1 히트펌프 시스템 모델

카탈로그에 나온 몇 개의 데이터를 이용하고, 이외에 필요한 데이터를 최소로 하는 모델을 개발한다. 카탈로그 데이터에서 얻은 인자와 열역학적 관계식 및 열전달 관계식을 이용하여 히트펌프의 성능을 계산한다.

물-물 히트펌프 유니트의 기본 구성요소는 [그림 2-17]과 같이 4가지로서, 압축기, 증발기, 응축기 그리고 팽창장치로 구성된다. 나머지 요소는 성능에 미치는 영향은 적으며, 신뢰도에 미치는 영향이 크다.

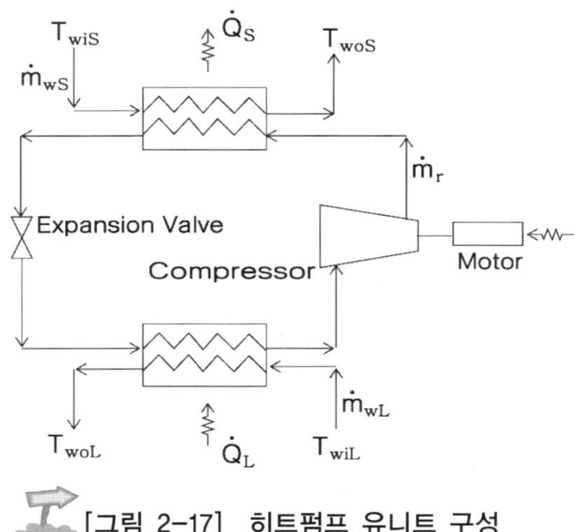

[그림 2-17] 히트펌프 유니트 구성

팽창장치는 등엔탈피 과정으로, 시스템과 주위가 서로 열전달이 없는 것으로 가정하면 식(2.20)과 같은 기본적인 식을 얻을 수 있다.

$$Q_c = Q_E + W \cdots\cdots (2.20)$$

Q_C는 응축기측의 열전달률이고, Q_E는 증발기측의 열전달률이며, W는 압축기의 입력이다. 위의 식은 압축기에서 주변으로 발열이 없다는 가정에서 출발하며, 밀폐형 압축기의 경우 압축기 외면을 통하여 나오는 열손실은 매우 적어서 무시할 정도이다.

2.5.2 압축기 모델

압축기는 기체를 압축하는데 사용되는 기기로서, 여러 종류의 기체를 압축하는데 사용되므로 하나의 상태방정식으로 표시하는 것은 불가능하다. 가장 단순한 형태의 완전기체의 상태방정식은 식(2.21)과 같다.

$$P_v = RT\left(\frac{1}{144}\right) \cdots\cdots (2.21)$$

이러한 상태 방정식은 임계온도 보다 훨씬 높은 온도에서 그리고 임계압력보다 훨씬 낮은 조건에서 잘 적용된다. 실제 기체에서 정확하게 예측하기 위해서 압축성(Compressibility) 개념을 도입되며 이를 표시하면 식(2.22)와 같다.

$$P_v = ZRT\left(\frac{1}{144}\right) \quad\text{(2.22)}$$

여기서 Z는 압축성이며, 기체의 성분 및 기체의 온도와 압력의 함수이다. 이 수정된 상태방정식의 정확성은 식(2.23)의 Z의 정확성에 큰 영향을 받는다.

$$Z = f(P_R, \ T_R) = f\left(\frac{P}{P_c}, \ \frac{T}{T_c}\right) \quad\text{(2.23)}$$

압축기가 압축을 수행하는 과정은 등온 과정, 또는 등엔트로피 과정보다 폴리트로피한 과정이 잘 적용된다. 로터리압축기에 대한 폴리트로피한 과정으로 압축기의 일을 표시하면 식(2.24)와 같다.

$$L_{pol} = v_s \eta_v \frac{n}{n-1} P_s G_o \left[\left(\frac{P_d}{P_s}\right)^{\frac{n-1}{n}} - 1\right] \quad\text{(2.24)}$$

$$
\begin{aligned}
&v_s \quad : \text{흡입 조건하의 비체적} \\
&\eta_v \quad : \text{체적 효율} \\
&n \quad : \text{폴리트로피 지수} \\
&P_s \quad : \text{흡입 압력} \\
&G_o \quad : \text{냉매의 이론유량} \\
&P_d \quad : \text{토출 압력}
\end{aligned}
$$

Wakabayashi는 압축기 이론적인 일을 등엔트로피를 적용하여 식(2.25)와 같이 구하였다.

$$L_{th} = \frac{k}{k-1} v_s P_s G_s \left[\left(\frac{P_d}{P_s}\right)^{\frac{k-1}{k}} - 1\right] \quad\text{(2.25)}$$

$$
\begin{aligned}
&k \quad : \text{단열 지수} \\
&G_s \quad : \text{냉매의 이론유량}
\end{aligned}
$$

압축기에 흡입 및 토출되면서 압축기 내부공간에서 팽창되거나 재압축을 될 수 있음을 고려하여 냉매 유량을 식(2.26)과 같이 나타낼 수 있다.

$$m_r = \frac{PD}{v_{suc}}\left[1 + C - C\left(\frac{P_{dis}}{P_{suc}}\right)^{\frac{1}{r}}\right] \cdots\cdots\cdots (2.26)$$

$\dot{m}_r$: 냉매 질량 유량

PD : 압축기의 내부 용적

V_{suc} : 입구 조건하의 비체적

C : 틈새 인자

P_{dis} : 토출 압력

P_{suc} : 흡입 압력

r : 등엔트로피 지수

압축기가 수행하는 이상적인 일량을 이론 일이라 부르고, 이를 등엔트로피 과정으로 가정하여 정리하면 식(2.27)과 같다.

$$\dot{W}_t = \frac{r}{r-1}\dot{m}_r P_{suc} V_{suc}\left[\left(\frac{P_{dis}}{P_{suc}}\right)^{\frac{r-1}{r}} - 1\right] \cdots\cdots\cdots (2.27)$$

$\dot{W}_t$: 이론 일.

등엔트로피 과정으로 가정하여 구한 이론일과 등엔트로피 효율과 압축기 모터등에서 기본적으로 발생하는 손실을 이용하여 압축기의 소비동력은 식(2.28)와 같이 표시할 수 있다.

$$\dot{W} = \frac{\dot{W}_t}{\eta} + \dot{W}_{loss} \cdots\cdots\cdots (2.28)$$

$\dot{W}$: 압축기의 소비동력

W_{loss} : 압축기의 손실

η : 등엔트로피 효율

압축기의 데이터가 충분히 제공될 경우에는 압축기의 성능테이블을 입력하여 냉방능력과 소비전력의 값을 구할 수 있다. 이론적인 일과 손실을 구할 필요가 없이, 직접 냉방능력과 소비전력을 테이블에서 Interpolation을 이용하여 구할 수 있으며, 압축기의 손실이나 효율은 별도로 구하지 않지만, 압축기 데이터에 모두 포함되어 있다.

$$\dot{W} = f(T_e, T_c)$$
$$\dot{Q}_S = g(T_e, T_c)$$

압축기의 일은 위와 같이 증발기와 응축기의 냉매 포화온도의 함수로서 표시할 수 있으며, 냉방능력 또한 동일하게 표시할 수 있다.

2.6 열교환기 모델

응축기와 증발기의 열교환기 모델은 Counter-flow 열교환기의 기본적인 해석을 근거로 유도되었다. 열교환기 한 스트림은 냉매의 상변화가 진행되고 다른 스트림은 순환수의 온도가 변하는 과정이 진행되는 단순한 상변화 열교환기로 식(2.29)과 같이 가정하였다.

$$\varepsilon = 1 - e^{-NTU} \quad\text{(2.29)}$$

$$NTU = \frac{UA}{\dot{m}_w C_{pw}}$$

$$\varepsilon \quad : \text{열교환기의 열효용}$$
$$NTU : \text{전달유니트 개수}$$
$$UA \quad : \text{전열용량}$$
$$\dot{m}_w \quad : \text{순환수의 질량유량}$$
$$C_{pw} : \text{순환수의 비열}$$

일정한 UA값은 응축기나 증발기의 실제모델과는 거리가 멀지만, 비교적 정확한 예측을 할 수 있는 것으로 알려져 왔다. 증발기는 상변화구간과 과열구간으로 나눌 수 있는데, UA값을 적게 추정한 값을 이용하여 과열구간의 효과를 보상하는 방법도 사용될 수 있다. 또한 응축기에서는 과열구간, 상변화구간 그리고 과냉구간으로 3개 구간을 나눌 수 있으며, 응축기에서 UA값은 적게 추정하는 방법으로 보상하는 방법도 적용할 수 있다.

01 다음 용어에 대하여 정리하시오.
가) Re (레이놀즈 수)
나) 수두 손실
다) Darcy-Weisbach 방정식
라) 열전도율 (단위)
마) Fourier 열전도 방정식
바) 피상전력
사) 유효전력
아) 역률

02 물의 온도가 5℃이고, 내경 40mm인 폴리에틸렌 파이프로 0.4m/s의 유속일 때, Re를 구하라. (동점성 계수 : 1.52 m²/s×10⁻⁵ @5℃)

03 물의 온도가 5℃이고, 내경 40mm인 폴리에틸렌 파이프로 분당 30LPM의 유량이 흐를 때, Re를 구하라.

04 파이프의 길이가 400m이고, 내경이 40mm이고, 유속이 0.8m/s일 때, 수두 손실을 계산하라.

05 파이프의 길이가 300m이고, 내경이 30mm이고, 유량이 35LPM일 때, 수두 손실을 계산하라.

06 단상 전압이 220V이고, 전류가 10A이고, 역률이 0.75일 때, 피상전력과 유효전력을 각각 구하라.

07 3상 모터에 전압 380V, 유효전력이 50kW, 역률이 80%일 때, 모터에 흐르는 전류는 얼마인가?

08 열교환기 설계에서 $U=100W/m^2 \cdot K$, $A=40m^2$이고, 유량이 1kg/s이고 비열이 $4197J/kg \cdot K$일 때, NTU값을 구하라.

CHAPTER 3

지열시스템 설계

3.1 지열 히트펌프 시스템의 구성

3.2 지열 히트펌프 시스템을 구성하는 루프

3.3 지열 히트펌프 시스템 설계의 일반적인 절차

3.4 EWT(Entering Water Temperature)

 **핵심요약**

　지열 히트펌프 시스템은 냉난방을 필요로 하는 건물, 지중에 에너지를 저장하거나 추출하여 이용하는 지중 열교환기, 그리고 지중과 건물 사이에 에너지 이동을 가능하게 하는 히트펌프 유니트를 포함한다. 시스템을 구성하는 루프 내에서 작동유체가 순환하는데, 루프와 루프를 연결하는 열교환기 사이에서 열교환기 이루어진다.

　이 장에서는 지열 히트펌프 시스템을 구성하는 주요 구성요소, 그리고 주요 구성 요소를 연결하는 루프, 지열 히트펌프 시스템을 설계하는 일반적인 절차, EWT(Entering Water Temperature)에 대하여 다루어, 지열 히트펌프 설계에 대한 전반적인 이해와 시스템 설계를 수행할 수 있는 능력을 확보하는 것을 목적으로 한다.

3.1 지열 히트펌프 시스템의 구성

지열 히트펌프 시스템은 건물내부 공간의 환경 또는 온도를 담당하는 시스템으로서, 제어대상 건물내부 공간과 공간의 온도를 제어하는 에너지 공급을 담당하는 히트펌프 유니트, 그리고 히트펌프 유니트의 히트소스와 싱크 역할을 수행하는 지중 열교환기를 주요 구성요소로 갖고 있으며, 이를 연결하는 배관부와 덕트부, 그리고 시스템을 원활하게 운전하기 위한 제어부도 포함하고 있다. [그림 3-1]은 간단한 지열 히트펌프 시스템의 구성을 간단히 나타냈다.

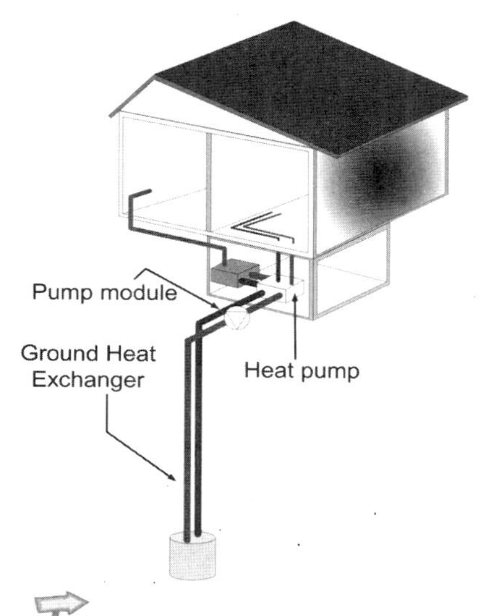

[그림 3-1] 지열시스템 구성

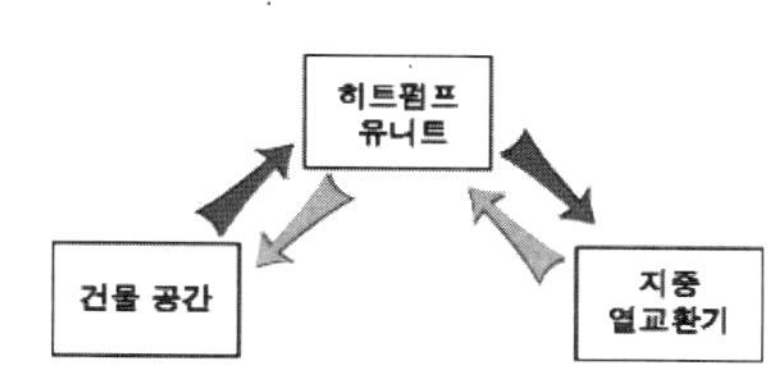

[그림 3-2] 구성요소간의 에너지흐름

[그림 3-2]는 지열 시스템 주요 구성요소를 블록으로 표시하고 그 구성요소 사이에서 생기는 에너지흐름을 표시하고 있다. 냉방 운전을 하는 경우에는 열이 건물공간에서 히트펌프와 지중 열교환기를 거쳐서 지중에 저장된다. 반면 난방 운전 시에는 지중의 열이 지중 열교환기와 히트펌프 유니트를 거쳐 건물로 전달된다.

지열 히트펌프 시스템에서 지중 열교환기는 열을 이용하는 히트 소스의 역할과 열을 지중에 저장하는 히트 싱크의 역할을 번갈아 수행하며, 지중은 [그림 3-3]과 같이 열에너지의 저장소 역할을 수행한다. 건물에서 냉방과 난방을 번갈아 운전되며, 그 열원을 지중 열교환기를 통해 저장하거나 추출하면서, 그 추출과 저장의 차이만큼을 주변에서 더 흡수하거나 저장하게 된다.

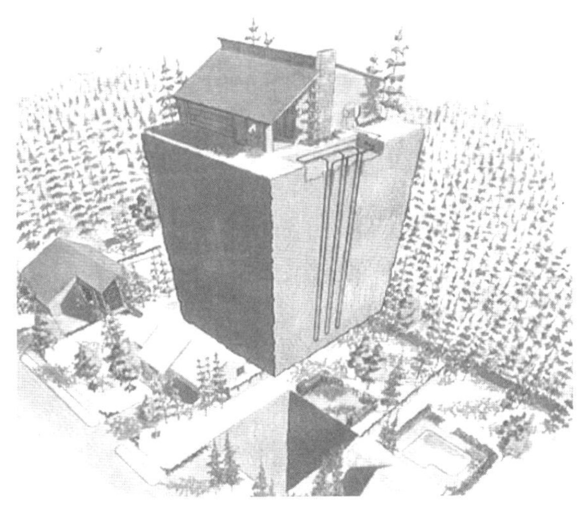

[그림 3-3] 지열 에너지 저장소

3.2 지열 히트펌프 시스템을 구성하는 루프

지열 히트펌프 시스템인 수직 밀폐형 지열 히트펌프 시스템은 여러 개의 루프로 구성된다. 여기에는 지중루프, 냉매루프 그리고 히트펌프 종류에 따라 공기루프 및 순환수 루프로 나눌 수 있다.

지중루프는 지중에 설치된 지중 열교환기와 열교환기 내부를 순환하는 물이나 부동액으로 구성된 회로를 뜻한다. 냉매루프는 히트펌프 내에 설치된 배관을 통해 냉매가 순환하면서 열교환기에서 액체상태와 기체상태로 상변환을 반복하면서 다른 루프와 열을 교환한다.

물-물 히트펌프 시스템에는 실내 부하공간과 냉매루프사이에 순환수루프가 더 존재한다. 물-물 히트펌프 유니트에서 만들어진 냉수나 온수가 펌프를 통해 건물 내부에 설치된 바닥 코일이나 팬코일로 보내져 실내 온도를 조절하여 쾌적한 환경을 조성한다. [그림 3-4]와 같이 건물에서 소요되는 급탕을 공급하기 위하여 급탕루프가 함께 설치되기도 한다.

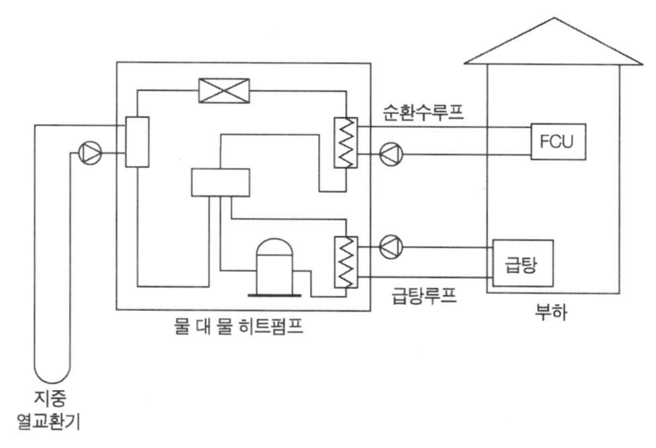

[그림 3-4] 물-물 히트펌프 시스템의 루프

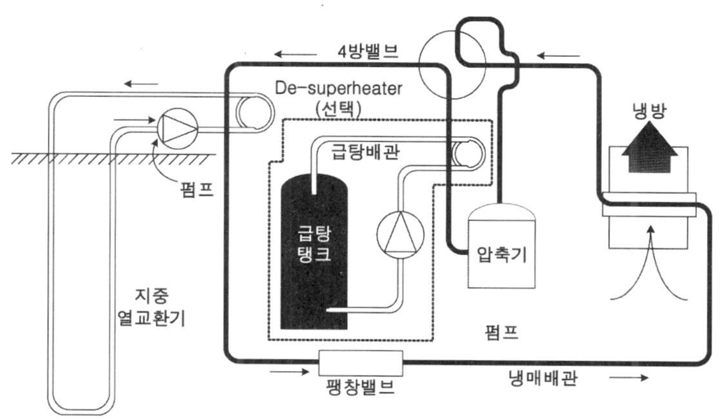

[그림 3-5] 냉방시 지열 히트펌프 시스템과 루프

물-공기 히트펌프 시스템에서는 냉매루프와 공기루프가 직접 열교환을 수행하는데, 여기서 공기루프는 건물 내부 온도를 맞추는 역할을 수행하는 루프로서 블로워를 이용하여 냉각된 공기나 데워진 공기를 실내로 공급한다. 지열 히트펌프 시스템에서 냉방운전이나 난방 운전시에 각 루프의 연결을 표시하면 [그림 3-5] 및 [그림 3-6]과 같다.

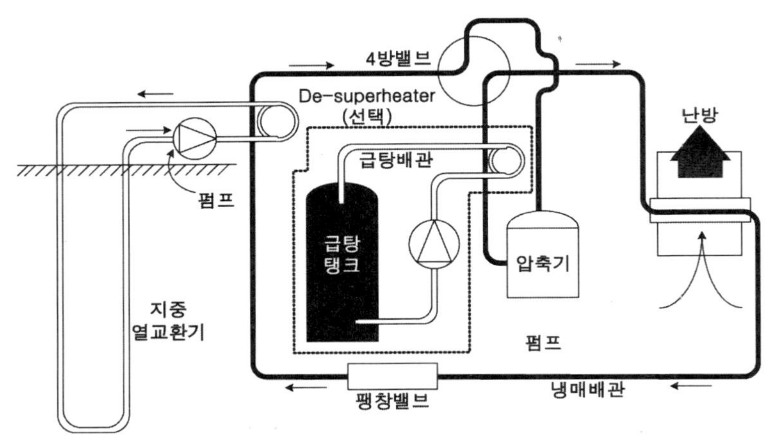

[그림 3-6] 난방시 지열 히트펌프 시스템과 루프

냉난방을 수행하면서 동시에 급탕기능이 추가된 히트펌프에는 보조 급탕루프가 추가되어 있다. 보조 급탕루프는 압축기 출구에서 나온 고온 고압의 과열냉매에서 현열부분을 이용하여 높은 온도의 온수를 만드는 De-superheater열교환기를 이용한다. 보조 급탕 루프가 추가된 히트펌프는 주로 소용량에 국한되며, 주거용에 사용된다. 급탕을 주요한 목적으로 사용되는 히트펌프에는 급탕루프를 사용하지 않는 것이 일반적이다.

위에서 설명한 것과 같이 지열 히트펌프 시스템은 일반적으로 3개 이상의 루프(최소한 지중루프, 냉매루프, 공기루프 또는 순환수 루프가 포함됨)로 구성되는데, 루프와 루프사이에는 열교환기가 설치되어 루프와 루프 사이에 열을 전달하는 역할을 수행한다.

3.3 지열 히트펌프 시스템 설계의 일반적인 절차

지열 히트펌프 시스템 설계는 지중 열교환기의 길이를 계산하고 필요한 도면을 작성하는 지중 열교환기 설계에 국한되지 않는다. 지열 히트펌프 시스템 설계는 건물 냉난방을 담당하는 지열 히트펌프 시스템 전체를 포함하며, 지열 히트펌프 시스템을 구성하는 요소의 설계를 수행하기 위한 시스템 인자를 결정한다.

3.3.1 발주자와 협의

건축주 또는 건축사 등을 포함한 발주자와 지열 히트펌프 시스템에 대한 전반적인 요구사항을 정확하게 전달받아 지열 히트펌프 시스템 설계에 반영한다. 여기에는 시스템 레벨의 요구사항과 더불어 요소 설계에 반영이 필요한 사항도 포함되며, 이를 요소 설계에 반영되도록 한다.

3.3.2 설계 부하, 에너지 부하 및 데이터 확보

건물 내부공간의 설정온도, 기상 데이터 그리고 건물 데이터를 근거로 건물의 냉난방 공간에 대한 설계 부하와 에너지 부하를 확보한다. 이러한 데이터를 근거로 장비 선정 및 지중 열교환기 설계에 활용하게 되는데, 설계 부하는 히트펌프 유니트를 포함한 장비선정에 이용되며, 에너지부하는 지중 열교환기 부하계산에 필수적이다.

3.3.3 지중 온도 데이터 확보

지중 열전도 시험을 시스템 설계 이전에 수행하는 경우에는 시험에서 얻은 지중 초기온도를 사용하는 것이 적절하다. 지중열전도 시험에서 외부열을 지중에 가하기 이전에 순환수를 펌프를 사용하여 순환시키면서 측정한 순환수의 온도를 지중 열교환기 깊이 방향에 대한 평균 지중온도로 사용한다.

지중열전도 시험을 설계 이전에 실시하지 않은 경우, 기상청의 데이터를 활용하여 지중의 온도 정보를 확보하여 초기 지중온도의 데이터로 활용한다.

[그림 3-7] 지하수의 온도는 지중온도를 나타내는 중요한 정보이지만, 지중온도와 차이가 있는 것으로 알려져 있으므로 활용에 유의한다. 또한 지중 열교환기 깊이 방향의 평균온도를 지중온도로 사용하므로 지하수 온도와 차이가 있으므로 활용에 유의한다.

요소	1월	2월	3월	4월	5월	6월	7월	8월	9월	10월	11월	12월	한/평
Average (℃)	-2.5	-0.3	5.2	12.1	17.4	21.9	24.9	25.4	20.8	14.4	6.9	0.2	12.2
High (℃)	1.6	4.1	10.2	17.6	22.8	26.9	28.8	29.5	25.6	19.7	11.5	4.2	16.8
Low (℃)	-6.1	-4.1	1.1	7.3	12.6	17.8	21.8	22.1	16.7	9.8	2.9	-3.4	8.2
강수량합	21.6	23.6	45.8	77.0	102.2	133.3	327.9	348.0	137.6	49.3	53.0	24.9	1344.2
강수지속시간	56.29	48.40	55.14	63.36	72.15	82.21	126.68	100.91	61.25	37.93	52.88	45.70	802.90
소형증발량	37.3	46.3	82.3	119.9	142.3	137.4	114.5	121.6	107.9	89.5	55.2	40.0	1094.2
평균풍속	2.5	2.7	2.9	2.9	2.6	2.3	2.3	2.1	1.9	2.0	2.3	2.3	2.4
평균습도	62.6	61.0	61.2	59.3	64.1	71.0	79.8	77.4	71.0	66.2	64.6	63.8	66.8
평균증기압	3.4	3.9	5.5	8.4	12.5	18.4	25.0	24.9	17.5	11.1	6.9	4.3	11.8
일조합 (hr)	158.4	163.3	197.5	210.7	224.3	187.8	130.7	155.3	184.5	200.5	151.3	149.9	2114.2
일사합 (MJ/m²)	7.04	9.58	12.37	15.19	16.49	15.53	12.11	12.43	12.16	10.33	7.08	5.88	136.19
안개계속시간합 (hr)	7.74	5.37	6.76	8.61	7.89	8.76	13.16	4.03	4.32	5.51	8.72	10.21	91.08
전운량	4.0	4.1	4.7	4.8	5.2	6.3	7.4	6.5	5.3	4.1	4.3	4.0	5.0
현지기압	1013.6	1011.8	1009.2	1004.7	1001.2	997.5	996.5	998.1	1003.3	1008.8	1012.3	1013.9	1005.9
해면기압	1024.8	1022.8	1020.0	1015.1	1011.4	1007.5	1006.4	1008.0	1013.4	1019.2	1023.0	1024.9	1016.3
초상최저 (℃)	-10.9	-9.0	-3.9	2.6	8.6	14.7	19.9	20.1	13.3	4.7	-2.3	-8.4	4.1
Surface (℃)	-2.4	-0.3	5.6	13.4	19.7	24.8	26.8	27.4	22.5	14.8	6.2	-0.1	13.2
0.05m deep ground (℃)	-1.7	-0.3	5.3	12.8	19.2	24.2	26.4	27.1	22.4	15.2	6.8	0.5	13.1
0.1m deep ground (℃)	-1.1	-0.2	5.1	12.5	18.8	23.8	26.2	27.1	22.7	15.8	7.6	1.3	13.3
0.2m deep ground (℃)	-0.3	0.0	4.8	12.1	18.2	23.1	25.7	26.8	22.9	16.5	8.6	2.2	13.3
0.3m deep ground (℃)	0.3	0.2	4.6	11.7	17.7	22.5	25.3	26.6	23.1	17.1	9.5	3.1	13.4
0.5m deep ground (℃)	1.9	1.1	4.1	10.5	16.2	21.0	24.2	25.9	23.1	17.9	11.1	4.9	13.4
1.0m deep ground (℃)	4.8	3.3	4.5	9.3	14.3	18.7	22.2	24.4	23.1	19.4	14.1	8.3	13.8
1.5m deep ground (℃)	7.5	5.6	5.7	8.7	12.8	16.7	20.4	23.0	22.7	20.1	16.0	11.1	14.1
3.0m deep ground (℃)	13.2	11.2	9.7	9.6	10.9	12.9	15.6	18.4	19.8	19.4	18.1	15.8	14.5
5.0m deep ground (℃)	15.5	14.2	13.0	12.0	11.7	12.2	13.4	15.1	16.5	17.1	17.2	16.6	14.5
강수일수 0.1mm이상	71	60	68	80	88	100	155	138	87	66	90	73	1076
강수일수 1.0mm이상	39	37	45	59	69	78	128	112	67	48	69	43	794
폭풍일수	0	1	1	2	0			0		1		1	6
무조일수	45	33	34	37	42	45	69	57	36	25	41	38	502

[그림 3-7] 기상청의 지온데이터(서울)

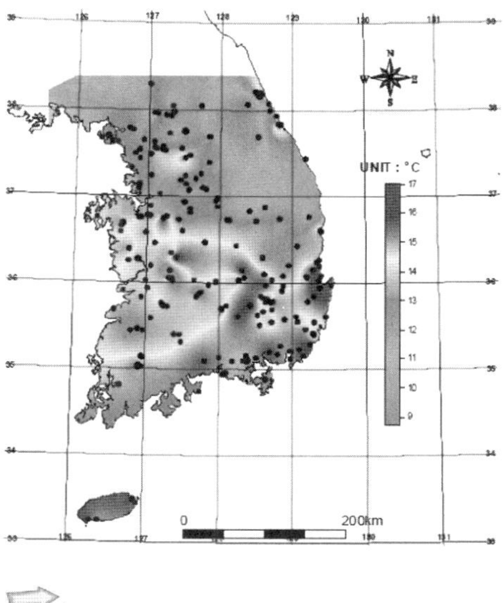

[그림 3-8] 전국의 지표 온도 분포

지질자원연구원이 제공하는 지중온도 데이터를 활용할 수 있는 경우에는 이를 이용하는 것이 좋다. 지표, 100m, 그리고 200m 깊이의 온도 데이터에서 깊이에 따른 보어홀 깊이에 대한 평균 온도를 적용한다.([그림 3-8] 및 [그림 3-9] 참조)

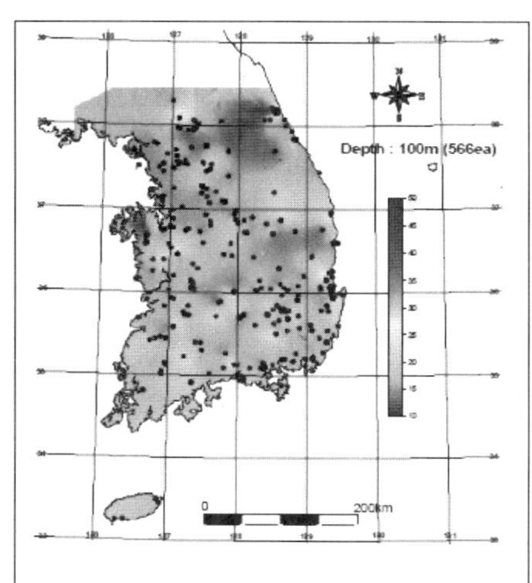
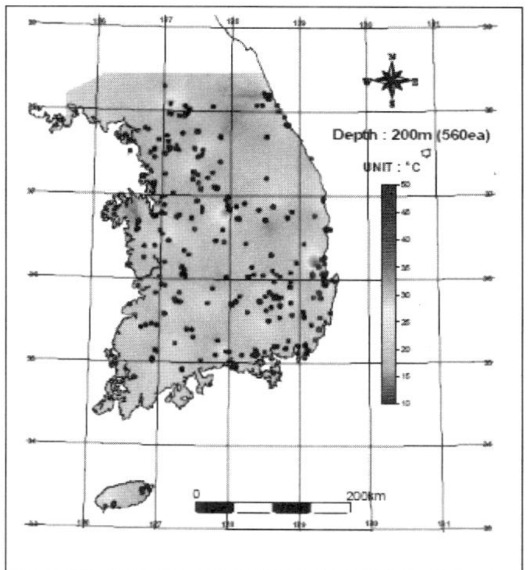

[그림 3-9] 지중 100m와 200m의 온도 분포

3.3.4 지중 열교환기 방식 결정

지열 히트펌프 시스템을 적용하는 현장의 여건을 파악하고, 현장의 지열 자원 및 여건에 맞는 지중 열교환기를 결정한다. 또한 법규나 규정 그리고 건축주의 요구사항을 파악하여 이에 위배됨이 없도록 한다.([그림 3-10] 참조)

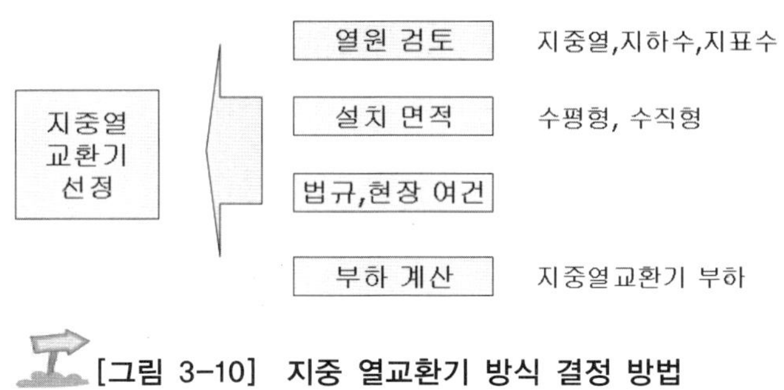

[그림 3-10] 지중 열교환기 방식 결정 방법

3.3.5 주요 시스템 사양 및 인자의 결정

물-물 히트펌프 또는 물-공기 히트펌프 유니트를 개별적으로 혹은 복합적으로 적용할 지를 결정하고, 실내로 공기를 공급할 수 있는 공기루프와 물-물 히트펌프의 경우 순환수 루프의 적용 방법을 결정한다.

물-물 히트펌프를 적용하는 경우에는 부하측으로 공급되는 순환수루프의 냉수 및 온수의 온도 그리고 유량을 결정하고, 지중루프의 온도와 우량을 결정한다. 또한 다른 열원과의 하이브리드로 적용할지 여부를 결정한다.

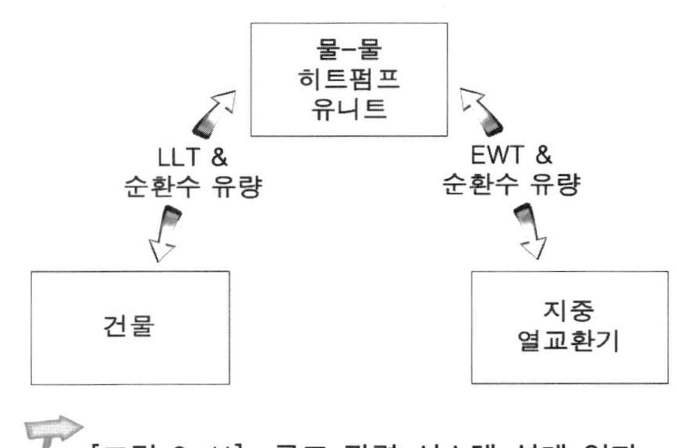

[그림 3-11] 루프 관련 시스템 설계 인자

3.3.6 Entering Water Temperature의 결정

EWT를 결정한 후에, 지중 열교환기 설계와 히트펌프 유니트 선정 그리고 실내 냉난방 설비 선정을 분리하여 수행할 수 있다. 냉방운전과 난방운전 시 각각의 EWT를 결정하며, 이로서 설계 목표 기간 동안 지중루프 부동액의 EWT가 설계값의 최대치와 최저치 범위를 넘지 않도록 유지한다. 또한 지중루프의 부동액의 종류와 혼합량과 더불어 순환량을 결정한다.

3.3.7 지열 히트펌프 시스템의 요소 설계

시스템 설계에서 나온 주요 인자를 바탕으로 히트펌프 유니트 선정, 지중 열교환기 설계, 순환 시스템 및 실내 공기분배 시스템의 설계등 주요 구성요소의 선정 및 설계를 수행한다.

3.3.8 설계 검토

위에서 진행된 설계 내용을 종합하여 검토를 수행한다. 필요하다고 판단되는 경우에는 위의 항목으로 되돌아가서 일부 인자를 수정하여 위의 과정을 반복하여 수행한다. 만족한 것으로 판단될 경우에는 시공 용이성 및 유지보수 등을 고려하여 상세 설계와 도면을 완성한다.

3.4   EWT(Entering Water Temperature)

EWT는 부동액이 지중 열교환기를 통과한 후에 히트펌프 유니트에 유입되는 온도로서 히트펌프를 기준으로 볼때 히트펌프 유니트로 들어가는 온도를 칭하는 명칭이다. 지중 열교환기의 지중루프를 순환하였으므로 Entering Source Temperature

라고 부르기도 한다. 히트펌프 유니트를 통과하여 나온 온도를 Leaving Water(또는 Source) Temperature라 부른다.

물-물 히트펌프 유니트에서는 순환수루프에서 실내 부하 측으로부터 히트펌프로 들어가는 유체온도를 Entering Load Temperature(ELT)라고 부르고, 히트펌프에서 나가는 온도를 Leaving Load Temperature(LLT)라고 칭한다.

EWT는 지열 히트펌프 시스템 설계의 초기 단계에서 결정된다. EWT와 지중 순환수의 유량이 정해진 이후에는 지중 열교환기 설계와 히트펌프 유니트 설계가 분리되어 별도로 설계되고 검토될 수 있다.

EWT와 건물 내부공간의 설계 부하가 정해지면 이를 근거로 히트펌프 유니트를 결정할 수 있다. 물-물 히트펌프의 경우에는 실내 측의 설계 부하와 냉난방을 위하여 부하 측으로 공급하는 냉수 및 온수의 온도가 정해지면 설계 부하에 적합한 물-물 히트펌프 유니트를 선정할 수 있다.

예를 들면 30RT라고 부르는 또는 공칭 30RT 용량의 히트펌프 유니트는 항상 30RT의 출력을 내는 것이 아니다. 정해진 조건에서만 30RT의 열량이 나오게 된다. 역설적으로 이야기하면 정해진 하나의 조건 이외에는 정확하게 30RT가 나오는 경우가 거의 없다. 히트펌프 유니트의 용량은 지중루프 측 EWT와 순환수 루프 측 순환수 온도와 유량의 변화에 따라 변화한다. 그리고 히트펌프 유니트의 성능 또한 루프 순환수의 온도와 유량에 따라서 달라진다.

3.4.1 EWT의 변동

EWT는 시간의 진행에 따라 계속 변화한다. 하절기 냉방운전에서는 지중에 열을 저장하므로 지중 축열로 인하여 EWT가 상승하고 높게 유지된다. 반면에, 동절기 난방운전에는 지중에 저장된 열을 추출하여 이용함으로서 지중의 온도가 낮아지게 된다. 그러므로 EWT는 낮아지게 된다. EWT는 상한선(EWT_{MAX})과 하한선(EWT_{MIN})으로 표시하며 설계기간(통상적으로 20년) 동안에는 상한선 EWT_{MAX}와 하한선 EWT_{MIN} 사이의 범위 이내에서 변동하는 것을 보장하게 된다.

3.4.2 BIN법에서의 EWT의 계산

상업용 건물에서는 BIN법이나 Degree Day법을 사용하지 않는 것이 일반적이다. 소형 건물이나 주택에서는 BIN법을 활용하여 에너지 사용량을 계산하는 경우에는 EWT를 외기온도의 변화에 따라 식으로 표시할 필요가 있다. 외기온도가 t_{air}일 때, EWT_H와 EWT_C는 난방 운전과 냉방 운전 시의 EWT를 다음과 같이 나타낼 수 있다.

$$EWT_h = EWT_{\min} + \left(\frac{EWT_{mean} - EWT_{\min}}{t_{mean} - t_{\min}} \right) \times (t_{air} - t_{dh}) \cdots\cdots\cdots (3.1)$$

$$EWT_c = EWT_{mean} + \left(\frac{EWT_{\max} - EWT_{mean}}{t_{dc} - t_{mean}} \right) \times (t_{air} - t_{mean}) \cdots (3.2)$$

$$EWT_{\max} \quad : EWT의\ 최고\ 설계\ 온도$$
$$EWT_{\min} \quad : EWT의\ 최저\ 설계\ 온도$$
$$EWT_{mean} \quad : EWT의\ 평균\ 온도$$
$$t_{mean} \quad : 평균\ 외기\ 온도$$
$$t_{dh} \quad : 설계\ 난방\ 온도$$
$$t_{dc} \quad : 설계\ 냉방\ 온도$$

01 다음 용어에 대하여 정리하시오.
가) 과열저감기 (Desuperheater)
나) EWT
다) LWT

03 지열 히트펌프 시스템에서 에너지 흐름에 관여하는 주요 요소 세 가지를 나열하라.

04 지열 히트펌프 시스템 내에서 작동유체의 흐름으로 결정되는 핵심적인 세 가지 루프를 나열하라.

05 수직밀폐형 지중 열교환기의 시공순서를 쓰시오. (계획수립, 천공작업, 압력테스트, 지열루프(U파이프) 설치, 그라우팅, 압력테스트, 트렌치작업, 히트펌프 및 실내설비 설치, 시스템 매칭 및 시운전, 정상운전)

06 밀폐형 지중 열교환기에서 가장 널리 사용되는 파이프의 재료는?

07 사이트 플랜(Site Plan)에는 지중 매설물의 위치 정보를 포함한다. 계획에 투자한 시간은 시공에서 더 많은 시간과 비용을 절약한다. (O, X)

CHAPTER 4

지중 열교환기 및 지중지반

핵심요약

　지열 히트펌프는 하절기에는 히트펌프 유니트 증발기를 통하여 건물에서 흡수한 에너지는 히트펌프 유니트의 응축기를 통해 나오는 열을 지중에 저장한다. 지중에 설치된 지중열교환기를 통하여 지중에 열을 저장하고, 동절기에는 지중에 저장된 열을 추출하여 이용한다.

　이와 같이 지중열을 이용하기 위해서는 다양한 방식의 지중 열교환기를 이용할 수 있다. 가장 대표적인 지중열교환기는 수직 밀폐형으로서 지중에 보어홀을 천공하고, 보어홀 내에 U자로 만든 고밀도폴리에틸렌 파이프를 설치한다. 보어홀과 파이프 외벽 사이에 빈 공간을 그라우팅 재료를 사용하여 지중열교환기를 통하여 오염물질이 이동하는 것을 방지하고, 파이프와 보어홀 사이에 빈 틈이 없애서 열접촉을 확실하게 유지하도록 한다.

　히트펌프 유니트의 열교환기와 지중열교환기 사이는 지중루드라고 부르며, 이 루프에는 부동액을 포함한 작동유체가 순환한다. 지중열교환기가 설치된 보어홀 주변의 지중의 열전도특성은 지중 열교환기의 열거동에 큰 영향을 미친다. 지중을 구성하는 토양이나 암석의 종류에 따라서 열전도특성을 추정할 수 있으나, 소형프로젝트를 제외하고 일반적으로 시험용 보어홀을 준비하여 현장 열전도시험을 수행하여 필요한 물성을 얻는다.

　이 장에서는 보어홀 주변을 구성하는 토양과 암석의 특성에 관하여 다루며, 지중열전도시험과 데이터 분석 등을 통하여 지중과 관련된 재료에 대한 일반적인 이해를 높이는 것을 목적으로 한다.

04 지중 열교환기 및 지중지반

CHAPTER

4.1 현장 지중 유효 열전도도 측정

건물의 냉난방부하에 대응하기 위한 지중 열교환기 적정 규모를 결정하기 위해서는 지중 열교환기가 설치되는 현장의 열전도율을 파악하는 것이 중요하다.

발주처에서 직접 열전도율을 제시하는 것이 원칙이지만 이러한 정보를 제공하지 않는 경우에는 직접 파악해야 한다. 이 경우에는 개략적인 열전도율을 가정하여 1차적으로 열교환기의 규모를 산정하고, 열교환기의 시공방법을 결정하는 등 가설계를 실시하여 대략적인 공사규모를 산정하는 것이 일반적이다. 이후 행정적인 절차에 따라 사업이 확정되는 시점에서 시험용 지중 열교환기를 설치하고 이를 이용하여 현장 열응답 측정시험(thermal response test)을 통해 지중 초기온도와 열전도율을 파악하게 된다. 열응답 시험은 실제와 동일한 조건으로 시공한 시험용 지중 열교환기를 시공한 후 주위와 열평형이 이루어진 시점(보통 1주일 이상)에서 48시간 이상 실시하여야 한다.

현장 열응답 시험은 정부의 지원을 받는 사업과 공공기관에서 발주하는 사업의 경우 냉방용량이 50RT(175kW) 이상에 대해 실시하도록 하고 있으며, 50RT(175kW) 이하의 용량에 대해서는 시험수행을 원칙으로 하되 발주자와 협의 하에 생략할 수 있도록 하고 있다.

현장 열응답 시험은 다음 사항을 참조하여 철저한 분석이 이루어지도록 한다.

4.1.1 시험용 지중 열교환기 시공

1) 시험용 보어 홀은 실제 시공하고자 하는 보어 홀의 구경과 동일하게 시추한다.
2) 실제 사용하는 지중 열교환기와 동일한 규격 및 구조로 시험용 지중 열교환

기 파이프를 제작한다.

3) 제작한 파이프의 기밀시험을 통해 이상 유무를 확인한 후 보어 홀에 삽입한다.

4) 시험용 보어과 지중 열교환기 파이프 사이의 빈 공간을 뒤채움 하는 그라우팅 작업을 하여야 한다. 이 때, 그라우팅 재료의 혼합비를 포함한 그라우팅 방법 및 절차 등은 실제 지중 열교환기의 시공에 적용하고자 하는 것들과 동일해야 한다.

4.1.2 현장 열응답시험 절차

1) 그라우팅이 완료된 시험용 열교환기 파이프 양 끝단을 플러싱 장치에 연결하여 플러싱 작업 실시한다.

2) 깨끗한 물을 시험용 지중 열교환기 파이프 내로 순환시켜 파이프 내에 남아 있는 이물질과 공기 등을 배출한다.

3) 파이프 내부의 물의 온도가 지중 온도와 동일하게 되도록 1시간 정도 무부하 운전을 한다.

4) [그림 4-1]과 같이 열응답 시험장치(열전도율 측정기)를 시험용 지중 열교환기 파이프와 연결한다.

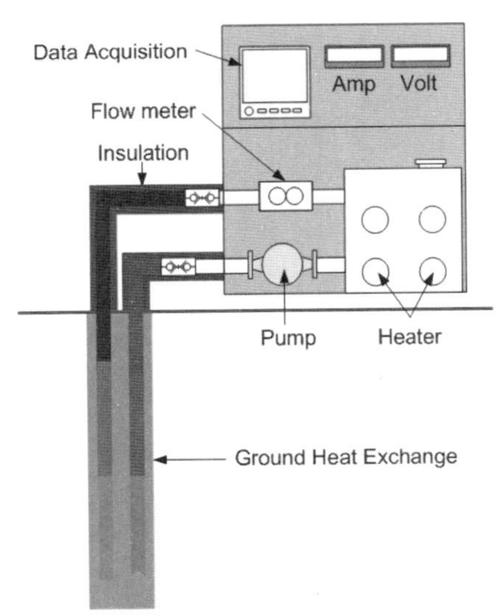

[그림 4-1] 현장 열응답 시험장치

5) 열응답 시험과 관련된 모든 배관이 대기중에 노출되는 것을 최소화하며, 부득이하게 노출되는 배관 또는 밸브 및 연결구 등에 대해서는 충분히 보온한다.

6) 시험용 지중 열교환기 파이프, 열응답 시험장치 및 연결배관 등의 내부에 물을 완전히 채운다. 지중 열교환기와 열응답 시험 장치를 순환하는 물의 양이 부족한 경우에는 물을 보충한다. 그러나 일단시험이 시작된 후에는 시험 장치에 물을 보충해서는 안 된다.

7) 일정한 전력을 공급할 수 있도록 정전압공급장치(AVR)을 설치하여야 한다. 현장에서 발전기를 이용하여 전력을 공급할 경우에는 특히 주의하여야 한다.

8) 시험용 지중 열교환기 입·출구의 물의 온도가 지중 온도가 동일해질 때까지 열응답 시험 장치에 부착된 순환펌프로 물을 순환시킨다(약1시간). 이 때, 측정 데이터 및 이들 데이터의 저장 등 시험장치의 정상 작동 여부를 확인한다.

9) 지중 열교환기 입·출구에서의 물의 온도, 유량, 압력 등의 데이터를 모니터를 통해 확인하면서 온수 공급 장치에 장착된 전열기를 가동한다.

10) 전열기 가동 직후에는 지중 열교환기 입·출구에서 물의 온도 변화를 관측하면서 열응답 시험 장치에 누수가 있는지 또한 비정상적인 데이터가 모니터에 표시되는지 주의를 기울여 관측한다. 또한, 전열기로의 전력공급이 차단되는 일이 없도록 하여야 하며, 경우에 따라서는 UPS를 설치한다.

11) 지중 열교환기 입·출구에서 물의 온도 차이를 지속적으로 관찰하면서 최소 48시간 이상 시험을 실시한다. 통상적으로 시험 개시후 약 10~12시간이 경과하면 지중 열교환기 입·출구의 물의 온도 차이는 거의 일정한 값을 갖는다.

12) 현장 열응답 시험이 종료된 후 온수 공급 장치의 전열기에 공급되는 전력을 차단한다. 지중의 온도가 시험 전의 온도로 회복될 수 있도록 최소 4시간 이상 물을 지속적으로 순환시킨다.

13) 시험이 완료되면 순환펌프와 데이터 기록장치의 전원을 차단하고, 측정된 데이터를 별도의 저장장치에 저장한다.

14) 측정데이터를 그래프화하여 직선구간을 선정하고, 이 구간에 대해 시간 축을 자연대수로 하는 그래프로 변화시켜 기울기를 구한다.

15) 기울기를 이용하여 유효 열전도율을 계산한다.

4.1.3 열전도율 계산을 위한 기울기의 산정 방법

다음 [그림 4-2]는 지중 열교환기를 대상으로 직선성이 확보된 측정결과를 나타낸 것이고, [그림 4-3]은 기울기($\triangle T/\ln t$)를 구하기 위해 직선성이 확보된 구간에 대해 시간 축을 자연대수로 변환시킨 것이다.

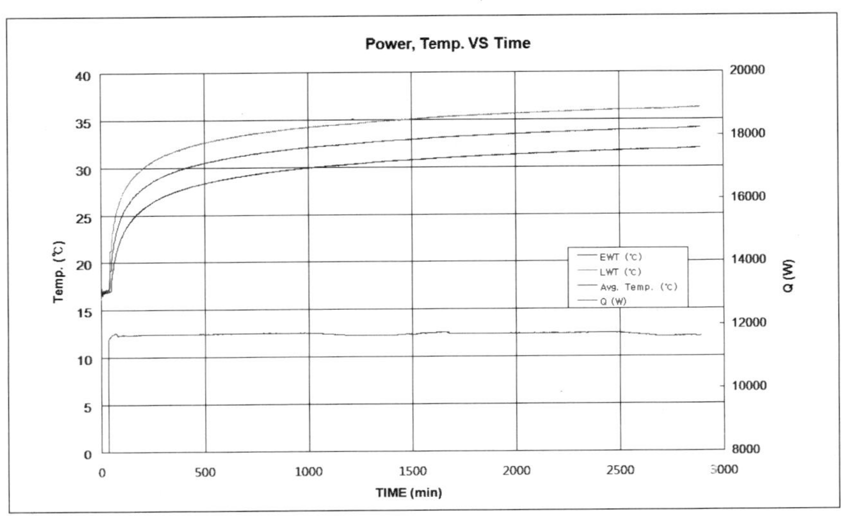

[그림 4-2] 현장열전도율 산정을 위한 측정결과

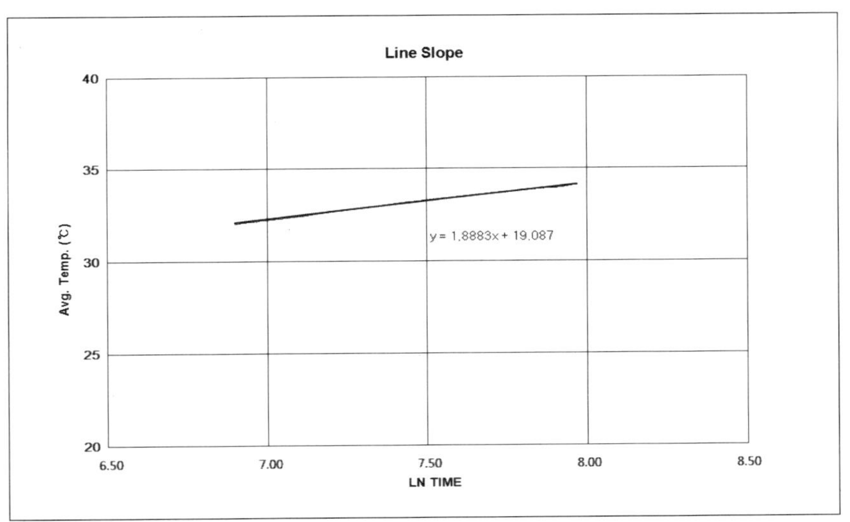

[그림 4-3] 기울기를 구하기 위해 자연대수로 정리한 결과

한편, 다음 [그림 4-4], [그림 4-5] 및 [그림 4-6]은 기울기를 구하는 과정에서 해석구간의 선정에 오류를 범한 예를 나타낸 것이다.

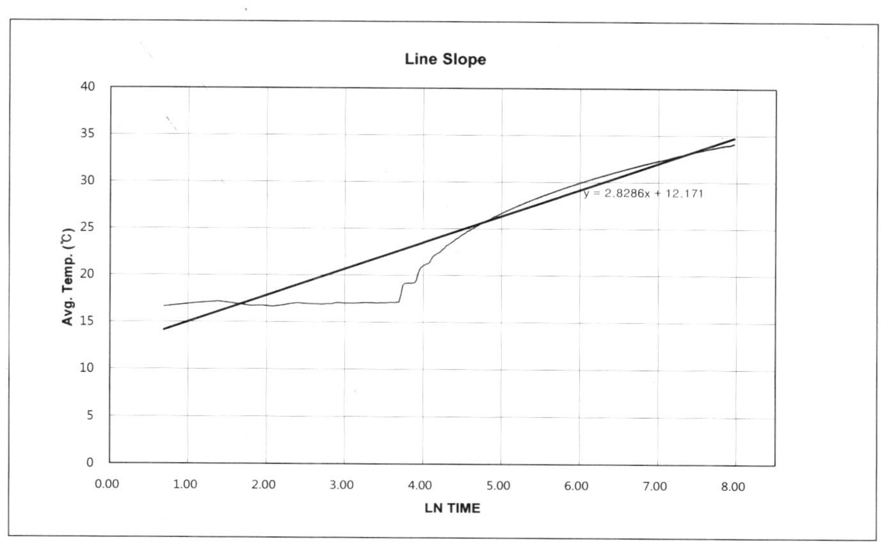

[그림 4-4]　기울기 산정의 오류(1)

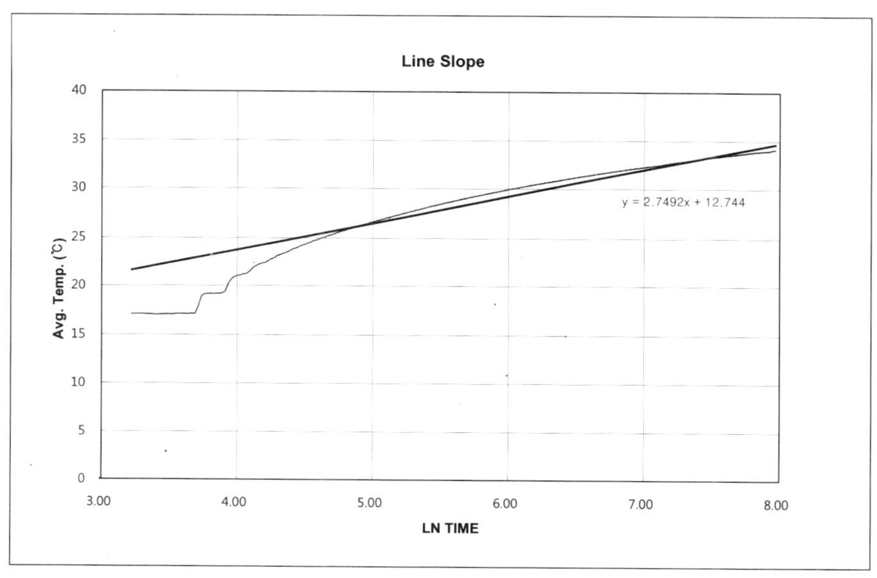

[그림 4-5]　기울기 산정의 오류(2)

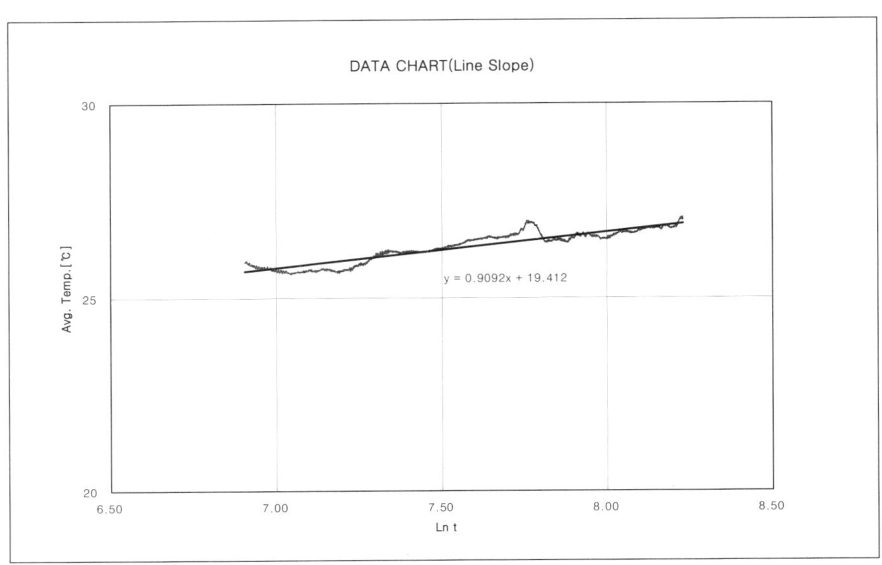

[그림 4-6]   기울기 산정의 오류(3)

4.1.4 지중 유효 열전도도 산정 방법

지중 열전도도 측정은 현장에 설치된 시험용 지중 열교환기에 열량을 가한 온수를 순환시켜 지중에서 온도가 상승하는 곡선의 변화를 측정하는 현장 열응답시험으로 구성되며, 측정된 데이터는 선형열원 모델에 의해 분석된다.

라인 소스 모델은 Kelvin의 라인 소스 이론에서 발전되었으며 무한 영역의 열원에서 특정 지점의 온도를 계산하는 기법을 제안한 것이다.

라인 소스 모델은 무한히 긴 열원으로 순환 파이프를 포함한 보어홀과 토양의 접촉면에서 열의 유속이 일정하고 반경방향으로 열전달이 이루어지며 열원이 항상 일정한 온도를 유지한다고 가정한다. 그리고 토양의 물성치는 항상 일정하고 무한하며 지하수의 이동과 보어홀 끝단에서의 영향은 고려치 않는다. Ingersoll에 의해 정립된 일반적인 라인 소스 방정식은 다음과 같다.

$$\Delta T(r,\ t) = \frac{q}{2\pi k} \int_{\frac{r}{2\sqrt{\alpha k}}}^{\infty} \frac{e^{-\beta^2}}{\beta} d\beta \quad \cdots\cdots\cdots\cdots\cdots\cdots\cdots (4.1)$$

위 식에서 $\Delta T(r,\ t)$는 중심으로부터의 거리가 r, 경과시간이 t일 때 초기온도 T_0와의 온도차이다. q는 보어홀의 단위 길이당 열전달량(specific heat transfer rate)이며, k는 지중 구성물의 열전도계수이다. 그리고 α는 $k/\rho C$로 정의되는 지중 구성물의 열확산율이다.

위의 식은 실험시간이 충분히 긴 경우에 적합하기 때문에 현장에서 직접적인 열전도율 실험을 실행할 경우 해석이 부정확하다. 따라서 본 실험의 경우 짧은 시간 동안에 실험을 통한 적정 데이터를 수집하는데 그 목적이 있어 위 식을 적절히 변형하여 사용한다.

보어홀 내부의 온도가 주위의 간섭없이 일정하게 유지되며, 보어홀 내부의 U-튜브로부터 일정 기간 동안 일정한 열의 주입이 이루어지고, 일정한 열 저항률을 가정하면 라인 소스 방정식을 다음과 같이 간소화 시킬 수 있다.

$$\Delta T = A + \left(\frac{q}{4\pi k}\right) \times \mathrm{Ln}(t) \quad\cdots\cdots (4.2)$$

다음의 식에서 ΔT는 보어홀 입출구에서 순환유체의 온도차를 말하며, A는 상수이고, q는 단위 길이당 열전달량을 그리고 t는 시간이다. 위 식을 열전도도 k에 대하여 풀면, 아래와 같다.

$$k_s = \frac{Q}{4\pi L \dfrac{\Delta T}{\ln t}} \quad\cdots\cdots (4.3)$$

k_s　 : 그라우트/토양 혼합층의 유효 열전도율(W/m℃)

ΔT : 지중 열교환기 입·출구에서 물의 평균 온도(℃)

Q　 : 전열기에 공급되는 열량 (W)

L　 : 시험용 지중 열교환기 보어 홀의 깊이(m)

t　 : 열응답 시험 수행 시간(min)

4.1.5 지중 열전도도 테스트 측정 항목 및 기준 (지식경제부고시 제2009-332호)

가. 수직 밀폐형

1) 열전도도 측정 장치는 일정 열량을 가할 수 있도록 설계·제작할 것.

2) 온도나 유량 등 데이터 측정 장치는 고정밀도를 유지하고, 검, 교정을 받은

장치를 사용할 것.

3) 10분 이상 가열없이 펌프 구동하며 순환수 온도 측정(초기 지중온도 측정)

4) 히터 전원 투입 후 48시간 연속 측정하며, 측정 데이터는 10분 이하의 간격으로 수집할 것.

5) 라인소스법에 의해 지중열전도도 계산할 것.(계산 시 초기 12시간 데이터 제외)

6) 지중 열전도도 시험성적서에는 측정시간, 초기지중온도, 지중열전도도, 보어홀의 열저항 및 천공깊이 내용이 포함될 것.

7) 측정 항목 및 기준

지식경제부고시 제2009-332호

	순 번	항 목	기 준	비 고
측정 시간	1	열전도도 측정 개시	그라우팅 완료 후 벤토나이트 그라우트의 경우 72시간 이후, 시멘트 그라우트의 경우 14일 이후	
	2	제외 시간	시험 시작 후 12시간 데이터 제외	
	3	유효데이터의 연속 취득시간	48시간 이상 연속 취득	
	4	데이터 취득 간격	10분 이하	
측정 조건	5	측정공 투입 전력량	2관식 : 50 ~ 80W/m 3관식 : 60 ~ 95W/m 4관식 : 65 ~ 105W/m	
	6	Loop 입출구 온도차 (이 온도범위에서 유량조절)	3.5 ~ 7℃	
오차	7	측정온도의 오차	±0.3℃ 이하 (평균온도에 대한 표준편차)	
	8	입력전력의 오차	±3% 이하 (평균전력에 대한 표준편차)	
재측정	9	재측정 개시	지중초기 온도의 0.3℃이내 까지 회복 후 재측정	

나. 지중 수평형

1) 현장의 교란 시료 또는 비교란 시료를 이용하여 열전도도를 측정함.

2) 시료 채취는 지중 열교환기를 설치하는 위치와 동일한 깊이의 토양을 채취하며, 최소 2m 간격으로 3군데 이상의 시료를 채취할 것.

3) 지중 열교환기를 수직열로 설치할 경우 각각 깊이에 대한 시료를 채취하여

평균할 것.

4) 토양의 열확산계수를 측정할 것.

5) 현장의 교란 시료 이용 시 측정 항목 및 기준

순 번	항 목	기 준	비 고
1	함수비 산정	KS F 2306 Nuclear Density Moisture Meter 이용 가능	
2	단위 중량 측정	KS F 2311 또는 KS F 2347 Nuclear Density Moisture Meter 이용 가능	
3	공시체 제작	KS F 2312	
4	열전도도 시험법	ASTM D 5334-08	
5	탐침시험 장치	ASTM D 5334-00, ASTM D 5930-97	
6	평균 열전도도 산정	통계적 방법에 의한 엽각(극단값) 판정 후 평균 열전도도 산정	
7	산정값 표준편차	열전도도 산정값의 표준편차는 10% 이내	

6) 현장의 비교란 시료 이용 시 측정 항목 및 기준

순 번	항 목	기 준	비 고
1	block 샘플 채취	ASTM D 7015-07 대구경시료채취기(KICT형) 사용 가능	
2	열전도도 시험법	ASTM D 5334-08	
3	탐침시험 장치	ASTM D 5334-00, ASTM D 5930-97	
4	평균 열전도도 산정	통계적 방법에 의한 엽각(극단값) 판정 후 평균 열전도도 산정	
5	산정값 표준편차	열전도도 산정값의 표준편차는 10% 이내	

다. 에너지파일형

1) 현장의 교란 시료 또는 비교란 시료를 이용하여 열전도도를 측정함.

2) 파일 설치 위치의 토양에 대해 서로 상이한 공학적 특성을 가진 모든 층에 대해 채취할 것.

3) 토양의 열확산계수를 측정할 것.

4) 현장의 교란 시료 이용 시 측정 항목 및 기준

순 번	항 목	기 준	비 고
1	함수비 산정	KS F 2306 Nuclear Density Moisture Meter 이용 가능	
2	단위 중량 측정	KS F 2311 또는 KS F 2347 Nuclear Density Moisture Meter 이용 가능	
3	공시체 제작	KS F 2312	
4	열전도도 시험법	ASTM D 5334-08	
5	탐침시험 장치	ASTM D 5334-00, ASTM D 5930-97	
6	평균 열전도도 산정	통계적 방법에 의한 엽각(극단값) 판정 후 평균 열전도도 산정	
7	산정값 표준편차	열전도도 산정값의 표준편차는 10% 이내	

5) 현장의 비교란 시료 이용 시 측정 항목 및 기준

순 번	항 목	기 준	비 고
1	시료 채취	KS F 2317	
2	열전도도 시험법	ASTM D 5334-08	
3	탐침시험 장치	ASTM D 5334-00, ASTM D 5930-97	
4	평균 열전도도 산정	통계적 방법에 의한 엽각(극단값) 판정 후 평균 열전도도 산정	
5	산정값 표준편차	열전도도 산정값의 표준편차는 10% 이내	

라. 스탠딩컬럼웰형

1) 열전도도 측정 장치는 일정 열량을 가할 수 있도록 설계·제작할 것.
2) 온도나 유량 등 데이터 측정 장치는 고정밀도를 유지하고, 검, 교정을 받은 장치를 사용할 것.
3) 30분 이상 가열 없이 펌프 구동하며 순환수 온도 측정(초기 지중온도 측정)
4) 보일러 열량 투입 후 12시간 연속 측정하며, 측정 데이터는 10분 이하의 간격으로 수집할 것.(2회 실시하여 평균값을 제시하는 것을 원칙으로 하며, 2차 시험은 1차 시험 종료 후 재측정 기준을 준수하여 시작할 것)

5) 라인소스법에 의해 지중열전도도 계산할 것.(계산 시 초기 2시간의 데이터
는 제외)

6) 지중열전도도 시험성적서에는 측정시간, 초기지중온도, 및 천공깊이 등 지중
열전도도의 내용이 포함될 것.

7) 측정 항목 및 기준

순 번		항 목	기 준	비 고
측정 시간	1	열전도도 측정 개시	천공 완료 후 72시간 이후	
	2	제외 시간	시험 시작 후 2시간 데이터 제외	
	3	유효데이터의 연속 취득시간	12시간 이상 연속 취득	
측정 조건	4	데이터 취득 간격	10분 이하	
	5	측정공 투입 열량	200 ~ 500 W/m	
	6	Loop 입출구 온도차 (이 온도범위에서 유량조절)	3.5 ~ 7℃	
오차	7	측정온도의 오차	±0.3℃ 이하 (평균온도에 대한 표준편차)	
	8	보일러 공급 열량의 오차	±3% 이하 (평균열량에 대한 표준편차)	
재측정	9	재측정 개시	지중초기 온도의 0.3℃이내 까지 회복 후 재측정	

4.2 토양과 암석

4.2.1 토양의 분류

토양의 분류에 관한 문제는 논쟁의 대상이 되고 있다. 토양학자, 공학자, 농학
자, 지질학자 등 각 분야의 전문가들은 토양에 대해 서로 다른 관심을 가지고 있
기 때문에 토양은 분야에 따라 다르게 명명되고 분류된다. 토양의 분류체계는 여
러 종류가 있으므로 한 토양이 1가지 이상의 군(群)으로 분류되기도 한다. 1960년
에 제시된 제7차 미국 근사체계(AAS ; American Approximation System)에서는 조

직, 화학적 특성, 색 등과 같은 토양의 성질에 기초하여 토양을 10목(目)으로 분류한 바 있다. 토양군은 토양층의 종류, 모질물의 공급원, 기후대 등과 같이 특별한 성질을 나타내는 구성원의 집합에 의해 명명된다. 흙건축을 위해서 가장 많이 이용되는 분류법은 지질학과 토양학에서 사용하는 분류법이다.

가. 입자의 크기에 따른 분류

1) 굵은 자갈

입자의 크기가 200mm에서 20mm이며 암석의 풍화작용을 통하여 형성된다. 암석의 물리적인 성질을 그대로 가지고 있으며 풍화작용을 적게 받은 것들은 모난 형태를 보이고, 빙하나 강물에 의해 심하게 풍화된 것들은 둥근 형태를 보인다. 흙에서 구조체의 역할과 강도를 결정하는 요소이다.

2) 잔자갈

입자의 크기가 20mm에서 2mm이며 암석이나 굵은 자갈이 풍화작용을 통하여 형성된다. 형태는 모난 것과 거친 것 등 다양한 형태를 보이며 물의 작용에 의하여 둥근 형태도 나타난다. 잔자갈은 흙의 골격을 구성하고 물의 모세관현상과 팽창작용을 제한한다.

3) 모 래

크기가 2mm에서 0.06mm까지의 입자들을 말하며 보통 규산과 석영을 포함하기도 한다. 바다모래는 조개껍질의 일부분인 칼슘 탄산염을 포함하고 있고 빙하에 의해 형성된 모래는 암석광물을 포함하고 있다. 모래입자는 입자표면에 수막이 형성되어도 점착성이 생기지 않으므로 수축이나 팽창은 거의 없다. 주변의 다른 입자와의 마찰력에 의하여 모래의 강도가 결정된다.

4) 실트(Silt)

입자의 크기가 0.06mm에서 0.002mm 사이의 성분들을 말하며 모래성분들과 같이 둥그스름한 모양을 갖고 있다. 암석이 물리적인 풍화작용을 받아 가장 가늘게

분해될 수 있는 입자로 강도는 모래와 마찬가지로 입자들 사이의 간극의 차이에 의해 결정된다. 실트 성분들은 물과 반응 하면 입자표면에 수막이 형성되어 어느 정도의 접착성을 가지며 또한 그 흙은 입자들이 느슨한 상태가 되어 건조한 경우에 비해 체적이 훨씬 증가하는 것을 볼 수 있다. 그래서 실트 성분의 흙은 물에 대한 팽창과 수축이 일어난다. 수분을 많이 흡수하므로 동결에 대해 매우 약하다.

5) 점 토

암석의 화학적 풍화작용을 통하여 형성된 입자로 크기가 0.002mm 이하의 성분을 말하며 점토입자들은 다른 성분들과는 달리 화학적인 구조와 물리적인 특성에 의하여 결합강도가 결정된다. 화학적으로 점토광물은 암석이 용해작용을 받아 형성된다. 그 중에는 항상 K, Na, Al 등이 존재한다. 음으로 대전된 점토광물은 이들 양이온을 끌어들여 평형을 유지하려고 하고 또한 양이온 자체로서는 부하가 양이므로 평형을 유지하기 위하여 물을 끌어들인다. 이런 작용은 필연적으로 부피가 늘어나므로 팽창과 수축이 같이 동반된다. 물리적으로는 점토광물의 형태는 매우 평평하고 긴 판상형을 하고 있다. 그리고 입자들의 표면적은 다른 성분들과 비교할 때 엄청나게 큰 것을 알 수 있다. 이러한 이온들의 교환, 결합작용에 의한 전기력과 입자들과의 표면적인 마찰력에 의해 결합강도가 다른 성분보다 훨씬 크다.

6) 콜로이드

모래성분들이 가끔 점착성을 가진 어떤 물질에 둘러싸여 있는 것을 볼 수가 있는데 이 점착성의 물질을 구성하고 있는 것이 지름이 $2\mu m$ 이하의 콜로이드성분들이다. 이들 중 어떤 것은 암석이 풍화되는 과정에서 생겨난 것이 있는데 이들은 점토광물처럼 미세광물로 구성되어있다.

점토광물은 혼자서는 콜로이드광물이 될 수 없다. 항상 석영입자나 규소광물 등과 함께 섞여있으며, 독립적으로는 물리적 성질을 가질 수가 없다.

4.2.2 흙의 분석방법

흙은 각기 생성과정이나 풍화작용들을 통해 다양한 성질을 가지고 있다. 이를 분류하는 방법은 매우 세분화 되어있고 기준 또한 다양하다. 여기에서는 건축 관점에서 필요한 성질들로 한정하여 설명하고자 한다.

건축에 필요한 흙의 기본적인 실험들은 다음과 같다.

가. 입도분석

흙의 기본적인 성질을 결정짓는 가장 중요한 요소로서 거름채법과 침전법으로 점토성분까지 성분비를 측정할 수 있다.

1) 거름채법

규격화된 거름채(채간격 10cm부터 0.08mm까지)를 이용하여 전체량에 체에 걸리는 량을 측정하여 성분비를 분류한다.

2) 침전법

0.08mm 이하의 성분들은 시간에 따른 침전속도의 차이를 이용하여 성분비를 측정한다. 이 방법으로 $0.002mm(2\mu m)$까지의 입자들을 분류할 수 있다. 그 이하의 입자들은 이 방법으로는 미세입자들 사이에 발생하는 소용돌이 현상과 솜털모양으로 엉켜서 침전하는 현상 때문에 측정이 불가능하다.

나. 함수률

흙 속의 간극 속에 포함되어 있는 물의 용적비를 백분율로 표시한 것으로 흙의 강도결정과 점착성 등 흙의 물리적 성질을 결정하는데 중요한 역할을 한다.

$$함수률 W(\%) = 물의\ 질량 mw \times 100 / 전체질량 md$$

다. 아터버그 한계

흙은 함수비에 따라 액체상태, 소성상태, 반고체상태, 고체상태의 네 가지의 상태로 존재할 수 있다. 즉 흙이 완전히 건조하면 고체상태로 존재하나 함수비가 증가함에 따라 반고체소성, 액체 상태로 변화한다. 이렇게 고체에서 반고체상태로 되는 순간의 함수비를 수축한계, 반고체에서 소성 상태로 변하는 순간의 함수비를 소성한계, 소성상태에서 액상상태로 변하는 순간의 함수비를 액상한계라 하고 이를 통틀어 아터버그 한계라 한다.

아터버그 한계는 흙의 특성을 대략적으로 판단하는데 있어서 좋은 지침이 된다.

라. 압축성 실험(Essai Proctor Standard)

흙이 최대의 압축강도를 내기 위해서는 단위면적을 차지하고 있는 흙 입자들에 물이 완전히 코팅되어 입자간의 이온작용에 의한 전기력이 최대가 되고 입자들 간의 결합이 가장 조밀하게 될 때이다. 이를 위한 함수율을 이상함수율이라 하는데 이를 측정하기 위해 Procdor라는 실험방법이 있다. Procdor 실험은 흙의 강도를 결정짓는 가장 중요한 요소이다.

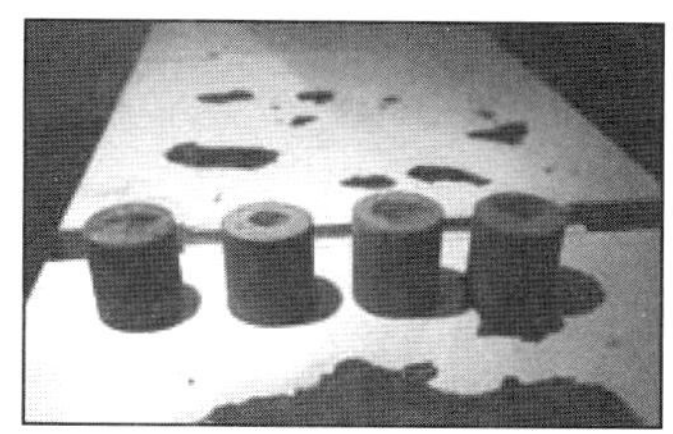

압축성 실험 모습

마. 점착성

점토광물은 단위 당 표면적이 상당히 크고 각각의 점토광물 마다 다르기 때문에 물에 대한 점착성의 반응도 각각 다르게 나타난다. 또한 흙의 강도를 결정하는데 중요한 역할을 하는 요소로 응집력실험이 있다.

바. 팽창과 수축

물에 대한 흙의 팽창 수축은 흙의 고유한 성질로서 실트와 점토광물의 함유량에 의해 결정된다. 일정한 크기의 틀 속에 흙을 최대한 다져 넣어 완전건조 후 수축량을 측정하면 된다.

4.2.3 암석 개요

광물의 집합체인 암석을 건축물에 비유한다면, 각각의 광물은 건물을 쌓아 올리는 벽돌이라고 할 수 있다. 따라서 암석은 광물의 사회라고 할 수 있다. 벽돌의 크기, 모양, 색깔 및 쌓는 양식에 따라 건물의 모양이 바뀌듯이 암석을 구성하는 광물의 종류와 배열 양식에 따라 여러 종류의 암석으로 구분된다. 암석을 구성하는 광물을 조암광물(Rock Forming Mineral)이라하며, 특히 양적으로 많은 양을 점유하는(대개 10%이상) 광물을 주 조암광물(Essential Rock Forming Mineral) 이라 한다.

지각을 구성하는 암석은 그 성인에 따라 크게 화성암, 퇴적암, 및 변성암으로 구분할 수 있다. 화성암은 암석 성분과 gas의 혼합 용융체인 마그마(magma)로부터 기원되어 고결된 암석을 말하며, 퇴적암은 기존 암석의 쇄설물(돌 부스러기),침전물, 생물의 유해 등이 쌓여 형성된 암석을 말한다. 변성암은 기존의 화성암, 퇴적암 및 다른 변성암의 암석이 높은 온도와 압력, 그리고 다른 지질작용을 받아 그 성질이 변화된 암석을 가리킨다.

다음은 암반 구성을 분류한 것이다.

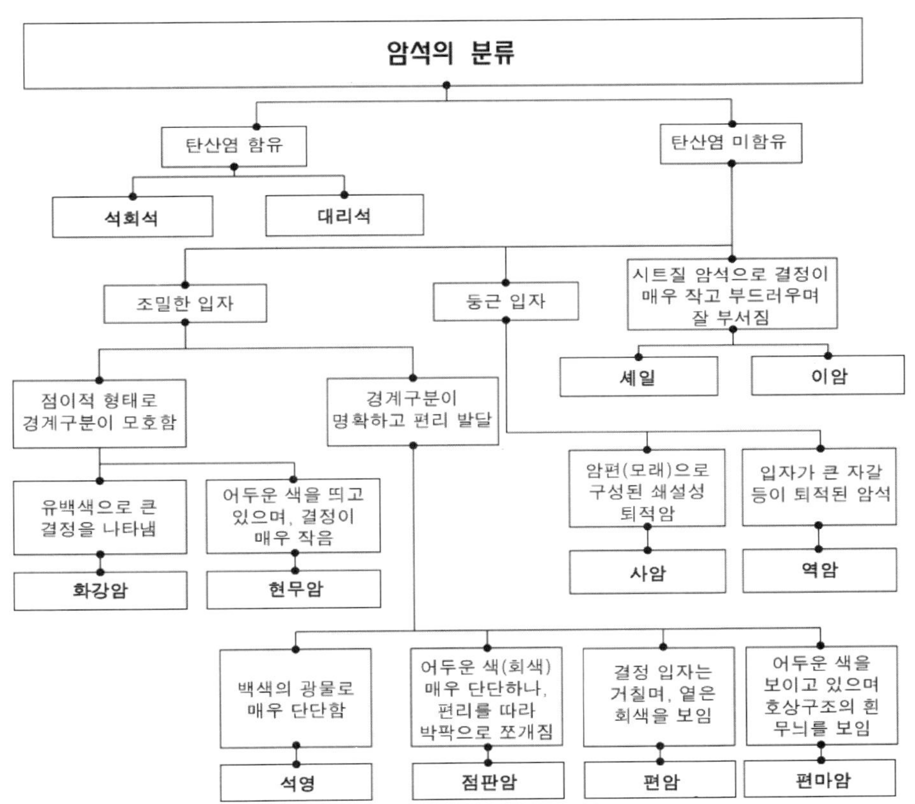

4.2.4 암석 분류

가. 화성암

1) 마그마

마그마는 광물결정과 가스가 섞인 암석의 용융체로서, 온도가 충분히 높아 지각이나 맨틀이 용융될 때 생성된다. 화산에서 측정된 마그마의 온도는 1,000~ 1,200℃ 정도이며, 1,400℃ 이상의 것도 있을 것으로 추정된다. 마그마가 지표로 용출될 때 마그마와 함께 쇄설물, 가스 등이 분출되는데 이를 화산이라 한다. 마그마는 화학성분에 따라 크게 4 종류로 구분한다. 즉, 규산(SiO_2)의 함량이 52~ 45%인 내외인 것을 현무암질 마그마, 52~66% 내외를 안산암질 마그마, 66% 이상을 유문암질 마그마라 하며, 규산의 함량이 45% 이하인 경우에 초염기성 마그마로 구분하기도 한다.

2) 화성암의 종류

화성암은 광물의 조직과 암석의 화학조성을 기준으로 크게 9개로 구분할 수 있다. 조직은 세립질, 중립질, 조립질로 구분되며, 이는 생성환경을 의미한다. 즉, 화산암은 세립질, 심성암은 조립질, 반심성암은 중립질의 특징이 있다. 또, SiO_2의 함량이 52~45%이면 현무암질, 52~66% 내외를 안산암질, 66% 이상을 유문암질로 분류한다. 이를 기초로 화성암을 분류하면 <표 4-1>과 같다.

〈표 4-1〉 화성암의 분류 기준과 종류

마그마 조성	염기성	중성	산성
SiO_2 함량	52~45% 내외	52~66%	66% 이상
화산암(세립질)	현무암	안산암	유문암
심성암(조립질)	반려암	섬록암	화강암
광물	감람석, 휘석, Ca⁻사장석	휘석, 각섬석, CaNa⁻사장석, 흑운모	석영, 정장석, Na⁻사장석, 흑운모
색지수의 증가			

관입암은 암석이 치밀·견고하여 투수성이 비교적 불량하다. 외국에서는 화성암류를 일명 비대수층 혹은 불투수층으로 분류한다.

나. 퇴적암

1) 퇴적암의 종류

① **쇄설성 퇴적암** : 암석이 부서져 생성된 부스러기들을 쇄설성 퇴적물이라 한다. 이 퇴적물은 입자의 크기에 따라 자갈, 모래, 실트, 점토 등 4개로 크게 분류되고, 자갈은 거력, 왕자갈, 잔자갈 등으로 세분된다(<표 4-2> 참조).

〈표 4-2〉 쇄설성 퇴적물의 종류

퇴적물	거력	왕자갈	잔자갈	모래	실트	점토
입경(mm)	256<	64~256	2~64	1/16~2	1/256~1/16	<1/256
암석명	거력 역암 (각력암)	왕자갈 역암	잔자갈 역암	사암	실트암	이암, 셰일

② **화학적 퇴적암** : 바다 혹은 호수 등에 용해되어 존재하는 물질이, 침전되어 생성된 퇴적암을 의미한다. 침전의 원인은 생물의 활동과 관련되는 것도 있고, 단순한 무기적 작용에 기인하는 것이 있다. 생물과 관련이 있는 것은 바닷물 속에 사는 식물성 플랑크톤이 바닷물의 산도를 변화시켜 탄산칼슘을 침전시키고, 무기적 작용은 방해석이나 단백석의 생성과 연관된다.

③ **생물기원의 퇴적암** : 퇴적물 내에는 동식물의 죽은 잔해인 화석을 포함하기도 한다. 이들 잔해 중 골격부는 남아서 보존되기도 하지만 대부분은 부서지고 흩어진 상태로 나타난다. 이와 같이 생물체의 생리작용에 의해 직접적으로 생성된 화석 잔해들로 구성된 퇴적물을 생물기원의 퇴적물이라 한다.

2) 암석화 작용

퇴적물이 퇴적암으로 서서히 변해가는 과정을 암석화 작용이라 하며, 다짐작용, 교결작용, 재결정작용으로 구성된다.

일반적으로 용해공동의 발달과 고결정도에 따라 공극률과 투수성의 차이가 심하지만 대체적으로 양호한 대수층을 이루는 경우가 많다.

사암과 역암은 고결정도에 따라 공극률의 차이가 심하다. 고결된 사암도 일단 풍화작용을 받으면 고결물질이 와해되어 투수성이 양호하여 대수층을 이룬다. 그러나 셰일은 일반적으로 저투수성 지층이기 때문에 지하수량이 극히 제한적이다.

3) 지사학 5대 법칙

① 동일과정의 법칙 : 현재 지구상에서 발생되는 일은 과거 지질시대에도 같은 과정을 겪으면서 일어났다.

② 지층누증의 법칙 : 아래 지층이 먼저 쌓이고, 위의 지층이 나중에 쌓였다.

③ 동물군 천이의 법칙 : 지질 시대의 동물들은 발생, 진화 멸종을 거듭하였다. 따라서, 지층 내의 동물 화석은 새로운 층으로 갈수록 천이하게 된다.

④ 부정합의 법칙 : 부정합면을 기준으로 상부의 층이 하부 층에 비해 젊은 시기의 지층이다.

⑤ 관입의 법칙 : 관입한 암석은 관입당한 암석보다 젊은 암석이다.

다. 변성암

1) 변성작용

변성작용이란 온도와 압력의 변화에 의해 암석의 광물조성 및 조직이 변화되는 것을 말한다. 영향을 미치는 요인은 유체에 의한 화학반응, 온도와 압력, 시간 등이 있다.

2) 변성작용과 변성암

① 접촉변성작용(열변성작용) : 온도에 의한 변성작용으로 마그마와 밀접한 관련이 있다. 마그마 관입시 고온의 마그마에 의해 주변 암석의 구성광물이 변성하여 혼펠스가 된다. 혼펠스는 재결정작용으로 인해 조직이 매우 치밀할 뿐만 아니라 SiO_2가 많이 들어가 매우 단단한 것이 특징이다. 혼펠스는 화성암의 주변에서 관찰된다.

② 광역변성작용 : 관역변성작용은 수만 km^2에 걸쳐 광범위하게 나타나며, 접촉변성작용과 달리 압력이 주된 변성요인이다. 광역변성작용을 받은 암석은 엽리가 뚜렷하게 발달하는 것이 특징이다. 점판암, 천매암, 편암, 편마

암 등이 광역변성암들이며, 생성환경은 주로 대륙충돌대 등과 같은 대규모의 조산대에서 많이 산출된다. 대표적인 예는 히말라야산맥이다. 모든 암석은 변성될 수 있으며, 셰일이 변성되면 먼저 점판암이 되고 변성도가 높아지면 슬레이트→천매암→편암→편마암으로 변해간다. 즉, 변성이 되면 변성환경 즉 온도와 압력에 안정한 다른 광물로 변화되며, 광물의 입자(크기)도 커지게 된다.

4.3 토양과 암석의 열저항

지중에서 발생하는 열흐름의 저항은 지중의 구조, 구성 암석의 종류, 냉난방 대상 건물의 운영 조건 등으로 인하여 매우 복잡하다. 일반적인 토양과 암석의 열적 특성은 <표 4-3> ~ <표 4-5>와 같다. 이러한 토양/암석의 종류와 그 열적 특성은 평균값이나 범위로서, 실제 중대형 지열 히트펌프 시스템에서는 열전도시험을 통하여 얻은 지중 열특성값을 사용하는 것이 적절하다.

점토와 모래는 함수율이 커질수록 열전도도가 커지기 때문에 토양/암석 가운데 점토와 모래의 함수비는 열전도도에 매우 큰 영향을 미친다. 수직공 내에 지하수위가 형성되지 않는 비포화대에서도 습윤한 토양은 존재한다. 지표면이 건조하다고 해서 지하하부까지 건조한 것은 아니다. 일반적으로 지표면에서 식생이 자라는 경우는 지하에 상당량의 수분이 있음을 암시하고 특히 버드나무나 갈대와 같은 지하수 지시식물이 자라는 곳은 그 하부에 지하수가 부존되어 있음을 간접적으로 알 수 있다.

<표 4-3>은 조립질 모래(0.075~5mm입경)와 세립질 점토(0.075mm 이하)의 밀도, 함수비별 열전도도(k)와 열확산계수(α)를 나타낸 표이다. 일반적으로 대다수의 토양은 세립질과 조립질 입자의 혼합물로 구성되어 있기 때문에 해당 토양의 k와 α는 <표 4-3>의 100% 모래와 100% 점토의 k와 α값을 외삽하여 산정할 수 있다.

〈표 4-3〉 모래와 점토질 토양의 함수비에 따른 열전도도와 열확산계수

토양 종류	건조밀도 (g/cm^3)	함수비 5%		함수비 10%		함수비 15%		함수비 20%	
		k	α	k	α	k	α	k	α
조립질	1.92	1.79~2.8	0.089~0.014	2.1~2.98	0.096~0.12	2.38~3.27	0.085~0.11	-	-
100%	1.6	1.19~2.1	0.072~0.12	1.79~2.23	0.089~0.11	1.93~2.38	0.083~0.1	2.1~2.53	0.07~0.693
모래	1.28	0.74~1.64	0.056~0.12	0.89~1.64	0.05~0.1	0.89~1.79	0.047~0.093	1.04~1.79	0.048~0.084
세립질	1.92	0.89~1.19	0.045~0.06	0.89~1.19	0.037~0.049	1.19~1.64	0.043~0.06	-	-
100%	1.6	0.74~0.89	0.045~0.054	0.74~0.89	0.037~0.023	0.89~1.04	0.023~0.034	0.89~1.19	0.038~0.051
점토질	1.28	0.45~0.74	0.033~0.056	0.52~0.74	0.036~0.047	0.6~0.82	0.022~0.32	0.6~0.89	0.028~0.042

* 5가지의 개별시험을 실시하여 산정한 값, 순수한 석영의 K=7.2 Kcal/h·m·℃

열전도도(k) ; Kcal/h·m·℃,   열확산계수(α) ; m^2/day

조립질 : 0.075~5mm, 세립질 : 0.075mm 이하(0.075mm=#200 U.S. Standard Sieve)

〈표 4-4〉는 암석온도가 25℃일 때 지각을 구성하고 있는 대표적인 암석별 열전도율, 비열, 밀도 및 열확산계수를 정리한 표이다. 이 표에서 암석의 열전도율 분포는 정규분포 형태를 보이며, 최소값은 주로 공극률이 낮은 경우의 열전도율이다.

〈표 4-4〉 25℃일 때의 각종 암석의 열적 특성

암 종 \ 내 용	지각의 구성비 (%)(1)	전체시료의 열전도율(2) Kcal/h·m·℃	80% 대표시료의 열전도율(3) Kcal/h·m·℃	비열(C_P) Kcal/h·kg·℃	암석의 밀도(δ) (g/cm^3)	열확산계수 10^{-2}(m^{2}d^{-1})
화성암						
화강암(10% 석영)	10.4	1.4~4.46	1.9~2.83	0.19~0.21	2.64	8.4~12.1
화강암(25% 석영)			2.23~3.12			9.3~13
각섬석		1.64~4.0	2.23~3.27		2.8~3.1	
안산암		1.19~4.17	1.34~2.08	0.12	2.56	10.2~15.8
현무암	42.8	1.79~2.1		0.17~0.21	2.88	6.5~8.4
반려암(Cen. Plains)		1.34~2.38			2.96	6~10.7
반려암(Rocky Mtns.)		1.79~3.12		0.18		7.9~13.9
섬록암	11.2	1.79~2.83	1.79~2.53	0.22	2.88	6.5~9.3
화강섬록암		1.79~2.98		0.21	2.72	7.4~12.1
퇴적암						
이암(Claystone)		1.64~2.53				
백운암		1.34~5.36	2.38~5.36	0.21	2.72~2.8	10.2~21.4
석회암		1.19~5.76	2.08~3.27	0.22	2.4~2.8	19.3~13
암염		5.5		0.20	2.08~2.16	
사암	1.7	1.79~2.98		0.24	2.56~2.72	6.5~11.1
Siltstone		1.19~2.08				

내 용 \ 암 종	지각의 구성비 (%)(1)	전체시료의 열전도율(2) Kcal/h·m·℃	80% 대표시료의 열전도율(3) Kcal/h·m·℃	비열(C_P) Kcal/h·kg·℃	암석의 밀도(δ) (g/cm³)	열확산계수 10^{-2}(m²d⁻¹)
Wet Shale(25% Qrtz.)			1.49~2.68			6.5~11.1
Wet Shale(No. Qrtz.)	4.2	0.89~3.42	0.9~1.34	0.21	2.08~2.64	4.65~5.6
Dry Shale(25% Qrtz.)			1.2~2.08			6.5~9.3
Dry Shale(No. Qrtz.)			0.74~1.2			4.2~5.1
변성암						
편마암	21.4	1.49~4.91	1.93~2.98	0.22	2.56~2.8	8.9~11.1
대리암	0.9	1.79~4.76	1.8~2.83	0.22	2.72	7.4~11.1
규암		4.49~5.95		0.20	2.56	20.4~27.8
편암	5.1	1.79~3.87	2.08~3.27		2.72~3.2	
점판암		1.34~2.23		0.22	2.72~2.8	5.6~8.4
공기		0.02		0.248		
물		0.5		1.0		

1. 지표면에 분포된 암석 중 퇴적암 분포가 가장 넓다. 1 Kcal/h.m.℃=0.672 Btu/h.ft.℉
2. 시험대상 전체시료의 열적특성값, Qrtz(Quartz) ; 규암, 순수한 물(K)=0.49~0.58
3. 정규분포에서 중앙값에 해당하는 80% 시험 암종
4. 보다 구체적인 암종별 열적특성은 GLHEPRO-V3 code를 참조바람.

　　지중열교환기를 설계할 때 현장 시험을 시행하지 않은 상태에서 k나 α를 적용할 때에는 <표 4-4>에서 80% 대표시료의 값을 이용한다.

　　<표4-5>는 수직천공과 수직 U-tube로 이루어진 지중 순환회로에 일반적으로 사용하는 되메움 재료와 그라우트의 열전도도를 나타낸 표이다. 수직천공 되메움재의 열저장 효과는 매우 미미하며 열유량은 U-tube 부근에서 가장 크게 발생하므로 천공구간에 부설하는 그라우팅 재료의 열전도율는 중요하다.

〈표 4-5〉 대표적인 그라우팅 재료의 열전도율

첨가재 미사용 그라우트	k (Kcal/h·m·℃)	열강화 그라우트	k (Kcal/h·m·℃)
20% Bentonite	0.62	20% Bentonite - 40% 규암	1.26
30% Bentonite	0.64	30% Bentonite - 30% 규암	1.04 ~ 1.11
시멘트 몰탈	0.56~0.67	30% Bentonite - 30% 철광폐석	0.67
콘크리트 @2.08/2.4 kg/cm³	0.89~1.19	60% 규암 -유동가능fill (시멘트 + Fly Ash + 모래)	1.6
콘크리트(50% 석영질 모래)	1.64~2.53		

<표 4-6>의 값은 <표 4-4>와 연관시켜 사용한다. <표 4-6>는 일반재료의 열전
도도를 도표화 한 것이다.

〈표 4-6〉 일반적인 재료의 열전도율(Kcal/h·m·℃)

프라스틱류	건축 자재류	금속류
HDPE = 0.335	Pine, Fir = 0.09~0.1	동 = 340
Polybutylene = 0.193	Hardwood = 0.13~0.15	알미늄 = 204
PVC = 0.12	Fiberglass Batt = 0.3~04	탄소강관(1%C) = 37
Nylon = 0.21	Brick, Mortar = 0.6	316 Stainless Steel =14

01 다음 용어에 대하여 정리하시오.

가) 자갈 및 모래

나) 실트 및 점토

다) 거름체법

라) 화성암

마) 변성암

바) 퇴적암

02 눈으로 입자를 구분할 수 있는 토양을 조립질 토양이라 하며, 모래나 잔자갈로서 구성되며 No 200체(Sieve)를 통과하지 못하는 입자가 절반 이상인 토양이다. (O, X)

03 눈으로 입자를 구분할 수 없는 토양을 세립질 토양이라 하며, 실트와 점토로 구성된다. (O, X)

04 점토와 실트는 열전달율의 차이가 크며, 그 차이가 약50%에 달한다. (O, X)

05 규격화된 거름체를 이용하여 입자크기에 따라 성분비를 조사하는 방법을 거름체법(Sieve Analysis)라 한다. (O, X)

06 토양에서 함수비에 따라 액체상태, 소성상태 그리고 고체상태로 구분할 수 있다. (O, X)

07 수분 함량의 변화에 따라 수축이나 팽창하는 양이 큰 것은 점토이다. (O, X)

08 실트는 건조시에 쉽게 부서진다. 반면에, 점토는 건조강도가 강하다. (O, X)

09 유기물질은 토양입자 사이의 틈을 메우는 역할을 함으로서 열전도율을 향상시키는 경향을 보인다. 유리물질의 특징은 색이 검고, 부패하는 냄새가 난다. (O, X)

10 토양에서 수분이 증가하면 열전도율이 증가하는 경향을 보이나, 액체상태가 되면서 수분의 함량이 증가할수록 열전도율이 감소하는 경향을 보인다. (O, X)

11 암석의 종류 3가지는 화성암, 퇴적암, 변성암이 있다. (O, X)

12 현무암 그리고 화강암은 화성암이다. (O, X)

13 편마암은 변성암이다. (O, X)

14 자갈과 모래를 구분하는 굵기는?

15 토양 및 지중의 온도는 일반적으로 깊이가 증가할수록 온도가 증가하고, 온도의 변화가 적어진다. (O, X)

16 다음의 열전도율을 추정하라. (토양, 암석, 화강암, 폴리에틸렌 파이프, 벤토나이트, 물, 젖은 모래, 실리카)

CHAPTER 5

수직형 지중 열교환기 설계

5.1 개 요

5.2 지중온도 분포 계산

5.3 보어홀 열저항 계산

5.4 지중 열교환기 길이

5.5 U-튜브 열저항

5.6 지열 히트펌프 순환수 온도

5.7 지중 열교환기 수계산 사례

핵심요약

　　냉방을 수행할 때에는 건물 내부의 에너지가 히트펌프 유니트를 거치고 지중 열교환기를 거쳐서 지중으로 저장되며, 난방을 수행할 때에는 지중에 저장된 에너지가 지중 열교환기와 히트펌프 유니트를 거쳐서 건물 내부로 이동되어 이용된다. 일반적으로 수직 밀폐형 지중 열교환기가 널리 사용되며, 지중에 여러 개의 수직 보어홀을 천공하고, 보어홀 내에 U자 형태를 가진 고밀도폴리에틸렌 파이프를 설치한다. 보어홀과 파이프 외벽이 이루는 빈 공간을 그라우팅 재료로 채움으로서 지중 열교환기를 통하여 오염물질이 이동하는 것을 방지하고, 파이프와 보어홀 사이에 빈틈을 없애서 열접촉을 확실하게 유지하도록 한다. 여러 개로 구성된 보어홀을 헤더에 연결하여 기계실로 적은 수의 배관이 출입하게 된다.

　　이 장에서는 지중의 온도를 계산하는 방법을 포함하는 지중 열전달에 대한 기본적인 지식에 관하여 다루며, 수직형 지중 열교환기 길이를 계산하는 절차와 예제를 통하여 수직형 지중 열교환기 설계에 관한 기본적인 절차와 설계방법을 다룬다.

5.1 개 요

　수직 밀폐형 지중 열교환기를 설치하기 위하여 보어홀의 구경, 깊이 등과 같은 사양을 결정하는 설계는 해당 지층의 종류와 열적 성능에 영향을 미치는 특성을 고려하여 진행한다. 따라서 수직 밀폐형 지중 열교환기 설치지점의 지중 열전도 시험을 수행하여 필요한 정보를 구하는 것이 일반적이며, 지중 온도 정보, 구성암석, 함수비 및 지하수의 유동특성 등의 정보를 활용하여 지중 온도와 지중 열전도율을 추정하기도 한다.

　공공건물이나 중대형 건물의 지열 시스템 프로젝트에서는 지중 열전도시험이 의무적으로 또는 자발적으로 수행하며, 지중 열교환기 설계에 필요한 지중열전도율, 보어홀 깊이에 따른 지중의 평균온도 등 필요한 정보를 구한다. 주택이나 소형 프로젝트에서 지중열전도시험을 수행하지 않는 경우에는 지중을 구성하는 지중 지반 정보를 입수하여, 경험적인 판단을 필요로 할 수도 있다.

　선형 열원법(line source method)은 순환회로의 일간 평균온도를 구하는 데에는 매우 유효한 식이긴 하나 고려대상 시간이 수 시간 이하의 단기적인 온도 반응을 구하는 경우에는 오차가 커진다. 원통 열원법(cylindrical source method)도 단기적인 온도 반응에서는 오차가 커진다. 지중 순환회로의 짧은 시간내의 온도변화를 정확히 구하기 위해서는 원통 열원법을 개선한 수치해석법을 사용한다.

　지중 열교환기의 열적 성능은 지중에서 지열을 추출하여 이용하거나 지중으로 저장하는 열량에 따라 좌우되는 함수이다. 열을 저장하거나 추출함으로 인해 지중에서 최고, 최저온도가 나타나는 시간은 상당한 시간이 걸린다.

　최악의 운전조건은 통상 지중 순환회로를 설치한 후 수년 후에야 나타난다고 주장하기도 하나, 매년 냉방과 난방을 통하여 저장하거나 이용하는 에너지의 양이 크게 변화하지 않으므로 수 년이 지나서 최악의 경우가 발생하고 시간이 더 경과하여 수십 년이 지난 후에는 운전조건이 개선된다고 볼 수는 없다. 시간이 경과할수록 조건이 운전 조건이 더욱 악화되게 되므로, 지중 열교환기의 설계에서는 장기간에 걸친 운전성능을 충분히 고려한다.

5.2   지중온도 분포 계산

보어홀과 지중과의 열전달에 관해 여러 가지 모델이 개발되었으며, 그 대부분은 이론 모델이거나 수치 모델이다. Eskilson모델과 같이 이론과 수치의 복합모델도 개발되었다. 여러 가지 방식의 모델의 대부분은 선형 열원 모델(line source model)이나 원통형 열원 모델(cylindrical source model)을 기반으로 개발되었다.

5.2.1 선형 열원 모델

지중 열교환기에 대하여 지중에서 열전달을 계산하는 방법 중에서 Kelvin 선형 열원이론은 가장 오래된 계산방법으로 무한 선형 열원(infinite line source)으로 가정하고 있다. Kelvin 선형 열원이론에서 지중은 초기온도가 균일한 무한 매체로, 그리고 지중 열교환기는 무한한 길이를 갖는 선형 열원으로 가정한다. 지표에서부터 보어홀 바닥까지 보어홀 축 방향으로 이루어지는 열전달은 무시하면, 지중의 열전도 과정은 반경 방향의 1차원 열전도로 단순화된다. 일정한 열량의 유입에 대하여 지중의 온도 변하는 다음과 같다.

$$T(r,t) - T_0 = \frac{-q_l}{2\pi k} \int_{\frac{r}{2\sqrt{(\alpha t)}}}^{\infty} \frac{e^{-\beta}}{\beta} d\beta \qquad\qquad (5.1)$$

여기서 r은 선형 열원으로 부터 거리이고, t는 운전 시작시점을 기준으로 경과된 시간이며, T는 거리 r에서 시간 t에서 지중온도이며, T_0는 초기의 지중온도이다. 그리고, q_l는 선형 열원의 단위 길이당 열량이며, k과 α는 지중의 열전도율과 열확산율이다. 여기서 $X = \dfrac{r}{2\sqrt{\alpha t}}$ 를 대입하면 위의 식은 다음과 같이 정리할 수 있다.

$$T(X) - T_0 = \frac{-q_l}{2\pi k} I(X) \quad\text{(5.2)}$$

적분 항 $I(X)$를 계산하는 방법은 Ingersoll에 의하여 제안되었으며, 그 후에 Bose나 Kavanaugh와 Rafferty에 의해서 개선 제안되었다.

위의 식은 간단하고 계산에 소요되는 시간이 매우 짧지만, 무한 선형 열원이라는 가정으로 인하여 수 시간에서 수개월 사이의 비교적 짧은 기간 동안 적은 직경의 파이프에만 적용된다. Kelvin의 선형 열원을 적용하는 경우 $(\alpha t / r_b^2) < 20$인 경우에는 오차가 현저하게 증가한다. Hellstrom의 연구에 의하면, H가 보어홀 길이이고 무한 길이의 가정이 유효하기 위해서는 시간이 $t < (H^2 / 90\alpha)$ 이내에서 정확도를 확보한다. Kelvin 선형 열원이론에 대하여 개선된 방법이 발표되었으며, 그 중에서 Hart와 Couvillion의 방법론이 가장 정확도가 높은 것으로 알려져 있다.

5.2.2 Bose의 무한 선형 열원 방법

오클라호마 주립대학의 Bose교수는 토양과 파이프의 저항을 도입하여 무한 선형 이론에서 토양과 순환유체의 평균온도를 연계시켰다.

$$\begin{cases} T_{fl} - T_0 = -(R_p + R_s) \times q_l \\[2ex] R_p = \dfrac{1}{2\pi k_p} \times \ln\left(\dfrac{D_{ext}}{D_f}\right) et\ R_s = \dfrac{I(X)}{2\pi k_s} \end{cases} \quad\text{(5.3)}$$

$$\begin{aligned} T_{fl} &: \text{파이프내의 유체온도 [℃]} \\ k_p &: \text{파이프의 열전도율 [W/(m.K)]} \\ D_{ext} &: \text{파이프 외경 [m]} \\ D_{int} &: \text{파이프 내경 [m]} \end{aligned}$$

위의 방정식은 보어홀내에 단일 U자관인 경우에 적용될 수 있다. U자관이 n개인 경우에는 유효직경(D_{eq}) 개념을 사용한다.

$$D_{eq} = D_{ext} \times \sqrt{n} \quad \cdots\cdots\cdots\cdots\cdots\cdots\cdots\cdots\cdots\cdots\cdots\cdots\cdots\cdots\cdots\cdots \quad (5.4)$$

이를 이용하여 파이프의 열저항을 정리하면 다음과 같다.

$$R_p = \frac{1}{2\pi k_p} \times \ln\left(\frac{D_{eq}}{D_{eq} - D_{ext} + D_{int}}\right) \quad \cdots\cdots\cdots\cdots\cdots\cdots\cdots \quad (5.5)$$

5.2.3 Hart와 Couvillion의 선형 열원 방법

Hart와 Couvillion는 원거리장 반경(far field radius) r_∞을 다음과 같이 선형 열원 방법론에 도입하였다.

$$r_\infty = 4\sqrt{\alpha_s t} \quad \cdots\cdots\cdots\cdots\cdots\cdots\cdots\cdots\cdots\cdots\cdots\cdots\cdots\cdots\cdots \quad (5.6)$$

선형 열원 모델에 r_∞을 도입하여 지중의 온도 분포를 다음과 같이 정리하였다.

$$T(r) - T_0 = \frac{-q_l}{2\pi k_s}\left[\ln\left(\frac{r_\infty}{r}\right) - 0.9818 + \frac{4r^2}{2r_\infty^2} - \frac{1}{4(2!)}\left(\frac{4r^2}{r_\infty^2}\right)^2 + \cdots + \frac{(-1)^{N+1}}{2N(N!)}\left(\frac{4r^2}{r_\infty^2}\right)^N\right] \quad \cdots\cdots\cdots \quad (5.7)$$

여기서 r_∞의 값에 따라 N 값이 달라진다.

5.2.4 유한 선형 열원 모델

여러 연구자에 의하여 보어홀의 유한 길이와 지표 경계조건을 반영하는 유한 선형 열원의 이론 모델이 개발되었다. 이와 관련된 이론적인 모델을 수립하기 위하여 수립된 가정은 다음과 같다.

- 지중은 일정한 열물성을 가지는 균질의 반무한 매체로 가정한다.
- 지표는 지중의 경계로서 초기 조건과 같은 온도로 일정하게 유지한다.
- 보어홀의 원주방향은 무시하고 지표에서 일정깊이 H까지 걸친 선형 열원으로 가정한다.
- 열원의 길이당 열량은 일정하게 유지한다.

앞의 이론 모델에서 구한 값과 수치 모델에서 구한 값이 비교했을 때, $a\tau/r_b^2 \geq 5$ 만큼 일정시간 이후에는 완전하게 일치하였다. Zeng 등이 개발한 유한 길이 선형 열원의 이론식은 다음과 같다.

$$T_0 - T(r,z,t) = \frac{q_l}{4\pi k} \int_0^H \left(\frac{erfc\left(\frac{\sqrt{r^2+(z-h)^2}}{2\sqrt{\alpha_s t}} \right)}{\sqrt{(r^2+(z-h)^2}} - \frac{erfc\left(\frac{\sqrt{r^2+(z+h)^2}}{2\sqrt{\alpha_s t}} \right)}{\sqrt{r^2+(z+h)^2}} \right) dh$$

$$\cdots\cdots\cdots (5.8)$$

보어홀의 벽면과 중간 깊이에서 온도값을 보어홀의 대표 온도로 사용하기도 하고, 또는 보어홀 깊이 방향의 평균 적분값을 보어홀 온도의 대표값으로 사용하기도 한다. 그러나 계산의 편의를 위해 보어홀 중간 깊이에서의 온도를 설계나 분석에 사용하는 것이 일반적이다.

일반적으로 무한 길이 선형 열원 모델에서는 시간이 무한으로 증가함에 따라서 온도 상승이 무한으로 증가하는 경향을 보이는데 비하여, 유한 길이 모델에서는 시간이 무한으로 증가하여도 온도 상승이 일정한 값으로 수렴하는 경향을 보이며, 이는 실제 열전도 현상에 부합된다.

5.2.5 Zeng의 유한 길이 선형 열원 방법

Zeng은 유한 길이 선형 열원 이론을 적용하여 다음과 같은 온도 분포를 구하였다.

$$T_0 - T(r,z,t) = \frac{q_l}{4\pi k} \int_0^H \left(\frac{erfc\left(\frac{\sqrt{r^2+(z-h)^2}}{2\sqrt{\alpha_s t}} \right)}{\sqrt{(r^2+(z-h)^2}} - \frac{erfc\left(\frac{\sqrt{r^2+(z+h)^2}}{2\sqrt{\alpha_s t}} \right)}{\sqrt{r^2+(z+h)^2}} \right) dh$$

$$\cdots\cdots\cdots (5.8)$$

여기서 H는 보어홀의 깊이이고, z는 지표에서 깊이를 가리킨다.

5.2.6 Lamarche와 Beauchamp의 선형 열원 방법

Lamarche와 Beauchamp는 위의 Zeng의 해석방법을 사용하여 보어홀 전체 길이에 대한 평균온도를 계산하는 식을 다음과 같이 제안하였다.

$$T(r) - T_0 = \frac{q_l}{2\pi\lambda_s} \left[\int_{\beta}^{\sqrt{\beta^2+1}} \frac{erfc(\gamma z)}{\sqrt{z^2-\beta^2}} dz - D_A \right.$$
$$\left. - \int_{\sqrt{\beta^2+1}}^{\sqrt{\beta^2+4}} \frac{erfc(\gamma z)}{\sqrt{z^2-\beta^2}} dz - D_B \right] \quad \cdots\cdots\cdots\cdots\cdots (5.9)$$

여기서

$$\begin{cases} \beta = \dfrac{r_b}{H} \\[2ex] \gamma = \dfrac{3}{2} \sqrt{\dfrac{9\alpha_s t}{H^2}} \\[2ex] D_A = \sqrt{\beta^2+1}\, erfc(\gamma\sqrt{\beta^2+1}) - \beta\, erfc(\gamma\beta) - \dfrac{e^{-\gamma^2(\beta^2+1)} - e^{-\gamma^2\beta^2}}{\beta\sqrt{\pi}} \\[3ex] D_B = \sqrt{\beta^2+1}\, erfc(\gamma\sqrt{\beta^2+1}) - \dfrac{1}{2}\left(\beta\, erfc(\gamma\beta) + \sqrt{\beta^2+4}\, erfc(\gamma\sqrt{\beta^2+4}) \right) \\[2ex] \qquad - \dfrac{e^{-\gamma^2(\beta^2+1)} - \dfrac{1}{2}e^{-\gamma^2\beta^2} + e^{-\gamma^2(\beta^2+4)}}{\beta\sqrt{\pi}} \end{cases}$$

Zeng의 방법에 비하여 Lamarche와 Beauchamp 방법의 결과에 대한 오차는 매우 적은데 비해 계산 속도는 3,500배 빠르다고 밝히고 있다.

5.2.7 원통형 열원 모델

보어홀 길이 방향으로 일정한 열전달율을 갖는 원통형 모델이 Carslaw와 Jaeger에 의하여 제시되었으며, 그 후에 Ingersoll에 의하여 정리되었다. 이 후에도 널리 사용되고 있다. 이 모델은 무한한 길이를 갖는 지중에 매립된 원통형 파이프를 분석하는 방법으로서, 경계조건은 일반적으로 파이프의 표면온도를 일정한 것으로 가정하거나, 토양과 지중사이에 일정한 열전달이 발생하는 것으로 가정한다. 원통형 원형 모델은 보어홀을 일정한 특성을 갖는 균질의 매체(지중)에 무한한 길이의 실린더로 가정한다. 또한 지중과 보어홀 사이에서는 열전도만 발생하는 것으로 가정한다.

주어진 경계조건과 초기조건하에서 과도 열전도 방정식의 풀이로서 지중의 온도 분포를 구할 수 있다. 원통형 열원모델의 지배방정식과 경계조건 그리고 초기조건은 아래와 같다.

$$\frac{\partial^2 T}{\partial r^2} + \frac{1}{r}\frac{\partial T}{\partial r} + \frac{\partial^2 T}{\partial z^2} = \frac{1}{a_s}\frac{\partial T}{\partial t} \quad r_b < r < \infty \quad \text{(5.10)}$$

$$-2\pi r_b k \frac{\partial T}{\partial r} = q_l \qquad r = r_b, \tau > 0$$

$$T - T_0 = 0 \qquad\qquad \tau = 0, r > r_b$$

위 문제의 해는 다음과 같은 형태로 주어진다.

$$T - T_0 = \frac{q_1}{k} G(z,p) \quad \text{(5.11)}$$

여기서

$$z = \frac{a_s \tau}{r_b}$$

$$p = \frac{r}{r_b}$$

Carslaw와 Jaeger에 의하여 정의된 것과 같이 $G(z,\ p)$는 시간과 보어홀 중심으로부터 거리만의 함수이다. 지중 열교환기 설계에서는 보어홀 벽면($p = 1$)의 온도가 주요한 관심사이다. $G(z,\ p)$는 비교적 복잡한 함수식으로서 베셀함수가 포함된 복잡한 함수를 0에서 ∞까지 적분하여 구하며, 그래프나 표의 형태로 수치값이 제시되기도 한다. 수치적으로 G값을 구하는 방법은 Hellstrom에 의하여 제안되었다.

지중 열교환기의 직경이 커지거나 해석 시간이 작아져서 Fourier 수가 20이하가 되는 경우에는 원통 열원 모델이 선형 열원 모델에 비하여 더욱 정확하다. Carslaw와 Jaeger가 일정한 열량의 원통모델에서 G함수를 다음과 같이 정리하였다.

$$\begin{cases} T(p) - T_0 = \dfrac{-q_l}{\lambda_s} G(F_0, p) \\[2mm] P = \dfrac{r}{r_0} \\[2mm] G(F_0, p) = \dfrac{1}{\pi^2} \displaystyle\int_0^\infty \dfrac{e^{-\beta^2 F_0} - 1}{J_1^2(\beta) + Y_1^2(\beta)}\left[J_0(p\beta)Y_1(\beta) - J_1(\beta)Y_0(p\beta)\right]\dfrac{d\beta}{\beta^2} \end{cases} \quad \text{(5.12)}$$

여기서 J_0, J_1, Y_0, Y_1은 0과 1차 베셀 함수이다.

위에 정의된 p값을 0부터 10까지 그리고 F_0값은 0.1부터 25000까지 Ingersoll의 표를 이용하여 정리할 수 있다. Bernier과 Kavanaugh 등도 G함수의 정확도를 높이기 위하여 노력하였다.

5.2.8 Eskilson 모델

Kelvin의 선형 모델이나 원통형 모델은 보어홀 길이 방향의 열전달 효과를 무시하고 있다. 장기간 운전하는 지중 열교환기의 모델에는 보어 필드에서 지중 깊이 방향으로 열전달 효과를 무시하는 것은 부적절하다. 이러한 제약을 해결하기 위하여 제시한 Eskilson모델은 유한 길이 모델로서, 지중은 초기 조건과 경계조건으로 일정하다고 가정하고 있으며, 파이프나 그라우트의 열용량은 무시한다. 원통 축계 (cylindrical coordinate system)에서 열전도 방정식과 경계 및 초기조건은 다음과 같다.

$$\frac{\partial^2 T}{\partial r^2} + \frac{1}{r}\frac{\partial T}{\partial r} + \frac{\partial^2 T}{\partial z^2} = \frac{1}{\alpha}\frac{\partial T}{\partial t} \quad \cdots\cdots\cdots (5.13)$$

$$T(r,0,\tau) = T_0$$

$$T(r,z,0) = T_0$$

$$q_1(\tau) = \frac{1}{H}\int_D^{D+H} 2\pi rk \frac{\partial T}{\partial r}\bigg|_{r=r_b} dz$$

여기서 H는 보어홀의 깊이이며, D는 보어홀의 상부를 가리키며, 지중 열교환기로서 역할을 하지 않는 부분을 가리킨다.

Eskilson모델은 원통 축계에서 유한 차분 수치해석을 적용하여 유한 길이 보어홀의 온도분포를 구한다. 단위 스텝 열펄스에 대한 보어홀 벽면의 온도 반응은 τ/τ_s와 r_b/H만의 함수로 표시할 수 있다.

$$T_b - T_0 = -\frac{q_l}{2\pi k} g\left(\frac{\tau}{\tau_{s,}}, \frac{r_b}{H}\right) \cdots\cdots\cdots (5.14)$$

여기서 $\tau_s = \dfrac{H^2}{q_a}$는 정상 상태 시간을 나타낸다. g함수는 수치적으로 계산된 보어홀 벽면에서 무차원 온도 반응이다.

Eskilson모델의 또 다른 특징은 다중 보어홀에 대한 온도 거동을 구하기 위하여 특별한 중첩법을 사용하였다. 임의 열의 주입이나 추출을 여러 개의 펄스로 분할하여 시간별 중첩을 적용하여 온도 거동을 구한다. 이러한 모델의 단점으로 다른 방법에 비하여 시간이 많이 걸린다는 점과 여러 가지 형상의 보어필드에 대한 g

함수를 사전에 계산하여 저장해야 한다는 점이 지적되었다. 그러나 현재의 컴퓨터 기술의 발전으로 컴퓨터의 속도와 저장장치의 용량은 문제가 되지 않는다.

5.2.9 단기간 분석 모델

Eskilson모델이나 유한 길이 선형 열원 모델은 파이프나 그라우트로 구성된 보어홀의 열용량을 무시하므로, 보어홀 벽의 온도반응은 Eskilson이 제시한 $5\dfrac{r_b^2}{a}$ 보다 작은 시간 범위에서는 유효하지 않다. 직경이 110mm인 보어홀의 경우에는 유효 시간범위는 약 2 ~ 6시간 정도이다.

Yavuzturk와 Spitler는 1시간 이내 범위에서도 정확하게 보어홀 벽의 온도 반응을 정확하게 예측할 수 있는 단기간 모델을 발표하였다. 이 모델은 2차원 유한 체적 수치해석을 이용하였다.

5.2.10 Kavanaugh 모델

Kavanaugh 모델은 원통 열원 모델을 근거로 지중 열교환기 내부를 흐르는 유체 온도와 지중 온도 사이의 관계식을 제시하였으며, 보어홀간의 간섭으로 인한 온도 보상을 다음과 같이 제안하였다.

$$T_0 - T_{fl} - T_p = q_l(R_s + R_b) = q_l\left(\frac{G(F_0,1)}{\lambda_s} + R_b\right) \quad\text{(5.15)}$$

T_p : 보어홀 간의 간섭 온도 보정 [K]
R_s : 지중의 열저항 [m·K/W]
R_b : 보어홀 열저항 [m·K/W]

5.2.11 Sutton 모델

Sutton은 보어홀의 과도 거동(Transient response)를 반영하기 위하여 무한 원통 열원 모델을 근거로 여러 개의 층으로 구성된 MLBDA(Multi Layer Borefield

Design Algorithm)을 제시하였으며, 다음과 같다.

$$
\begin{cases}
T(r) - T_0 = \dfrac{-q_l}{2\pi r_b \lambda_s} \sum_{j=1}^{10} \dfrac{V_j}{j} \dfrac{K_0(w_j r)}{w_j K_1(w_j r_b)} \\[3ex]
w_j = \sqrt{\dfrac{j \ln(2)}{\alpha_s t}} \\[3ex]
V_j = \sum_{k=\int\left(\frac{j-1}{2}\right)}^{\min(j,5)} \dfrac{(-1)^{j-5} k^5 (2k)!}{(5-k)!(k-1)!k!(j-k)!(2k-j)!}
\end{cases}
\qquad\cdots\cdots\cdots\cdots (5.16)
$$

여기서 K_0와 K_1는 수정 베셀 함수이다.

5.2.12 수치해석 모델

Hellstrom과 Thorton은 계간 열에너지 축열시스템을 위한 지중 열교환기로 구성된 지중 열저장에 관한 시뮬레이션 모델을 발표하였다. 이러한 시스템은 히트펌프의 적용하기도 하고, 히트펌프 유니트 없이 지중에 저장된 열에너지를 건물에 공급하기도 한다. DST(Duct Storage Model) 모델은 보어홀 주변의 local구역과 멀리 떨어진 지역과 연계된 global구역으로 구분하며, 2차원 유한 차분 수치해석을 global구역에 적용하고, 1차원 유한 차분법을 local구역에 적용하였다. 이러한 지중 열저장 모델은 난방에 주로 적용되며, 냉방 부하가 현저하게 큰 건물에서는 적합하지 않을 수 있다.

5.2.13 SBM

SBM은 Superposition Borehole Model의 줄임 말로서 Eskilson의 방법으로서, 수치적으로 사전에 계산된 G함수의 값을 이용하여 구한 거동인자를 기반으로 하는 이론적인 모델이다. 펄스에 대한 보어홀 주변의 온도 거동을 수치적으로 구하기 위하여 원통축계의 열전도 방정식을 푼다. 이 계산에서 지중의 열전도만 고려하고, 보어홀의 열용량이나 열저항은 무시한다. 유체 온도와 보어홀 벽 온도의 관계식은 열저항 모델에 의해서 구한다. 여러 개의 지중 열교환기로 구성된 경우에는 온도 거동을 중첩 원리를 적용한다. G함수는 다음 세 가지 무차원 인자의 거동에서 구한다.

- 보어홀 직경 r_b와 보어홀 깊이 H의 관계식 : $\dfrac{r_b}{H}$

- 보어홀 간격 B와 깊이 H의 관계식 : $\dfrac{B}{H}$

- 시간 t와 $t_s = \dfrac{H^2}{9\alpha_s}$의 비로 표시되는 Eskilson 수 : $\dfrac{t}{t_s}$

T_b를 보어홀 벽의 온도라 하면, 보어필드에서 보어홀 벽의 온도와 영향 받지 않는 지중온도 사이의 온도차는 다음과 같은 형태의 방적식에서 구한다.

$$T_b - T_0 = \frac{-q_l}{2\pi k_s} g\left(\frac{t}{t_s}, \frac{r_b}{H}\right) \quad \cdots\cdots\cdots\cdots\cdots\cdots\cdots\cdots\cdots\cdots\cdots\cdots\cdots (5.17)$$

이러한 G함수는 먼저 계산한 값을 이용하여 보어필드의 온도 거동을 간단하고 빠르게 구할 수 있다. 그러나 G함수는 계산에 이용된 형상의 보어필드에만 적용할 수 있다. 또한 G함수는 F_0가 5보다 큰 경우에만 적용할 수 있으며, 단시간 계산에서는 적용할 수 없다.

5.2.14 Yavuzturk 모델

Yavuzturk는 2차원 수치해석 모델을 시간이 짧은 과도 거동 계산에 적용하여, Eskilson의 문제점을 보완하였다. 보어홀은 원통 메쉬(mesh)로 구성한다.

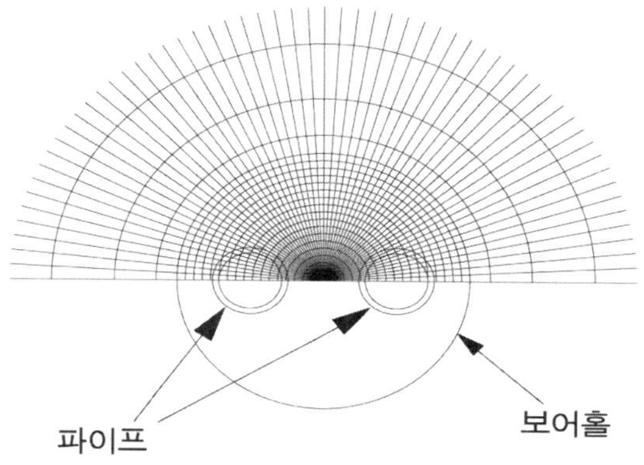

[그림 5-1] 보어홀 원통 메쉬 사례

메쉬를 사용하여 수행하는 계산에서는 지중 열교환기로 유입되는 유체와 토출되는 유체사이 열간섭과 같은 내부 열전달이 고려된다. 이러한 조건하에서 유입되는 파이프에서 60%, 토출되는 파이프에서 40%의 열전달이 이루어지는 것을 알 수 있다.

5.2.15 EWS(Wetter 모델)

이중 U자관의 동적 보어홀 모델링을 위하여 Wetter는 EWS 모델을 개발하였다. EWS모델은 TRNSYS상에서 개발되었으며, 보어홀 주변 2미터 원통에서 열전달 문제의 해를 수치적으로 구하며, 그 주위 열전달에 영향을 받지 않는 지중온도와 보어홀 벽면사이의 열전도는 이론적으로 계산하였다.

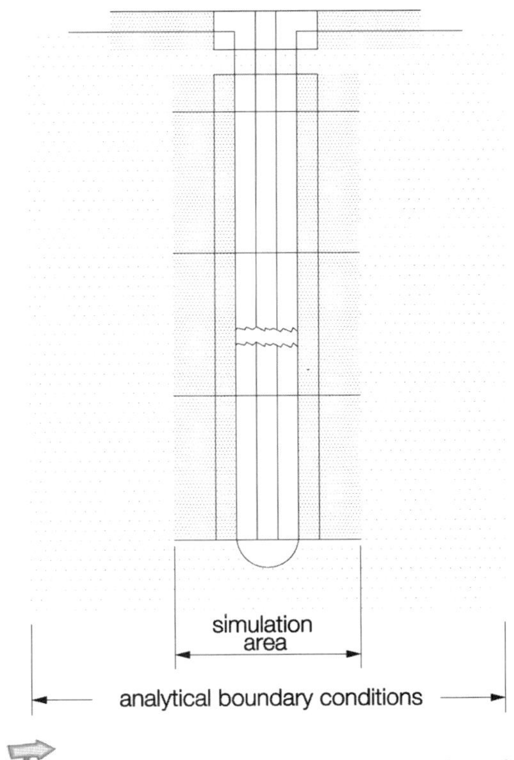

[그림 5-2] 보어홀의 수치적/이론적 모델

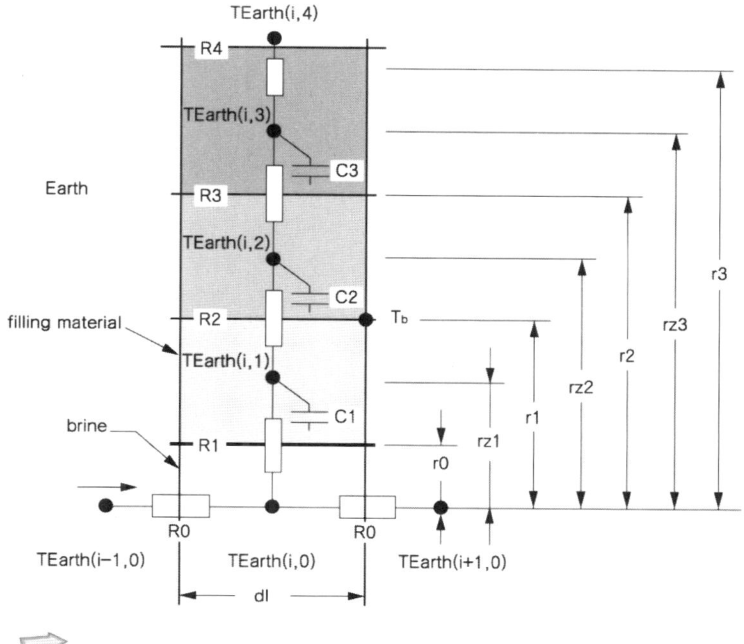

[그림 5-3] 보어홀의 수평방향 모델

5.2.16 DST 모델 (Hellström 모델)

Hellström이 지중 열저장 문제를 해결하기 위하여 제안한 지중온도 해석 모델이다. 원통형의 지중 열저항을 분석하는 방법으로서, 지중 온도는 다음 세 개의 요소로 global요소, local요소, 그리고 stationary요소로 나눌 수 있다.

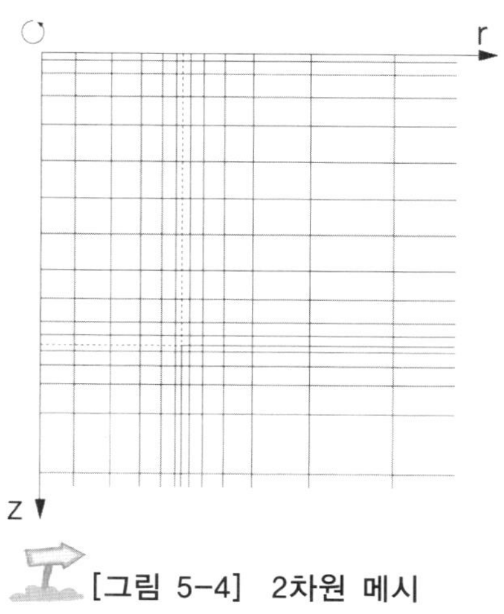

[그림 5-4] 2차원 메시

global 요소는 열저장 장소와 주변 토양의 장기적인 저장모델을 분석한다. 이 요소는 유한 차분법을 이용하며, 원통 저장 모델의 수직축 방향으로 원통 대칭을 이용한다.

local과 stationary 요소는 보어홀 주변의 시간이 짧은 열전달 모델링에 이용되며, 반지름 방향으로 1차원 수치 메시를 사용한다. 저장 장소는 N개의 작은 저장 장소로 분할된다.

$$(\rho C_p)_s \frac{\partial T_l}{\partial t} = \lambda_s \left(\frac{\partial^2 T_l}{\partial r^2} + \frac{1}{r}\frac{\partial T_l}{\partial r} \right) - Q_{\mathrm{lg}} \quad\cdots\cdots (5.18)$$

여기서 T_l과 Q_{lg}는 지중의 local온도와 local과 global 사이의 열전달을 가리킨다.

5.3 보어홀 열저항 계산

보어홀의 열저항 Rb는 보어홀 온도차와 공급되는 열량의 비율로 정의된다.

$$R_b = \frac{T_f - T_b}{q_b} \quad\cdots\cdots (5.19)$$

여기서 T_b는 보어홀의 표면온도이며, q_b는 지중의 보어홀에서 또는 보어홀로 전달되는 열량을 가리킨다.

T_{f1}과 T_{f2}는 각각 보어홀로 지중순환수가 유입되는 파이프와 토출되는 파이프내의 순환수 온도라 하면, T_f는 보어홀을 통과하는 지중 순환 유체의 평균온도로 다음과 같이 정의된다.

$$T_f = \frac{T_{f1} - T_{f2}}{2} \quad\cdots\cdots (5.20)$$

대칭을 고려하면 $R_1 = R_2 = 2R_b$이며, 보어홀 저항 R_b는 다음과 같이 세 가지 항으로 구성된다.

$$R_b = \frac{1}{4\pi r_\pi h} + \frac{\ln\left(\dfrac{r_{po}}{r_\pi}\right)}{4\pi k_p} + R_{bo} \quad\cdots\cdots\cdots\cdots (5.21)$$

이를 그림으로 표시하면 다음과 같다.

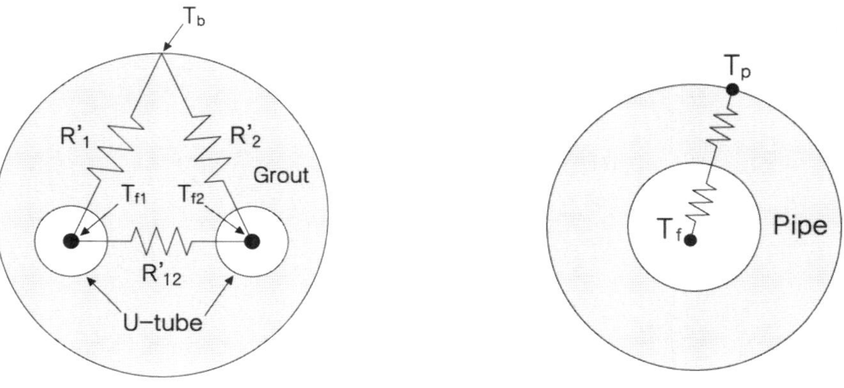

[그림 5-5] 보어홀 단면과 열저항 모델   [그림 5-6] 파이프의 저항 개념도

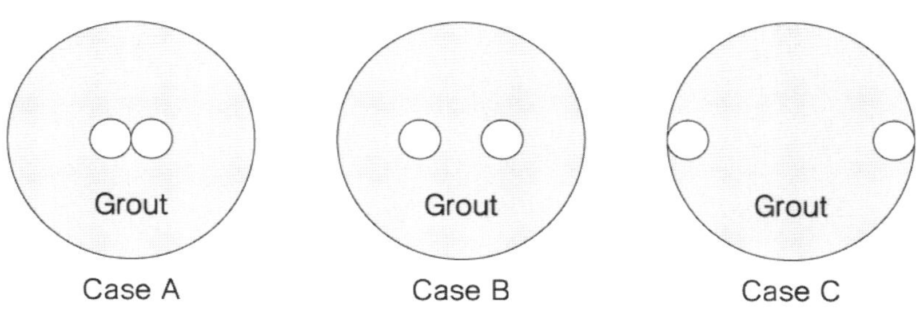

[그림 5-7] 보어홀 내부의 U자관의 위치

파이프와 지중을 제외한 보어홀의 저항 R_{bo}는 Paul이 제시한 것과 같이 보어홀 내에서 U자관을 구성하는 파이프의 위치에 따라 다음과 같이 세 가지 형상에 대한 보어홀 저항에 관한 계산 방법을 제시하였다.

$$R_b = \frac{1}{\beta_0 \left(r_b/r_p\right)^{\beta_1} k_g} \quad\cdots\cdots\cdots\cdots\cdots\cdots\cdots (5.22)$$

여기서 k_g는 그라우트의 열전도율이고, 파이프와 지중을 제외한 보어홀은 그라우트 재료로 구성되어 있다고 볼 수 있으며, 파이프가 보어홀 내에 설치되는 세 가지 경우 A,B,C에 대한 상수 β_0, β_1에 관하여 수치해석을 이용하여 구하였다.

〈표 5-1〉 파이프 형상 계수

파이프 형상	β_0	β_1
Case A	20.10	-0.9447
Case B	17.44	-0.6052
Case B	21.91	-0.3796

Hellstrom은 DST 프로그램에서 보어홀의 열저항을 다음과 같이 정리하였다.

$$R_b = \frac{1}{4\pi k_g}[\ln(\frac{r_b}{r_p}) + \ln(\frac{r_b}{2x_c}) + \sigma\ln(\frac{(r_b/x_c)^4}{(r_b/x_c)^4-1})] \quad\cdots\cdots\cdots\cdots\cdots\cdots (5.23)$$

여기서 x_c는 보어홀 내에 위치한 U자관 파이프 중심에서 중심간의 거리를 가리키고, σ는 지중의 열전도율 k_s와 그라우트의 열전도율 k_g에 관한 관계식 $\sigma = (k_g - k_s)/(k_g + k_s)$으로 정의된다. 보어홀에 관련된 세 가지 무차원 인자는 다음과 같다.

$$\nu_1 = \frac{r_b}{r_p} \quad \nu_2 = \frac{r_b}{x_c} \quad \nu_3 = \frac{r_p}{2x_c} \quad\cdots\cdots\cdots\cdots\cdots\cdots\cdots\cdots\cdots (5.24)$$

Bennett은 multipole방법을 사용하여 선형 열원모델 보어홀의 열저항을 다음과 같이 정리하였다.

$$R_b = \frac{1}{4\pi k_g}\left[\ln\left(\frac{\lambda_1\lambda_2^{1+4\sigma}}{2(\lambda_2^4-1)^\sigma}\right) - \frac{\lambda_3^2\left(1-(4\sigma/(\lambda_2^4-1))\right)^2}{1+\lambda_3^2\left(1+(16\sigma/(\lambda_2^2-1/\lambda_2^2)^2)\right)}\right] \quad\cdots\cdots\cdots (5.25)$$

Sharqawy는 유한 요소법을 적용하여 보어홀 열저항의 새로운 관계식을 다음과 같이 나타내었다.

$$R_b = \frac{1}{2\pi k_g}\left[\frac{-1.49}{\lambda_2} + 0.656\ln(\lambda_1) + 0.436\right] \quad\cdots\cdots\cdots\cdots\cdots\cdots (5.26)$$

5.4　지중 열교환기 길이

정상상태의 열전도 방정식으로서 열저항의 정의는 다음과 같다. 정상상태일 때 지중 열에너지 이동식을 이용하여 필요한 지중 열교환기의 길이를 계산할 수 있다.

$$\frac{q}{L} = \frac{t_g - t_w}{R_g} \quad\text{...}\quad (5.27)$$

t_g　: 지중온도(℃)

t_w　: 수직-PE 파이프의 외측 표면온도(℃)

R_g　: 지중열 저항치 $=1/k_g$, 단위: $(m \cdot K/\mathrm{W})$

k_g　: 해당 토양/암석의 열전도도 (W/m·K)

위의 식(5.27)은 정상상태의 일정한 열전달율(또는 열량)이라는 가정 하에서 성립되는 방정식이다. 여기에 여러 개의 열펄스를 적용하여 실제의 변화하는 열전달율에도 적용할 수 있게 하였다. 이용해서 지중 열교환기의 가변적인 열전달의 형태로 (5.27)식을 변형시킬 수 있다.

세 개의 열전도율을 고려하여 지중 열교환기가 필요로 하는 보어홀 깊이를 열이동식을 근거해서 냉방시와 난방시로 구분하여 표현하면 각각 식(5.28)과 식(5.29)와 같이 된다.

$$L_c = \frac{q_a R_{ga} + (q_{lc} - 0.86KW)(R_b + PLF_m \cdot R_{gm} + R_{gd} \cdot F_{sc})}{t_g - \dfrac{t_{wi} + t_{wo}}{2} - t_p} \quad\text{........}\quad (5.28)$$

$$L_h = \frac{q_a R_{ga} + (q_{lh} - 0.86KW)(R_b + PLF_m \cdot R_{gm} + R_{gd} \cdot F_{sc})}{t_g - \dfrac{t_{wi} + t_{wo}}{2} - t_p} \quad\text{........}\quad (5.29)$$

F_{sc}　: U-튜브 부근에서 단기적으로 순환하는 열손실계수

L_c　: 냉방시 필요한 보어홀 길이(m)

L_h　: 난방시 필요한 보어홀 길이(m)

PLF_m : 설계월(design month)의 부분부하계수

q_a　: 연간 지중에서 발생하는 열이동량(kW)

q_{lc}　: 건물의 설계냉방 블록(block)부하(kW)

q_{lh} : 건물의 설계난방 블록부하(kW)

R_{ga} : 연간 지중의 연간 열펄스에 대한 유효열저항(m·K/W)

R_{gm} : 월간 지중의 월간 열펄스에 대한 유효열저항(m·K/kW)

R_{gd} : 일간 지중의 일간 열펄스에 대한 유효열저항(m·K/kW)

R_b : 천공의 열저항치(천공+PE관)(m·K/kW)

t_g : 비교란 지중온도; 자연상태의 연중 일정한 지중 온도(℃)

t_p : 주변에 설치한 수직 지중 순환회로의 영향으로 발생한 장기적인 열간섭 온도변화

t_{wi} : 지열 히트펌프의 열교환기로 유입되는 순환수의 EWT(℃)

t_{wo} : 지열 히트펌프 열교환기의 출구에서 순환수의 출구온도(℃)

KW_c : 설계 냉방부하시 소요전력(W)

KW_h : 설계 난방부하시 소요전력(W)

상기 식들에서 건물의 부하와 열전달율과 온도 보상은 난방시에는 양의 값을, 그리고 냉방시에는 음의 값을 갖는다. 여기서는 세 가지의 열펄스가 적용되고 있으며, 다음과 같다.

- 장기적인 즉 연간 열에너지의 비평형 (q_a)
- 설계월 동안의 월평균 열전달율
- 단기간 동안 최대 열전달율

이러한 열펄스의 기간은 1시간과 같이 짧은 시간도 적용할 수 있으나, 설계 절차에서는 4시간 이상 단위를 추천한다.

냉방시 필요한 보어홀 길이(L_c)가 난방시 필요한 길이(L_h)보다 긴 경우에($L_c >$ L_h), 냉방에 필요한 길이로 시공하는 경우, 냉방기간 동안에는 초과 설계된(길이가 긴) 지중루프의 이점을 최대한 이용할 수 있다. 이러한 이점에는 낮은 EWT, 그리고 높은 히트펌프 효율등을 들 수 있다.

두 번째 경우로, 짧은 길이인 난방 길이 L_h를 선택 하는 경우에는 겨울철에는 지중 열교환기를 사용하고 여름철 냉방시에는 과소 설계된 L_c를 보충하기위해 냉각탑이나 기타 에너지 저장시스템을 적용 할 수 있다. 만일 L_h가 L_c보다 길어서 설계자는 L_h를 선택하면, 냉방 기간 동안에는 초과 설치된 지중 루프로 인하여 효율이 높은 이점으로 인하여 에너지 비용을 절감할 수 있으므로, 초기에 추가로 투자된 비용에 대한 다소의 보상 받을 수 있을 것이다.

5.5 U-튜브 열저항

지중 열교환기의 사양을 결정할 때 사용하는 설계식에서 Kavanaugh는 단위 보어홀 길이 당 4개의 열저항(R_{ga}, R_{gm}, R_{gd} 및 R_b)을 사용한다. 지중 열교환기 설계를 위한 방정식에서는 여러 개의 열저항을 사용할 수 있고, 일간, 월간, 연간과 다른 기간의 열저항 값을 이용할 수도 있다.

이 가운데 3개항은 지중 열저항과 관련이 있는 항으로서, 해당 건물의 냉난방 부하중 중요한 기간 동안의 열전달율과 관련이 있다. 나머지 한개(R_b)는 PE 파이프와 보어홀과 관련된 상당 열저항치이다. 지중루프 내에서 순환하는 지중 순환수와 파이프 그리고 그라우트 재료들은 주변의 토양과 암석으로 구성된 지중에 비해 그 열용량이 매우 적다. [그림 5-8]은 2파이프로 구성된 단일 U-tube를 설치한 예를 도시한 그림이다.

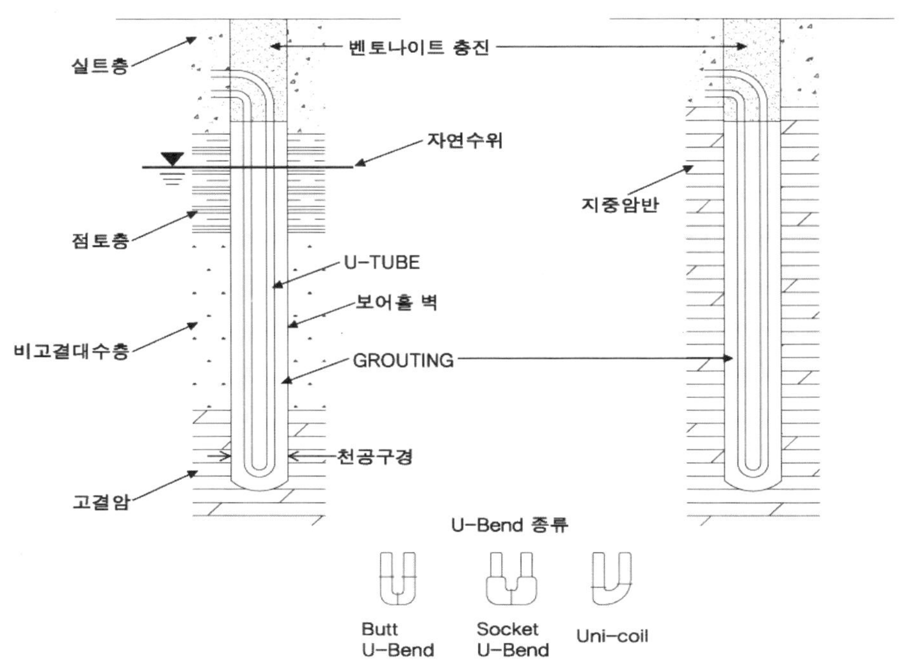

[그림 5-8] 고결 및 미고결암에 굴착한 시추공에 설치한 U-tube(bend)

<표 5-2>는 지중 열교환기에 사용하는 4가지 U-튜브에 대한 열저항치(R_b)를 나타낸 표이다. U-튜브 파이프 직경아래에는 원통 열원법에서 사용할 수 있는 U-튜브의 유효 구경을 나타내고 있다.

지중 순환수를 사용하는 경우에 파이프 직경에 따라 Reynolds 수가 변화한다. 파이프 직경이 큰 U-파이프를 적용하는 경우에는 Re값이 지열 히트펌프에서 널리 사용하는 임계치인 2,500이상이 되도록 한다. 파이프 내부의 유동이 층류를 이루면, 층마다 온도가 다른 층이 형성되므로 지중과 순환수의 열전달을 저해한다. 따라서 2,500이 넘는 Reynolds수를 확보하여 파이프 내부에서 난류 효과가 발생하는 것을 보장하도록 설계한다.

겨울철에 지중루프에서 유동하는 순환수의 온도는 여름철에 순환하는 순환수 온도에 비하여 차이가 크다. 일반적으로 여름철과 겨울철에는 지중 순환수가 20℃정도의 온도차가 발생한다. 따라서 동절기에는 지중 열교환기 부품이나 HDPE파이프가 동파되지 않도록 순환수 내에 부동액을 섞어서 사용할 것이 권장된다.

〈표 5-2〉 PE관/U-튜브의 열저항(R_b)와 유효 구경(equivalent diameter)
(주변 암석과 동일한 그라우트 재로로 사용. 유량이 11.34lpm 이상)

호칭구경(mm)	종류	PE 파이프(또는 천공) 열저항(h · m · ℃/Kcal)			
U-tube구경/ (유효 구경 mm, ft)	SDR 또는 Schedule	순수한 물 7.56lpm 이상	20% Prop. Glycol Flow 11.34lpm	20% Prop. Glycol Flow 18.9lpm	20% Prop. Glycol Flow 37.8lpm
20mm(3/4 in.) /46mm(0.15ft)	SDR 11	0.0605(0.09)	0.081(0.12)	-	-
	SDR 9	0.0739(0.11)	0.1(0.15)	-	-
	Sch 40	0.0672(0.10)	0.094(0.14)	-	-
25mm(1 in.) /55mm(0.18ft)	SDR 11	0.0605(0.09)	0.094(0.14)	0.067(0.10)	-
	SDR 9	0.0739(0.11)	0.108(0.16)	0.081(0.12)	-
	Sch 40	0.0672(0.10)	0.1(0.15)	0.0739(0.11)	-
32mm(1 1/4in.) /67mm(0.22ft)	SDR 11	0.0605(0.09)	0.1(0.15)	0.081(0.12)	0.0605(0.09)
	SDR 9	0.0739(0.11)	0.114(0.17)	0.1(0.15)	0.0739(0.11)
	Sch 40	0.0605(0.09)	0.1(0.15)	0.081(0.12)	0.0605(0.09)
40mm(1 1/2in.) /76mm(0.25ft)	SDR 11	0.0605(0.09)	0.108(0.16)	0.1(0.15)	0.0605(0.09)
	SDR 9	0.0739(0.11)	0.12(0.18)	0.114(0.17)	0.0739(0.11)
	Sch 40	0.054(0.08)	0.094(0.14)	0.094(0.14)	0.054(0.08)

* U-tube주위에 부설한 되메움 재료는 천공시 생성된 파쇄물을 이용하는 경우
* 조건이 변하면 <표 5-2>를 이용해서 수정한 후 사용한다.
* 순환회로 내에서 층류가 되지 않도록 순환수 유량은 11.34lpm(3gpm)을 기준
* 윗표에서(   )내 열저항치의 단위는 (h·ft·°F/Btu)임
* 1(h · ft · °F/Btu)=0.672(h · m · ℃/Kcal)

유체의 점도는 온도가 낮아지면 커지는 특징을 갖는다. 이러한 점도는 Reynolds수에 반비례하므로 점도가 증가하면 Reynolds수는 감소한다. 따라서 지중루프내의 순환수의 Re가 2,500 이상을 보장하기 위해서는 냉방시 보다 순환수의 점도가 커지는 난방시의 Reynolds수를 검토하는 것이 중요하다.

지중루프 내에서 흐르는 순환수의 흐름이 층류가 되어도, 보어홀 열저항에 가장 큰 영향을 미치는 부분은 PE파이프의 저항이다. 그러나 순환수의 피막 저항이 증가하여 이를 무시할 수 없는 양이 되므로, 이를 보어홀 열저항에 반영한다.

<표 5-2>는 propylene glycol 부동액을 20% 첨가한 혼합 순환수의 유량이 11.34~37.8lpm (3~10gpm)의 범위일 때 U-튜브의 파이프 직경별, 파이프 종류 (SDR과 SCH)별 열저항 값을 나타낸 표이다. 이 표에 의하면 부동액 혼합수의 유량이 다소 증가하더라도 수직 U-tube 에서 자연 대류에 의한 영향으로 전반적인 열저항은 11.34lpm일 때의 열저항에 비해 크게 감소하지는 않는다.

〈표 5-3〉 Grout와 기타 되메움 재료를 이용할 경우의 열저항 조정치
(〈표 5-2〉에서 제시한 기본 저항치에다 이들 값을 가산한다.)

열전도도 (Kcal/ h·m·℃)	자연상태 토양/암석열전도도	1.34 Kcal/h·m·℃		1.93 Kcal/h·m·℃			2.53 Kcal/h·m·℃	
	되메움재 및 grout의 열전도도	0.744Kcal/ h·m·℃	2.98Kcal/ h·m·℃	0.744Kcal/ h·m·℃	1.488Kcal/ h·m·℃	2.98Kcal/ h·m·℃	0.744Kcal/ h·m·℃	1.488Kcal/ h·m·℃
	100mm. 천공							
	20mm. U-tube	0.0739(-)	-0.0336	0.094(-)	0.02	-0.013	0.11(-)	0.034
	25mm. U-tube	0.047	-0.02	0.0605	0.013	-0.013	0.087(-)	0.027
	125mm. 천공							
열저항 (h·m·℃/Kcal)	20mm. U-tube	0.094(-)	-0.04	0.12(-)	0.027	-0.027	0.14(-)	0.04
	25mm. U-tube	0.0739(-)	-0.027	0.09(-)	0.020	-0.013	0.11(-)	0.034
	32mm. U-tube	0.04	-0.02	0.06	0.013	-0.013	0.08(-)	0.027
	150mm. 천공							
	20mm. U-tube	0.12(-)	-0.047	0.14(-)	0.027	-0.034	0.16(-)	0.047
	25mm. U-tube	0.094(-)	-0.04	0.11(-)	0.020	-0.027	0.14(-)	0.04
	32mm. U-tube	0.0605	-0.027	0.08(-)	0.020	-0.013	0.10(-)	0.034
	40mm. U-tube	0.053	-0.02	0.06	0.013	-0.013	0.07(-)	0.027

열전도도가 적은 그라우트 재료나 소구경의 수직공에 대해서는 NR(Not Recommended, -)
천공에 의한 열저항에 따라 잔존공기는 0.134에서 0.269 h·m·℃/Kcal를 가산
조정값이 (−)값인 경우는 자연 되메움재에 비해 열저항이 낮거나 열적 증가가 발생했음을 뜻한다.

<표 5-3>은 수직 보어홀 주변 암석의 열전도율에 대하여, 지중 열교환기 시공시에 벤토나이트를 그라우트 재료로 사용했을 때의 열저항치이다. 천공 후 U-튜브를 보어홀 내에 설치하고 그 주변 공간에 그라우트재료로 벤토나이트나 기타 재료를 사용하는 경우에는 <표 5-3>를 이용하여 열저항값을 보정한다. 즉 <표 5-2>의 열저항 값에 <표 5-3>의 열저항 보정값을 더하여 그라우트 재료의 효과를 보정한다.

수직 천공시 주위의 암석보다 양호한 열전도도를 가진 그라우팅 재료를 사용하는 경우에 조정된 전체 열저항치는 감소한 음의 값을 나타낸다(<표 5-3> 참조). 그라우트 재료로 권장되지 않는 점토질 토양 등의 재료로 되메움에 사용하는 경우에 탈수작용이 발생하연 균열이나 틈(crack)이 생성되어 이로 인해 심각한 문제가 발생할 수 있으므로, 그라우트의 규정을 준수한다.

[예제 5-1]

다음 조건으로 수직 루프를 설치하였다. 천공 및 PE 파이프의 열저항은?
- SDR-11 HDPE 파이프 지름 : 25mm
- 천공지름 : 125mm
- PE 파이프내 순환수의 유량 : 11.34 lpm
- 천공주변 암석의 열전도도 : 1.93 Kcal/h · m · ℃
- 되메움 재료의 열전도도 : 1.488 Kcal/h · m · ℃

【해설】

1) <표 5-2>에서 직경 25mm(1인치)의 U-튜브에서 순환수의 유량이 11.34lpm에 가장 가까운 7.56lpm일 때 SDR-11 PE 파이프의 열저항은 : 0.0605 Kcal/h · m · ℃ 이다. 단, 상기 열전도도는 되메움 재료의 열전도도가 주변 암석의 열전도도와 같은 경우의 값이다.

2) <표 5-3>에서 주변 암석의 열전도도가 1.93 Kcal/h · m · ℃이고, 되메움 재료의 열전도도가 1.488 Kcal/h·m·℃일 때 천공구경이 125mm이고, U-tube의 구경이 25mm일 때의 보정치는 0.02 Kcal/h·m·℃이다.

따라서 R_b(수정치)$= R_b$<표5-2>$+ R_b$<표5-3>

$$= 0.0605 + 0.02 = 0.0805 \text{ Kcal/h} \cdot \text{m} \cdot ℃$$

참 조   **열저항(thermal resistance) 계산 예**

가) 수직 천공의 단위 길이당 열이동량

$$q = (T_p - T_b)/R_b$$

q : 보어홀 단위 m당 열이동량

T_p : PE pipe의 외벽온도

$$R_b = R_{pp} + R_g$$

T_b : 수직 보어홀의 내벽온도

R_{pp} : PE 파이프의 열저항치
R_g : grout재의 열저항치
R_b : 천공의 열저항치

지금 $R_b = 0.0739$이고, PE 파이프 외벽의 온도가 21.1℃이며, 수직공 벽의 온도(T_b)가 15.6℃
라면 단위 m당 열이동량(q)은 $q = (21.1 - 15.6)/0.073 ≒ 74.42\,\mathrm{Kcal/h \cdot m \cdot ℃}$ 이다.
이때 지중 순환수의 유량이 9.45lpm이라면 50m 수직공 1공당 열이동량은

$$q = 74.42 \times 50\mathrm{m} = 3{,}721\,\mathrm{Kcal/h} ≒ 1.2\,\mathrm{ton}$$

$$[GHEX]_c = 60 \times 9.45\mathrm{lpm} \times (21.1 - 15.6)℃ = 3{,}118 ≒ 1\ \mathrm{ton}$$

나) PE 파이프와 그라우트재를 수직공 내에 부설한 경우에 수직 천공의 유효 열저항

1) 그라우트재의 유효 열저항(effective grout resistance)

$$q = S_b K_g (T_p - T_b) = \frac{1}{R_g}(T_p - T_b)$$

$$\therefore R_g = \frac{1}{S_b \cdot K_g}$$

T_p : PE 루프 파이프 외벽 온도
T_b : 수직천공의 내벽(borehole wall) 온도
S_b : 수직공의 형상계수(shape factor)
K_g : grout의 열전도도

2) 수직공의 형상계수

$$S_b = \beta_o \left(\frac{D_b}{D_o}\right)^{\beta_1}$$

D_o : 루프 pipe의 외경
D_b : 수직천공의 굴착경

배 열	형 식	β_0	β_1
(∞)	Case A	20.1	-0.9447
(⊙⊙)	Case B	17.44	-0.6052
(⊙ ⊙)	Case C	21.91	-0.3796

3) 수직천공의 열저항치(bere hole thermal resistance) ; R_b

$$R_b = R_{PP} + R_g$$

3-1) 단일 U 튜브의 열저항치

- 1개 천공에 2개의 PE 파이프를 U-bend에 연결하여 수직공 내에 설치했을 때;
  각 파이프의 열저항을 R_{P1}와 R_{P2}라 하면

$$2개\ 파이프의\ 상당\ 열저항\ ;\ R_{PP} = \frac{R_{P1} \cdot R_{P2}}{R_{P1} + R_{P2}}$$

$$R_{PP}\ :\text{U-tube 의 열저항},\ R_{p1} = R_{p2}\text{인 경우}\ ;\ R_{PP} = \frac{R_p}{2}$$

3-2) 단일 PE pipe를 설치했을 때의 열저항치(PVC 파이프 등)

$$R_{PP} = \frac{1}{2\pi K_{PE}} \ln\left(\frac{D_o}{D_1}\right)$$

구경 25mm PE 파이프를 수직 천공내에 설치했을 때 PE 파이프의 열저항치
(thermal resistance)는 $K_{PE} = 0.3348 \text{h} \cdot \text{m} \cdot \text{℃} / \text{Kcal}$,

$D_O = 33.4\text{mm}\,(1.315''),\ D_I = 27.4\text{mm}\,(1.077'')$일 때

$$\therefore R_{pp} = \frac{1}{2\pi \times 0.3348} \ln\left(\frac{33.4}{27.4}\right) = 0.094$$

3-3) U-bend와 같이 2개 PE파이프를 수직 천공 내에 설치했을 때 PE 파이프와 천
공의 유효 열저항(R_b);

㉮ PE 파이프의 열저항

$$R_{PP} = \frac{1}{2\pi K_{PE}} \ln\left(\frac{D_O}{D_I}\right)$$

D_{OE}　　: U-bend의 유효구경, $D_{OE} = \sqrt{N} \cdot D_O$

천공 구경 : 125mm (D_b=127mm)

PE 파이프구경(D_I): 25mm[D_O=33.4mm(1.315 inch)]

파이프 형상계수, B : $S_b = 17.44\left(\dfrac{127}{33.4}\right)^{-0.6052} = 7.773$

㉯ 그라우트재의 열전도도 K_g가 0.625일 때 천공의 유효 열저항치(R_b);

$$R_g = \frac{1}{S_b \cdot K_g} = \frac{1}{7.773 \times 0.625} = 0.2058$$

$$R_{PP} = \frac{0.094}{2} = 0.047$$

$$\therefore R_b = R_g + R_{PP} = 0.2058 + 0.047 = 0.253$$

4) 2개 PE 파이프와 그라우트재를 천공 내에 설치했을 경우의 (R_b);

4-1) 그라우트재의 유효 열저항(effective grout thermal resistance)

$$R_g = \frac{1}{S_b \cdot K_g}$$

D_b　; 150mm,

D_{OE}　; 33.4mm, B형식의 배열인 경우

$$S_b = 17.44\left[\frac{150}{33.4}\right]^{-0.6052} = 6.96$$

$K_g = 1.384\,\text{Kcal/h} \cdot \text{m} \cdot \text{℃}\ (\text{sand }40\%)$이라면

$$\therefore R_g = \frac{1}{6.96 \times 1.384} = 0.103$$

4-2) PE 파이프(U-bend인 경우)의 유효 열저항(thermal resistance);

구경(25mm)인 U-bend를 수직공 내에 설치했을 때 K_g(PE 파이프) : 0.3348이라면,

호칭 구경 25mm PE pipe의 OD는 33.4mm 이고, ID가 27.4mm이므로,

$D_{OE} = \sqrt{2}\, D_O = 47.2\text{mm}$ 이다. 이때

$$R_{PP} = \frac{1}{2\pi K_P}\ln\left[\frac{D_{OE}}{D_{OE}-(D_O-D_1)}\right] = \frac{1}{2\pi \times 0.3348}\ln\left(\frac{47.2}{47.2-(33.4-27.4)}\right) = 0.065$$

4-3) $R_b = R_g + R_{PP} = 0.103 + 0.065 = 0.168$

5) 만일 공벽에서 지하수의 수온이 15.6℃이고, 냉방시 순환수의 평균수온이 26.6℃ 이면 50m 심도의 1개 수직공당 방열 가능량(단, $R_g = 0.168$):

$$q = (26.6 - 15.6)/0.168 = 65.47 \text{ Kcal/h·m}$$

$$\therefore Q = 65.47 \times 50m = 3{,}274 \text{ Kcal/h} \fallingdotseq 1.1\,\text{ton}$$

6) coax coil로 유입·유출되는 순환수의 온도가 약 6℃정도 차이가 나도록 하려한다. 이 때 필요한 순환수의 RT당 유량은?

$$3{,}274\text{Kcal/h} = 60 \times Q(\text{1pm}) \times 6℃$$

$$\therefore Q \fallingdotseq 8.4\text{lpm/RT} \,(2.2\text{gpm/RT})$$

7) 천공 주변암석의 열저항이 R_s이고, 그라우트재의 열저항이 R_g이며 천공 내에 설치한 PE 파이프의 열저항이 R_{PP}일 때 천공의 전체 열저항(R_{bi})

$$R_{bi} = R_{PP} + R_g - R_s = R_{PP} + \frac{K_s - K_g}{S_b K_s \cdot K_g}$$

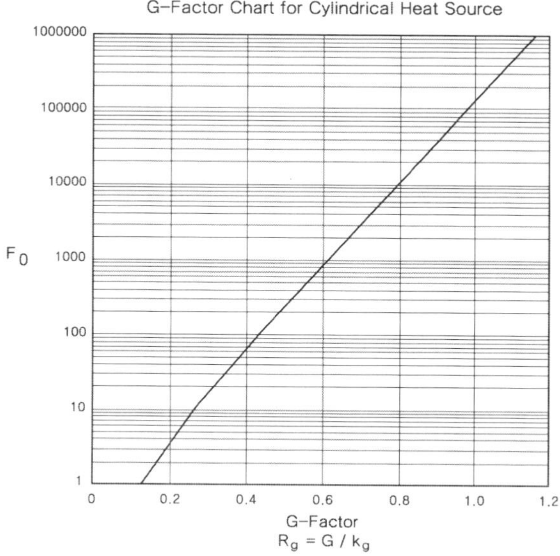

[그림 5-9] G값 변화에 따른 Fourier수(F_o)값의 변동

5.5.1 지중 열저항 상당치 산정방법

열저항 R_{ga}, R_{gm}과 R_{gd}은 지중의 특성이 다양하고, 건물의 부하와 운영 조건이 다양함으로 인하여 계산과정이 복잡하다. 토양과 암반의 열특성을 구하는 것은 지중 열전도시험을 수행함으로 구할 수 있다. 이를 수행하지 않는 경우에 지중의 열특성을 구하는 것은 복잡하며, 또한 정확도를 확보하기 어렵다.

선형 열원 모델의 문제를 풀기 위해서는 무차원 상수인 Fourier 수에 포함된 운전 시간, PE 파이프의 외경, 지중의 열확산계수를 알아야 한다. 무차원 상수 F_o는 (5.31)식과 같이 정의된다.

$$F_o = 4\alpha_g t_i / d^2 \cdots\cdots (5.30)$$

t_i : 열이동 시간으로서 10년, 1개월, 0.25일(6시간)을 사용
d : PE 파이프의 상당구경
α_g : 지중 열확산계수

여기서 10년 열펄스, 1개월 열펄스, 6시간 열펄스의 세 가지 열펄스로 모델할 수 있는 시스템이 있다고 가정하자. 이를 각각 q_a, q_m, q_d라 하자. 이와 관련된 시간을 구하면 다음과 같다.

$$\tau_1 = 3{,}650 \; ; \quad \tau_2 = 3{,}650+30 = 3{,}680 \; ; \quad \tau_3 : 3{,}650+30+0.25 = 3{,}680.25$$

상술한 각종 시간별로 F_o는 다음 식으로 구한다.

$$F_3 = \frac{4a_g \tau_3}{d^2}, \quad F_2 = \frac{4a_g(\tau_3 - \tau_1)}{d^2}, \quad F_1 = \frac{4a_g(\tau_3 - \tau_2)}{d^2}$$

상기 값을 이용하여 [그림 5-9]에서 해당 G 값을 읽고, 이로부터 (5.31)식을 이용하여 지중열 저항 상당치인 R_{ga}, R_{gm}, R_{gd}를 구한다.

$$\left.\begin{aligned} R_{ga} &= \frac{G_3 - G_1}{K_g} \\[2mm] R_{gm} &= \frac{G_1 - G_2}{K_g} \\[2mm] R_{ga} &= \frac{G_2}{K_g} \end{aligned}\right\} \cdots\cdots (5.31)$$

여기서 G factor는 일종의 형상계수로서 참고란에서 언급한 $1/S_b$와 유사하다.

참고 $$R_g = \frac{G}{K_g} ≒ \frac{1}{(K_g \cdot S_b)}$$

루프 내에서 흐르는 순환수는 U-벤드 지점에서 그 흐름방향이 완전히 반대 방향으로 바뀐다. 이로 인해 열손실과 수두손실이 발생한다. 전통적인 U-벤드 루프의 상, 하향 흐름구간 사이에서 발생하는 단기순환 열손실로 인해 그 성능이 감소한다.

일반적으로 순환수의 유량이 1RT당 11.3 lpm정도일 때 성능 저감율은 4% 정도이다. 이에 따른 저감은 R_{gd}에 1.04를 곱해서 보정할 수 있고, 1개 병렬 루프 주위에 여러 보어홀이 소재할 경우에 상기 손실률은 상당히 감소된다.

이러한 현상은 심도가 깊은 보어홀에서 직경이 큰 U-파이프를 적용하면 수두손실을 줄일 수 있다. 예를 들어서 180~240m의 보어홀에서는 40mm의 파이프를 사용할 것을 권장한다. 40mm 직경의 파이프로 이 보다 긴 루프를 사용하면 수두손실이 커진다. 짧은 루프를 사용하면 루프당 순환수의 유량이 감소하여 층류가 될 수도 있으므로 검토가 필요하다.

현장 여건에 따라 다르나, 깊이가 깊은 보어홀에 U-자관을 설치하는 지중 열교환기보다 이보다 얕은 깊이의 지중 열교환기를 여러 개 설치하는 것이 쉬운 경우가 많다.

Kavanaugh에 의하면 180m 지중 열교환기 1개를 설치하는 것보다 PE 파이프가 직렬로 연결된 여러개 천공에 90m 짜리 2개, 60m 짜리 3개를 설치하는 것이 용이하다. (현실적으로 여러 개를 설치하는 것이 어려울 수 있다. 또한 180m의 평균 지중온도와 열전도율은 60m의 값과 다르므로, 180m를 60m 3개로 바꾸는 것은 검토가 필요하다.) 이 경우 U-벤드 파이프 사이에서 발생하는 열손실과 온도차는 병렬루프의 1개 보어홀에서 발생하는 열 손실과 온도차 보다는 적을 것이라고 주장한다.

[예제 5-2]

천공구경이 150mm이고 천공심도가 100m인 수직공에 직경이 40mm(1.5인치)인 Schedule 40 PE 파이프를 설치할 경우와 직경이 50mm인 Schedule 40 PE 파이프를 설치할 경우를 서로 비교해 보면 후자의 경우에 천공 심도와 마찰 수두손실을 전자의 경우에 비해 크게 줄일 수 있다.

구경 150mm의 수직 천공 내에 직경이 40mm보다 큰 PE 파이프 2개를 병렬로 설치할 수 있다. ton당 11.34 lpm을 순환시킬 수 있는 순환펌프를 이용하면 PE 파이프 순환 회로 내에서 순환수의 흐름은 난류상태를 유지시킬 수 있고, 단기순환 열손실계수(F_{SC})는 1.02가 된다.

〈표 5-2〉에서 40mm SDR-11-PE 파이프의 열저항치는 $0.0605\,h \cdot m \cdot ℃/Kcal$이고, 되메움 물질의 열전도도($1\,Kcal/h \cdot m \cdot ℃$)가 주변 모암의 열전도도($1.95\,Kcal/h \cdot m \cdot ℃$)보다 낮기 때문에 구경이 150mm인 천공에 구경 40mm PE 파이프를 설치하면 열저항 조정치 0.013를 더해 주어야 한다. 즉 천공의 열저항치 $R_b = 0.0605 + 0.013 = 0.0735 h \cdot m \cdot ℃/Kcal$가 된다.(〈표 5-2〉 참조)

3가지의 상당 열저항치는 예상되는 운영 형태로부터 구한다. 대체적으로 GHEX는 약 10년간(3,650일) 사용하면 안정(steady state)이 된다. 따라서 루프 길이는 하절기의 최대 부하 월의 30일간(peak summer month, 30day)과 최고 오후 4시간(0.16일) 동안에 적합하도록 설계한다. 즉,

$t_1 = 3,650$일

$t_2 = 3,650 + 30 = 3,680$일

$t_3 = 3,650 + 30 + 0.167 = 3,680.167$일

【해설】

- 이곳은 모래와 점토가 각각 60%와 40%로 이뤄진 토양으로 구성되어 있다. 이 토양의 함수비는 15%이고 건조밀도가 $1.76\,g/cm^3$일 때, <표 5-3>을 이용하여 이 토양의 Kg와 α_g을 구하면 다음과 같다.

  건조밀도가 $1.76 g/cm^3$인 모래의 Kg1=(1.93~2.38)/2+0.34=2.49 Kcal/h · ℃이고, 점토의 Kg2=0.89+0.3=1.19 Kcal/h · ℃이다.

  지금 모래와 점토의 비율이 60 : 40이라면, 이 토양의 Kg를 그 비율에 따라 배분 계산한다.

  $$K_g = \frac{60}{100} \times 2.49 + \frac{40}{100} \times 1.19 = 1.97\,Kcal/h \cdot m \cdot ℃\ 이다.$$

- 동일한 방법을 이용하여 열확산 계수(α_g)를 구해보면,

  $$\alpha_g = \frac{60}{100} \times 0.092 + \frac{40}{100} \times 0.039 = 0.7\,m^2/day\ 이다.$$

- 호칭구경 40mm(1.5inch)PE U-튜브의 상당구경(D_{eq})은 <표 5-2>에 제시된 바와 같이 $D_{eq} = 76mm(0.076m)$이므로, G_1, G_2, 및 G_3과 R_{ga}, R_{gm} 및 R_{gd}는 다음과 같이 구할 수 있다.

  - F_o와 G사이의 관계

$$F_{o3} = \frac{4\alpha t_3}{d_{eq}^2} = \frac{4 \times 0.07 \times 3,680.167}{0.076^2} = 178,400 \text{이고}$$

[그림 5-9]에서 $F_{o3} = 178,400$일 때 $G_3 = 0.98$ 이다. 또한

$$F_{01} = \frac{4\alpha(t_3 - t_1)}{d_{eq}^2} = \frac{4 \times 0.07 \times 30.167}{0.076^2} = 1,462 \text{이며},$$

[그림 5-9]에서 $F_{o1} = 1,462$일 때 $G_1 = 0.65$ 을 읽을 수 있다.

또한 $F_{02} = \dfrac{4\alpha(t_3 - t_2)}{d_{eq}^2} = \dfrac{4 \times 0.07 \times 0.167}{0.076^2} ≒ 8.1$ 이므로

이때 [그림 5-9]에서 G_2는 0.25이다.

따라서 상당 열저항치는 각각 다음과 같다.

$$R_{ga} = \frac{G_3 - G_1}{K_g} = \frac{0.98 - 0.65}{1.97} = 0.168(\text{h·m·℃})/\text{Kcal}$$

$$R_{gm} = \frac{G_1 - G_2}{K_g} = \frac{0.64 - 0.25}{1.97} = 0.203(\text{h·m·℃})/\text{Kcal}$$

$$R_{gd} = \frac{G_2}{K_g} = \frac{0.25}{1.97} = 0.127(\text{h·m·℃})/\text{Kcal}$$

5.6 지열 히트펌프 순환수 온도

지중 열교환기 길이(L_c, L_h)를 계산하는 데에는, 여러 가지 인자가 영향을 미친다. 여기에는 건물의 냉방과 난방 에너지 데이터가 있고, 지중 데이터 중에는 초기 지중온도, 그리고 지중열전도율이 있으며, 히트펌프 유니트 관련요소로서 히트펌프로 유입되는 지중순환수 온도가 있다.

지중 순환수의 온도는 초기 지중온도(t_g)에서 지중에 저장되거나 추출하여 이용하는 열량과 열저항의 관계에서 구해진다. 이러한 지중 순환수는 지중에 저장되는 열량에 따라 연속적으로 변화한다. 동절기에 비슷한 값을 유지하고, 하절기에 비슷한 값을 유지하는 것이 아니라, 현재의 지중 순환수 온도에서 열량과 열저항의 비를 더하거나 뺀 값으로 계속 변화한다.

설계에서 EWT는 EWT_{max}와 EWT_{min}으로서, EWT_{max}는 하절기에 냉방운전을 수행할 때 히트펌프 유니트로 들어가는 순환수 온도의 상한 값이고, EWT_{min}은 동절기 난방운전 시에 히트펌프로 유입되는 순환수의 하한 값이 된다. 설계 단계에서

정한　EWT_{max}와 EWT_{min}은 지중 열교환기의 수명 주기 동안 또는 목표 설계 기간 동안에 히트펌프로 유입되는 EWT값의 상한과 하한 값으로서 두 값 사이에서 유지됨을 뜻한다.

지중온도에 가까운 EWT를 선택하면 시스템의 효율은 증가하지만 지중 열교환기의 길이는 길어진다. 즉 운영비용에서 이익이지만, 초기 투자비용은 증가하게 된다. 반대로 EWT와 지중온도의 차이가 커지면, 지중 루프의 길이는 감소시킬 수 있다. 즉 지열 히트펌프 시스템의 지열펌프는 효율은 감소하지만, 초기 투자 비용을 줄일 수 있다.

일반적으로 냉난방시 EWT와 t_g와의 관계를 다음과 같이 설정하면 열펌프의 효율과 천공비용을 모두 고려하여 지중 열교환기의 길이를 결정할 수 있다. 국내에서는 지열 히트펌프의 RT당 단가를 정하는 경우가 많으며, 이러한 경우에는 허용하는 EWT 범위 내에서 RT당 단가를 맞추도록 조정될 수 있을 것이다. EWT의 초기 추정값을 정하는 방법이 IGSHPA와 Kavanaugh에 의하여 제안되었다. 이러한 방법은 초기 추정에 사용하는 값의 선정을 위해 이용될 수 있는 방법으로서, 지중 열교환기 설계 프로그램을 통하여 정확도가 높은 EWT값을 결정할 수도 있다.

> **▶ 지중온도기준(Kavanaugh)**
>
> 냉방시 coax coil로 유입되는 유입수의 입구온도 : $(t_{wi})_c = t_g + (14 \pm 3)\,℃$
>
> 평균 지중온도 보다 11℃~17℃ 높은 온도
>
> 난방시 coax coil로 유입되는 유입수의 입구온도 : $(t_{wi})_h = t_g - (8.5 \pm 2.5)\,℃$
>
> 평균 지중온도 보다 6℃~11℃ 낮은 온도

 **[참고] 지중온도 또는 최고·최저 외기온도를 기준으로 결정하는 입구온도(EWT)**

Alabama 대학(Kavanaugh) (지중온도기준)	Oklahoma 대학(IGSHPA) (외기온도 기준)
*여름철 냉방시 최고 입구온도 $(t_{wi})_c = t_g + (14 \pm 3)\,℃$ $\qquad = t_g + (25 \pm 5)\,℉$	*여름철 냉방시 최고 입구온도 $(EWT_{max})_c$=가장 더운 달의 최고 외기온 $-(8.5 \pm 2.5)\,℃$ 최고 외기온 $+(35 \pm 5)\,℉$ 또는 100℉
*겨울철 난방시 최저 입구온도 $(t_{wi})_h = t_g - (8.5 \pm 2.5)\,℃$ $\qquad = t_g - (15 \pm 5)\,℉$	*겨울철 난방시 최저 입구온도 $(EWT_{min})_h$=가장 추운 달의 최저 외기온 $+(19.5 \pm 2.5)\,℃$ 최저 외기온 $-(15 \pm 2)\,℉$ 또는 -4℃중에서 택일

Oklahoma대학의 외기온도 기준과 Alabama대학의 지중온도 기준을 토대로 하여 설정한 초기 입구온도를 요약하면 <표 5-4>과 같다.

〈표 5-4〉 지중 온도 비교

온도범위(℃)	11	17	22℃	비 고
$(EWT_{\max})_c$	35-(6~11) =24~29℃			최고 외기온도 35℃
$(EWT_{\min})_h$			-20+(17~22) =-3℃~2℃	최저 외기온도 -20℃
$(t_{gwi})_h$	10-(6~11) =-1℃~4℃			겨울철 $t_g = 10$℃
$(t_{gwi})_c$		13℃+(11~17) =24~30℃		여름철 $t_g = 13$℃

단, 최고·최저 외기온이 각각 35℃와 -20℃이고, 여름철과 겨울철의 지중온도가 각각 13℃와 10℃라고 가정할 때 Oklahoma대학 기준과 Alabama대학 기준을 토대로 해서 산정한 순환수 코일에서의 EWT는 유사하다. 이에 비해 출구온도(t_{wo})는 루프 내 순환수의 유량, 지열 히트펌프 용량 및 전력 소비량에 따라 달라진다.

5.7 지중 열교환기 수계산 사례

본 예제는 Kavanaugh와 Rafferty의 Ground-Source Heat Pumps Design of Geothermal Systems for Commercial and Instititional Buildings에 소개된 예제이다. 대상 건물은 7개 zone으로 구성되어 있고 총면적이 1,208m²이며, 냉난방에 필요한 지중 열교환기의 총 길이를 구하는 것이 목적이다.

대상건물 : 면적 604 m² × 2층 = 1,208m²
구역(zone) 1층 : 4 zone
        2층~3층 : 7개 zone
지중 초기온도 : t_g = 16.7°C

<표 5-5>은 각 구역별 설계일의 냉방부하와 연간 상당 냉난방시간을 나타낸 표이다.

- 초기 EWT 선정 : 29.4℃/10℃

  - $(t_{wi})_c = t_g + (14 \pm 3)℃ = 16.7 + (14 \pm 3) = 27.2℃ \sim 33.7℃$

  - $(t_{wi})_h = t_g - (8.5 \pm 2.5)℃ = 16.7 - (8.5 \pm 2.5) = 5.7℃ \sim 10.7℃$

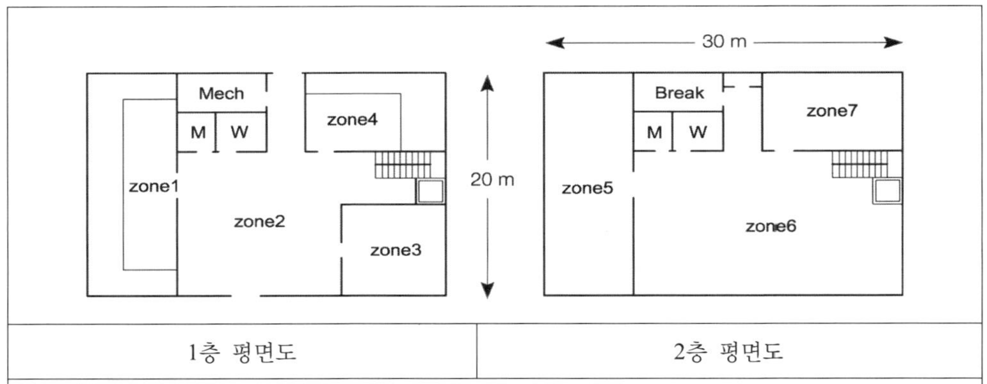

[그림 5-10] 사무실 빌딩의 평면도

<표 5-5>와 <표 5-6>에서 지열펌프의 난방부하(T_H)와 냉방부하(T_C) 및 기타 전기 동력장치(압축기, fan 등)의 소요전력은 지열 히트펌프 유니트 제조사의 카탈로그에 명시된 자료이다.

<표 5-6>의 최대설계 냉방부하시 PLF는 각 구역별 설계 냉방 부하(12 am~4 pm 기간의 값)를 선정한 지열펌프의 TC로 나눈 값이고, 실제 전기동력 장치의 가동 시간은 kW×PLF로 구한다.

<표 5-7>의 냉방부하(RT)는 <표 5-6>의 각 구역별 최대 냉방부하로서 zone 1의 경우 : -22.4 Mcal/h, zone 3의 경우 : -11.6 Mcal/h, zone 5의 경우 : -22.7 Mcal/h 을 3.024Mcal/h로 나눈 RT(ton) 값이다.

<표 5-5>과 <표 5-6>를 이용하여 월간 평균 부분부하율(PLFm)을 구하면

$$PLF_m = \frac{-77.3 \times 4h - 86.1 \times 4h - 31.8 \times 4h}{-86.1 \times 24h} \times \frac{5일}{7일} = 0.27 \text{이다.}$$

지금 선정한 지열 히트펌프의 평균 EER과 COP가 각각 3.58 kcal/W·h와 4.05일 때 지중코일을 통해 연간 지중으로 유출입된 열량(q_a)은

$$q_a = \frac{-34.994 \times \left(\dfrac{(3.58 + 0.86)}{3.58}\right) + 7{,}335 \times \left(\dfrac{4.05 - 1}{4.05}\right)}{365 \times 24 hr}$$

$$= -4.3 \text{tons} ≒ -13{,}000 \text{ kcal/h이다.}$$

연간 약 -13,000 kcal/h의 지열이 지중으로부터 히트펌프 유니트로 추출되어 이용되기 때문에 초기의(비교란) 지중열은 약간 하강한다.

GSHP의 운영시 사용한 총 전력량은 <표 5-6>에 제시된 바와 같이 23.1 KW (6.6RT)정도이고, 최대 냉방부하(q_{lc})는 -86.1 Mcal/h이다. 즉 상기 건물에 필요한 총 냉방부하는 37ton이고, 난방부하는 20.3ton 규모이다.(<표 5-7>참조)

〈표 5-5〉 건물 내 각 zone별 설계일의 냉방부하와 연간 상당 냉난방 시간

구역 (zone)	설계 냉방부하(Mcal/h)			난방부하 (Mcal/h)	연간냉방 시간(hr)	연간난방 시간(hr)
	8am–12pm	12–4pm	4pm–8pm			
1	-15.6	-22.4	0	9.1	1125	350
2	-14.6	-21.4	0	4.5	1200	110
3	-11.6	-9.1	-5.3	9.6	1050	220
4	-6.6	-4.5	-3.8	6	760	540
5	-5.0	-9.1	-22.7	13.4	450	350
6	-15.6	-14.1	0	10.6	1080	420
7	-8.3	-5.5	0	8.1	920	480
계l	77.3	-86.1	-31.8	61.3≒20.3RT	약 1,100	약 400

냉방 형식에서 (t_{wi})c = 29.4℃

난방 형식에서 (t_{wi})h = 10℃를 근거로 한지열펌프의 성능표는 <표 9-9>와 같다

Huntville의 평균 지중온도; (t_g) = 16.7℃

 〈표 5-6〉 최대 블록 냉방부하(TC와 KW, Mcal/h)

| zone | 설계 냉방부하(Mcal/h); | | | 29.4℃ EWT | | 최대설계 냉방부하시 | PLFX kW | 비고 |
| | 8-12am | 12-4pm | 4-8pm | 지열펌프 | | | | |
				TC	kW	PLF		
1	-15.6	-22.4	0	-23.5	6.4	0.95	6.1	-22.4/-23.5=0.95
2	14.6	-21.4	0	-23.5	6.4	0.91	5.8	
3	-11.6	-9.1	5.3	-11.6	3.2	0.78	2.5	
4	-6.6	4.5	-3.8	7	1.86	0.65	1.2	-4.5/-7=0.65
5	-5	-9.1	-22.7	-24.5	6.4	0.39	2.5	
6	-15.6	-14.1	0	-198	5.1	0.71	3.6	
7	-8.3	-5.5	0	-8.6	2.2	0.64	1.4	-5.5/-8.6=0.64
계	-77.3	-86.1	-31.8	-118.5			23.1	

118,500/3,024≒39RT   86,100/3.024=28.5RT

〈표 5-7〉 GHEX에 작용하는 연간 냉방부하(ton)와 시간

내용 zone	냉방시간 (hr)	냉방부하 (ton)	냉방 ton-hr	난방시간 (hr)	난방부하 (ton)	난방 ton-hr	비고
	1125	-7.4	-8325	360	3	1080	peak 부하시 0.5Mcal/h -22.4/3.024=-7.4, 9.1/3.024=3
2	1200	-7.1	-8520	110	1.5	165	-
3	1050	-3.8	-3990	220	3.2	704	
4	760	-2.2	-1672	540	2.0	1080	-6.6/3.024=-2.2
5	450	-7.5	-3375	350	4.4	1540	-22.7/3.024=-7.5, 13.4/3.024=4.4
6	1080	-5.2	-5616	420	3.5	1470	-
7	920	-3.8	-3496	480	2.7	1296	8.1/3.024=2.7
계		37	-34, 994		20.3	7.335	

지중 열교환기의 길이를 결정할 때 최종적으로 필요한 입력 자료는 온도다. 즉,

지중온도(t_g)=16.7℃

입구수온(t_{wi})=29.4℃(선택한 설계치)

출구수온(t_{wo})=29.4+5.6=35℃

<표 5-5>에 제시된 바와 같이 RT당 유량이 11.34 lpm일 때 냉방형식에서 루프 내 순환수 입구 온도와 출구온도의 차는 약 5.6℃이다.

주변 보어홀의 영향으로 인하여 장기적인 온도간섭 즉 지중 보상 온도(t_p ; temperature penalty)는 -17℃를 사용한다(이 값은 추정치로서 추후 재검증이 되어야 한다.).

앞에서 언급한 제반 설계 조건하에서 지열펌프로 유입되는 순환수의 입구온도가 29.7℃가 되도록 유지시킬 수 있는 소요천공 길이를 (5.28)식을 이용하여 구하면 다음과 같이 약 2,133 m이다.

$$\text{설계조건} \ : \ q_a = -13{,}000\text{Kcal/h}, \ q_{lc} = -86{,}100\,\text{Kcal/h}, \ KW = 23.1$$

$$R_b = 0.0735, \ PLF_m = 0.27, \ R_{ga} = 0.168 \ \ t_{wi} = 29.4℃, \ t_{wo} = 29.4 + 5.6 = 35℃$$

$$R_{gm} = 0.203, \ R_{gd} = 0.127, \ F_{sc} = 1.02$$

$$L_c = \frac{[-13 \times 0.168 + (-86.1 - 0.86 \times 23.1)(0.0735 + 0.27 \times 0.203 + 0.127 \times 1.02)] \times 1000}{16.7 - \dfrac{29.4 + 35}{2} - (-1.7)}$$

$$= 2{,}133\,\text{m}$$

수직천공 간의 거리가 6.0m(20ft)일 때 (t_p)을 계산해 보자. 이 뜻은 수직천공의 중심에서 3.0m 밖으로 방출된 열은 모두 6.0m 반경의 원통형 실린더(hollow cylinder)체적 내에 저장되어 있어야 한다는 뜻이다. 이와 같이 6.0m 반경의 원통형 실린더 체적 내에 저장된 저장 및 추출 열량 때문에 결국 초기 지중온도는 상승 또는 하강하게 된다. 1단계로 천공 중심에서 3.0m 이상 확산된 열량을 계산해 보자.

지중 열교환기 외부구간(3m, 4.6m 등)은 주변 U-tube가 열확산을 방해하지 않는 경우에 일반적으로 열을 저장할 수도 있는 원통형 실린더이다.

내경 3.0m와 외경 4.6m 사이의 원통형 실린더 내에 저장된 열량은 용적 열용량(ρCV)과 Δt 곱해서 구할 수 있다.

$$\therefore \ \rho CV \cdot \Delta t \ \cdots\cdots\cdots\cdots\cdots\cdots\cdots\cdots\cdots\cdots\cdots\cdots\cdots\cdots\cdots\cdots\cdots\cdots\cdots \ (5.32)$$

여기서 Δt : 반경 3.8m(3.0m와 4.6m의 중간지점)에서 온도변화를 계략화 시킬 수 있다.

원통형 실린더의 반경이 7.6m가 될 때까지 반복연산을 한 다음 모든 실린더 내에 저장된 전체 축열량을 합산한다.

각각 6.0m씩 떨어져 설치되어 있는 4개의 U-tube에 의해 둘러쌓여 있는 단일 U-tube의 온도변화 상승을 알아보기 위해서는 전술한 바와 같이 (5-36)식을 사용한다.

$$t_{p1} = \frac{Q_{stored}}{\rho \cdot C \cdot d_{sep}^2 \cdot L} \quad \text{...} \quad (5.33)$$

1개단일 U-bend 주변 암체의 온도변화를 계산할 수 있다 이 방법을 이용하여 지중온도 변화를 계산해 보기로 하자.

지중으로 연평균 방열되는 열량(q_a)과 10년 1개월(3,680일) 동안의 시간 간격을 사용한다.

1) 이를 위해 수직공 중심에서 3.8m(3m와 4.6m의 중간지점) 떨어진 지점에서의 온도변화는 다음과 같이 계산한다. 즉,

$$X_1 = \frac{r}{2\sqrt{\alpha t}} = \frac{3.8}{2\sqrt{0.07 \times 3,680}} = 0.2 \text{ 이고, } X = 0.12\text{일 때 IX} = 1.8\text{이다.}$$

따라서 천공사이의 온도 간섭현상으로 발생한 지온변화(Δt)는

$$(\Delta t)_1 = \frac{q_a \times I(X)_1}{2\pi K_g L} = \frac{-13,000\text{Kcal/h} \times 1.8}{(2\pi \times 1.97 \times 2,133\text{m})} = -0.89℃$$

2) $r^2 = 5.3$m(4.6m와 6.0m의 중간지점)일 때에는

$$X_2 = \frac{5.3}{2\sqrt{0.07 \times 3,680}} = 0.165 \text{이고, 이때 } X_2 = 1.6\text{이므로}$$

$$(\Delta t)_2 = \frac{-13,000 \times 1.6}{(2\pi \times 1.97 \times 2,133)} = -0.79℃ \text{ 이다.}$$

3) 또한 $r^3 = 6.8$m(6m와 7.6m의 중간 지점) 일 때 $(\Delta t)_3 = -0.64℃$ 가 된다.

따라서 (9.12)식을 상술한 3개의 원통형 실린더에 적용한다.

지금 $K = \rho C \cdot \alpha$이므로

$$\rho C = \frac{K}{\alpha} = \frac{1.97\text{Kcal/h} \cdot \text{m} \cdot ℃ \times 24h/d}{0.07\text{m}^2/\text{day}} = 675.4\text{Kcal/m}^3 \cdot ℃$$

또한 $Q = \rho C \pi (r_o^2 - r_i^2) \cdot L_c \cdot \Delta t$ 이를 이용하여 축열량(Q_{stored})을 구하면 그 결과는 <표 5-8>와 같다.

〈표 5-8〉 축열량(Qstored)계산 결과

r(m)		$\rho C_p \pi (r_o^2 - r_i^2) \cdot L_c$	Δt (℃)	QSlored (106Kcal)
r_o	r_i			
4.6	3	$675.4 \times \pi \times (4.6^2 - 3.2^2) \times 2{,}133 = 55 \times 10^6$	-0.89	-48.9
6	4.6	$675.4 \times \pi \times (6^2 - 4.6^2) \times 2{,}133 = 67.13 \times 10^6$	-0.79	-53
7.6	6	$675.4 \times \pi \times (7.6^2 - 6^2) \times 2{,}133 = 98.4 \times 10^6$	-0.64	-63
				-164.9

즉 10년 동안 지중으로 방열된 총열량은 -164.9×10^6 Kcal/h이고, 이때 반경 6m의 지중 원통형 실린더 내에서 온도변화를 (5.36)식으로 구해보면 다음과 같다.

$$t_{p1} = Q_{stored} / \rho \cdot C \cdot d_{sep}^2 \cdot L$$

$$= 167.9 \times 10^6 \text{Kcal/h} \div [675.4 \text{Kcal}/(\text{m}^3 \cdot \text{℃}) \times (6\text{m})^2 \times 2133\text{m}] = -3.2\text{℃}$$

1개 수직천공 주변에 4개의 수직공이 설치되어 있을 때 이들로 인한 지중 온도변화는 -3.2℃였으나, 해당 공 주변에 4개 이하의 수직공이 설치되었을 경우에 온도가 어떻게 변하는지 알아볼 필요가 있다.

지금 소요 수직천공의 총길이가 2,133m이므로 천공수에 따라 천공심도는 다음과 같이 27공×79.0m/공, 28공×76.2m/공 또는 30공×71.1m으로 설치할 수 있다. 즉 시스템 내에서 순환하는 순환수의 유량에 알맞게 여러 개의 수직천공을 설치할 수 있다. 방열 순환시에는 2개의 수직공을 설치할 수 있기 때문에 이 경우 28개 또는 30개 공이 필요하다. 만일 30개의 수직공을 5열×6행으로 설치하고 수직공 간격을 6.0m로 취했을 때 총 소요면적은 약 720m^2(24m×30m)가 된다.

이 경우에 주변에 4개 수직공이 소재한 공은 12개공이, 주변에 3공 및 2공으로 둘러쌓인 공은 각각 14개공과 4개공이다.

이때 주변공에 의한 장기적인 지중 온도간섭 변화치(t_p)는

$$t_p = \frac{12 + 0.5 \times 14 + 0.25 \times 4}{5 \times 6} \times t_{p1} = 0.63 \times (-3.2) = -2.0\text{℃ 이고,}$$

이때 필요한 전체 천공길이(L_c)는

$$L_c = \frac{(13 \times 0.168 + (-86.1 - 0.86 \times 23.1)(0.0735 + 0.27 \times 0.203 + 0.127 \times 1.02)) \times 1{,}000}{16.7 - \dfrac{29.4 + 35}{2} - (-2.0)}$$

$$= 2{,}185 \, \text{m 이다.}$$

　　상기 값은 지하수의 거동이 미미하고 지중 루프(지중코일) 설치구간으로 물이 수직 침투되지 않았을 때의 필요한 천공길이이다. 그러나 만일 지하수의 흐름율이 큰 경우에는 유동 지하수 때문에 실린더 내에 저장된 열이 다른 곳으로 이동된다. 이때 주변공에 의한 지중 온도 변화치(penalty)는 훨씬 감소될 것이다. 이러한 현상을 고려한 간단한 계산방법으로는 1년 정도의 단기간 동안 열에너지 변화를 계산해 보면 된다.

　　이 경우에 $t_1=3,680$일 대신에 $t_1=365$일로 바꾸면 $t_p=-0.72℃$가 되고 $L_c=1960m$가 된다.

　　동일한 방법으로 난방시 필요한 수직밀폐형 지중 열교환기의 총길이(L_H)를 구할 수 있다.

01 다음 용어에 대하여 정리하시오.

　　가) 지질도

　　나) 지반 주상도

　　다) 지하수위

　　라) 로터리 보오링

　　마) 보어홀 및 보어필드

02 단단한 암반으로 구성된 관정 내부에 고인 물을 순환시켜서 지중에 저장된 열을 이용하거나 지중에 열을 저장하는 지중 열교환기의 명칭은?

03 시추시 생성되는 분쇄물이나 암편, 그리고 시추시 생성되는 슬러리를 그라우트 재료로 사용할 수 있는가?

04 지표로부터 그라우트 재료를 부어 넣은 방법은 지중 열교환기 그라우트 작업에 적합한가? 아니면, 지중 열교환기에 적합한 그라우트 시공방법은 무엇인가?

05 그라우팅 구간에서 건조해져서 수축현상이 발생하는 경우에 대비하여 취할 수 있는 대책은?

06 벤토나이트 그라우트는 제조업체가 추천한 방법으로 시공한다. (O, X)

07 시멘트 그라우트는 벤토나이트 그라우트에 비하여 염분에 강하다. (O, X)

08 그라우팅 공정에서 그라우트 재료를 관정 바닥으로 밀어내는 데 사용하는 트레미 파이프의 직경은 최소한 25mm이다. (O, X)

09 수직밀폐형 지중 열교환기를 천공하는데 에어 로터리(Air Rotary) 보오링 방식 (Drilling Method)이 널리 사용된다. (O, X)

10 그라우트 작업은 용적식 펌프를 사용한다. 그라우트 작업에서는 일반적으로 전단력이 심하게 작용하는 원심식 펌프는 사용하지 않는다. (O, X)

11 건조 상태에서 벤토나이트 그라우트는 심하게 수축하게 된다. (O, X)

12 염분이 있는 지역에서는 벤토니이트 입자가 응집하게 되며, 이로 인하여 방수 기능을 저하된다. (O, X)

13 그라우트 펌프는 트레미 파이프 내부에서 발생하는 압력손실을 충분히 극복할 수 있는 주입압으로 공급하여야 한다. (O, X)

14 그라우팅 공사 순서는 천공 바닥까지 트레미 파이프를 설치하고 그라우트를 적절하게 배합하고, 그라우트 슬러리를 트레미 파이프를 통해 공내 공간으로 주입하고, 트레미 파이프를 조심스럽게 천공 밖으로 인양한다. (O, X)

15 지중 열교환기의 개수가 많은 경우에 여러 개씩 그룹(bore field)을 구성한다. 이때 그룹 간에 유량의 균형을 유지하여야 하며, 그 차이가 10%이내로 유지한다. (O, X)

16 지중 열교환기측 헤더에서는 지중 열교환기 그룹별로 플러싱과 퍼징을 수행할 수 있도록 밸브와 포트를 마련하여야 한다. (O, X)

17 시추공의 휨은 보어홀의 심도가 깊어질수록 필연적으로 발생한다. 이러한 천공에서의 기하학적인 오차는 진직도(straightness)와 수직도(plumbness)로 나타내며, 단면에서는 진원도(round-ness)로 표시한다. (O, X)

CHAPTER 6

건물의 부하와 에너지

핵심요약

　냉방을 수행할 때에는 건물 내부의 에너지가 히트펌프 유니트와 지중열교환기를 거쳐 지중으로 저장되며, 난방을 수행할 때에는 지중에 저장된 에너지가 지중열교환기와 히트펌프 유니트를 거쳐서 건물 내부로 이동되어 이용된다.

　건물이 사용하는 에너지량에 따라, 냉방을 수행할 때 지중에 저장되는 양과 난방을 수행할 때 지중에서 추출하여 이용하는 양이 결정된다. 이와 같이 건물의 부하와 에너지에 따라서 지열히트펌프 시스템에서 장비를 선정하고 지중열교환기의 설계를 수행하게 되므로, 건물의 부하와 에너지 자료는 지열히트펌프 시스템의 기본적인 자료가 된다. 건물을 사용하는 방식과 냉난방 시스템의 운전 방식등 여러 가지 요소가 건물 에너지 데이터에 포함되나, 국내에서는 건물의 에너지 분석이 널리 보급되어 있지 않다.

　이 장에서는 지열히트펌프 시스템의 기본적인 데이터가 되는 건물의 부하와 에너지 계산에 대하여 다루며, 건물의 냉난방 부하와 부하 계산절차, 건물의 에너지 계산 방법과 에너지 계산 프로그램 그리고 이를 활용한 에너지 비용을 계산하는 방법을 다룬다.

06 건물의 부하와 에너지
CHAPTER

　　냉방과 난방 최대 부하 계산은 건물의 냉난방 시스템과 이와 관련된 부품을 설계하는 중요한 기본 단계이다. 계산한 부하 값은 지열히트펌프 시스템의 장비 선정에 직접 관련이 있다. 히트펌프 유니트, 순환펌프, 배관 및 덕트 등 대부분의 구성 요소의 선정 및 설계의 기반이 된다. 냉방과 난방 부하 계산 값은 설비의 초기 비용을 결정하며, 냉난방 등 공조 시스템의 설계는 건물의 냉난방 에너지 비용, 유지 비용, 그리고 쾌적도에 큰 영향을 미치게 되며, 이는 재실자의 생산성에도 큰 영향을 미치게 된다.

　　냉방과 난방 최대 부하는 정해진 조건에서 실내 환경을 유지하기 위해 필요한 에너지를 추가하거나 제거하는 시간에 대한 비율로 나타낸다.

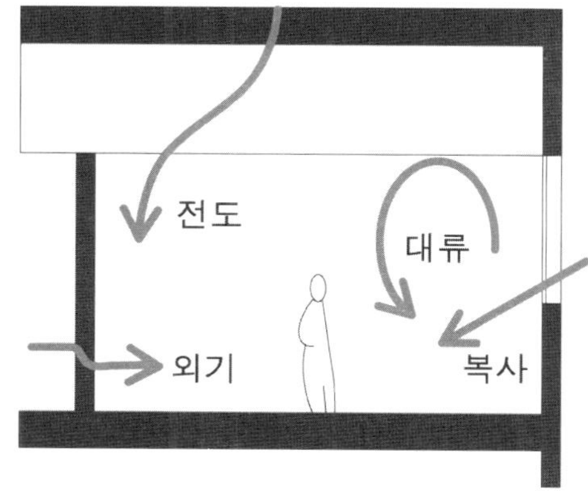

[그림 6-1] 외부 부하 형태

건물의 냉방과 난방 시스템은 이를 원활하게 수행하도록 설계하고 장비를 선정하고 제어한다. 실제로 어느 시점에 필요한 냉방과 난방 부하는 크게 변화하며, 외기 온도등과 같은 외부 인자나 재실자 수와 같은 내부 인자에 따라 영향을 받는다. 외부 여건에 의한 부하는 외벽, 창호, 바닥, 지붕 등의 외피를 통하여 열전달이 발생하고 [그림 6-1]과 같이 복사, 전도, 대류 및 외기의 형태로 구분할 수 있다.

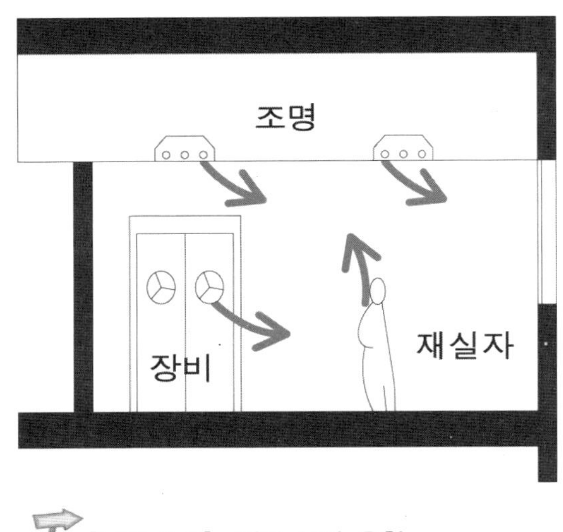

[그림 6-2]   내부 부하 유형

부하의 내부 인자를 살펴보면, [그림 6-2]와 같이 재실자, 조명장치, 그리고 컴퓨터 등을 포함하는 기타 장비의 발열 등 세 가지 주요 요소로 구분할 수 있다. 이러한 내부 인자로 인한 발열이 증가하면, 냉방 설계 부하는 증가하게 된다.

장비선정이나 설계에 필수적인 최대부하계산을 위하여 여러 가지 방법이 사용되어 왔다. 종전에 수작업으로 계산이 가능한 방법에서부터 스프레드시트 프로그램을 이용한 간단한 계산 그리고 많은 계산이 필요한 방법까지, 컴퓨터 기술의 발전에 따라서 부하계산 방법도 변화하여 왔다.

최근 ASHRAE Handbook에서는 열평형 방법(Heat Balance Method)과 복사 시계열 방법(Radiant Time Series Method)이 주요한 최대 부하계산 방법으로 소개되고 있다. 열평형(HB) 방법은 변환 절차 없이 문제를 직접 푸는 방식으로서, 임의의 인자를 도입하거나, 다른 가정을 도입하지 않는다. 반면에 복사시계열(RTS) 방법은 열평형 방법을 단순화 시킨 방법이며, 기존의 다른 단순화된 부하계산 방법을 대체하고 있다.

ASHRAE는 열획득을 정확하게 계산하기 위하여 TFM(Transfer Function Method)을 도입하였다. TFM은 본래 에너지 분석을 위해서 개발되었으며, 그 계산 절차가 복잡하다.

TETD(Total Equivalent Temperature Differential Method with Time Averaging, TETD/TA)방법은 1967년에 ASHRAE Handbook에 소개되었으며, 수계산을 목적으로 개발되었으나, 컴퓨터를 이용한 분석에 적용이 적합하다고 볼 수 있다. CLTD(Cooling Load Temperature Differential Method with Solar Cooling Load Factor, CLTD/CLF)방법은 TFM과 TETD방법을 더욱 단순화한 방법으로서, 여러 단계를 거치지 않고 한 단계만을 통하여 개략적인 냉난방 부하를 구한다. 위의 방법은 여러 가정이나 데이터의 분석에서 설계엔지니어의 판단이 많이 개입되어 경험이 있는 설계엔지니어가 정확한 분석을 수행할 수 있다. 이에 비하여 HB법이나 RTS법은 주관적인 입력에 덜 의존한다. 그러나 최신 방식에서도 설계 엔지니어의 판단은 정확한 부하계산에서 중요한 역할을 담당하고 있다.

냉방 부하는 내부 열원이나 시스템 구성요소로부터 건물 외피를 통하여 전도, 대류, 복사 열전달 과정을 통하여 생긴다. 냉방 부하에 영향을 미치는 인자는 다양하고 복잡하며, 이를 건물의 요소 별로 정리하면 다음과 같다.

- 외부요소 : 벽, 지붕, 창호, 문, 파티션, 천정, 바닥
- 내부요소 : 조명, 재실자, 기기 및 장비
- 침기요소 : 공기 누설 및 수분 이동
- 시스템요소 : 외기, 덕트 누설 및 열획득, 재가열, 팬과 펌프 에너지, 에너지 회수

위와 같이 냉방 부하 계산에 관련된 인자는 매우 많으며, 복잡하게 연계되어 있다. 냉방과 관련 있는 요소는 하루 24시간 동안에도 냉방부하에 기여하는 값이 크게 변한다. 각각의 구성 요소에서 부하의 변화는 위상차가 발생하므로, 각각의 구성요소를 분석해야 한다.

여러 개의 존(Zone)으로 구성된 시스템은 설계일 동안에 동시 존 부하의 시간

별 합계 값 중에서 가장 큰 값보다는 작은 냉방부하 용량을 공급한다. 그러나 각각의 존에서 발생하는 시간대에서 최대부하를 공급할 수 있도록 존의 공조시스템을 설계해야 한다.

1) 공간 열획득

공간 열획득율은 어느 공간으로 유입되거나 또는 공간에서 발생되는 열량을 나타낸다. 열획득은 공간으로 유입되는 모드에 따라서, 그리고 잠열인지 현열인지에 따라서 구분한다. 열이 유입되는 모드는

① 투명한 표면을 통한 태양열의 복사
② 외벽과 지붕을 통한 열전도
③ 천정, 바닥 및 내벽을 통한 열전도
④ 재실자, 조명, 장비로 인한 공간에서의 발열
⑤ 환기나 침기를 통하여 이루어지는 외기로부터 열유입
⑥ 기타 열획득

으로 구분할 수 있다. 현열은 전도, 대류 및 복사를 통하여 공간으로 유입되며, 잠열은 공간으로 유입되는 수분에 의하여 발생하며, 외기를 통하여 유입되거나, 재실자 또는 장비에서 배출된다. 공간의 습도를 일정하게 유지하기 위해서는, 냉방 장치 표면에 응축되는 수분을 제거하게 되며, 공간으로 유입되는 양만큼 제거해야 해야 한다. 냉방 장치를 선정할 때에는 현열과 잠열를 제거하는 능력이 다르며, 일반적으로 비율로 표시하며 이를 현열비라고 한다.

2) 복사 열획득

복사 에너지는 공간을 구성하는 표면(벽, 천정, 바닥)이나 물체(가구 등)에 먼저 흡수된다. 벽이나 표면의 온도가 주변 공기온도 보다 높아지면, 저장된 열이 대류에 의해 다시 공기 중으로 전달된다. 이러한 벽이나 물체의 열저장능력으로 인하여 유입되는 복사 에너지 입력에 대해 벽면온도가 상승하는 비율이 결정되며 복사 에너지획득과 공간 냉방부하의 관계를 결정하게 된다. 순간 열획득률과 냉방부하의 차이는 열저장 효과에 기인한다.

3) 공간 냉방 부하

공간의 공기 온도와 습도를 유지하기 위하여 공간에서 제거해야 하는 현열과 잠열의 열량을 가리킨다. 어느 주어진 순간의 열획득량의 합은 동일한 시간에서의 공간의 냉방 부하와 같지 않을 수 있다.

4) 공간 열제거율

공간의 공기온도와 습도가 일정한 경우에 공간에서 제거되는 현열과 잠열의 합은 공간의 냉방부하와 같아진다. 냉방 장치의 간헐적인 운전으로 인하여, 제어 시스템에서 실내 공기 온도가 약간씩 주기적으로 변화하거나, 습도가 변하는 경우가 발생한다.

5) 냉방 코일 부하

하나 이상의 공간을 담당하는 냉방 코일에서 제거하는 에너지의 합은 해당하는 공간의 순간 공간 냉각 부하의 합에 시스템부하를 더한 값이다. 여기서 시스템의 온도와 습도가 변화한다고 가정한다면 순간 공간 냉방부하 대신에 공간 열제거율이 된다. 시스템 부하에는 팬 및 덕트를 통한 열획득, 환기 의무량을 충족하기 위해 냉방 장치로 유입되는 외기의 열과 수분을 포함한다.

건물의 냉방부하는 정확하게 계산을 수행해야 하는데, 모든 부하계산은 안전율을 사용하지 않고 적절하게 수행되어야 한다. 부하 계산의 여러 단계에서 안전율이 중복적으로 적용된다면 비현실적으로 큰 계산 결과가 나오게 된다. 일반적으로 건축재료에서 발생하는 열통과율의 오차, 시공 기술자의 기술 숙련도, 정확하게 예측하기 어려운 침기량 등으로 건물의 부하를 정확하게 계산하는 것은 불가능하다. 설계자가 위에 언급한 예측이 어려운 인자들에 대하여 적절한 방법으로 반영하여도, 계산된 부하는 실제 부하의 예측값으로 볼 수 있다. 설계 단계에서 여러 인자를 가능한 정확하게 적용하여도, 실제 건물에서는 파티션이나 가구, 조명 그리고 배치등을 제대로 예측할 수는 없다. 부하 계산에서는 열균형을 이해하는 엔지니어의 적절한 판단이 필요하다.

태양 열획득이 발생하는 공간에서는 전형적인 난방철에도 해가 드는 시간에는 냉방이 필요한 경우가 자주 발생한다. 건물의 내부 공간에서도 내부 열획득이 큰 경우에도 난방 철에도 냉방이 필요한 경우가 발생한다. 그러나, 주변 공간이 실내 설계 온도보다 훨씬 낮을 때에는, 일사량이 적거나, 비재실시간 이후에도 큰 난방 부하가 발생할 수 있다.

적절한 냉방 시스템의 설계에서는 공간에서 필요한 냉방보다 많은 양이 필요하다. 냉방 시스템의 종류, 환기량, 재열, 팬 에너지, 팬 위치, 덕트 열손실 또는 획득, 덕트 누설, 조명시스템, Return Air시스템의 종류 그리고 현열 또는 잠열 회수 등 시스템 부하와 장비 선정에 영향을 미친다. 시스템 디자인은 현열과 잠열을 모두 반영한다. 현열이 주를 이루는 일반적인 공간에서의 냉방 공급 공기는 제습을 위한 여유 열량을 더 갖는 것이 일반적이다. 강당등과 같은 잠열이 중요한 공간에서는 현열 부하를 근거로 계산한 공급 공기량은 제습에 충분하지 못하며, 과냉이나 재열등과 같은 다른 제습 공정이 필요하다.

여러 존을 공급하는 AHU등과 같이 여러 구역을 담당하는 경우에는 다음과 같은 내용을 고려한다.

① 부하가 동시에 발생하는 집중 효과
② 재실자, 조명, 및 기타 내부부하에서 열획득량의 분산 효과
③ 환기
④ 기타 특수한 조건

한 개 이상의 공조시스템이 적용되는 대규모 건물에서는 동시부하와 더불어 부하패턴의 다양성이 함께 고려되어야 한다.

6.2 건물 냉난방 부하의 종류

난방과 냉방 시스템의 자세한 설계는 여러 단계의 작업을 수행한다. 만족할 만한 수준의 시스템 성능을 확보하기 위하여 모든 단계가 중요하다. 특히 냉난방 부하의 예측은 대단히 중요하며, 다른 설계에 큰 영향을 미치게 된다. 그 중에서 설계 부하는 가장 기본적인 계산이다.

본 장에서는 냉난방 부하 이외에도 다른 두 가지 유형의 부하에 관하여 논의할 것이다. 에너지 부하와 지중 부하이다. 각각의 부하의 목적은 다음과 같다.

설계 부하(Design Loads)는 시스템의 장비를 분류하고 선택하는 것과 공기 분배 시스템을 설계하는 데 사용된다. 설계 부하는 주어진 장소에서 표준이나 통용되는 조건(일반적으로 설계일 조건)에 근거를 두고 계산한다.

에너지 부하(Energy Loads)는 한 달이나 일 년, 한 계절과 같이 정해진 시간 동안에 시스템을 가동시키는 데에 필수적인 에너지를 예측하는 데에 쓰인다. 기본적인 산출 방법론은 설계 부하와 같을지도 모른다. 그러나 설계 조건 대신에 실제 운전이나 기상 자료가 사용된다.

지중 부하(Ground Loads)는 지중 열원 시스템과 관련이 있다. 즉 지중 열교환기의 크기와 용량을 결정짓는 요소다. 원칙적으로 지중 부하의 계산은 에너지 부하의 계산과 비슷하지만, 냉방모드에는 지중에 열을 방출하고, 난방모드에 지중으로부터 열을 취득하는 것이 다르다.

6.2.1 건물의 유형에 따른 기본적인 설계 부하의 측정

냉방 부하를 계산하기 위한 기본적인 계산은 모든 건물 형태에 동일하게 적용된다. 그러나 최종적인 부하 계산은 건물형태 및 사용유형에 따라 다르게 계산된다. 겨울철 난방부하 계산 절차는 야간 조건 하에서 오로지 건물외피만 고려되기 때문에 모든 건물에서 동일하게 적용할 수 있다. 그러므로 본 장에서는 냉방 부하를 중점적으로 다루고자 한다.

일반적인 건축물의 형태 :
    1. 단독세대주택, 단층 혹은 이층
    2. 다세대:
        a. 아파트
        b. 두세대
        c. Town 주택
    3. 상업 건물, 중소형 및 대형건물

다양한 건물 형태는 서로 다른 난방과 냉방 시스템이 일반적으로 쓰이는데, 각각 다른 기하학적 특징과 냉난방 시스템을 채택하고 있기 때문이다.

단독세대 주택의 형태는 최소 다섯 방향(벽과 지붕 포함), 1층 이상이 될 수도 있다.

냉난방 시스템은 각 방에 일정한 공기 분배와 온도 조절을 위한 자동 온도 조절 장치가 1개 포함되어 있다. 방들은 중앙 공기의 순환으로 각 방 사이에 알맞게 개방되어 있다. 각 층은 독립된 시스템을 가지고 있을 수 있다.

이 형태에서는 모든 방에서 나오는 공기를 혼합하고, 각 방으로 공기를 공급하는 평준화 효과는 다른 건물 유형과 다르다. 각 방에 공급된 공기의 양은 방(실내) 부하에 기초를 두고, 계산과정에서 이를 반영한다.

상업용 건물의 형태는 매우 다양하지만, 비슷한 부하 특성의 공간에 가변적이고 큰 내부 부하로 인해 각 실에서 온도 조절이 필요한 것이 가장 큰 특징이다. 이 공간들은 보통 분리되어, 공간에서 공간으로의 공기 혼합이 제한된다. 그러므로 공간들 사이에서 부하 평준화는 거의 이루어지지 않고, 시스템 설계에서는 각 방의 피크 부하가 필요하다.

다세대 주거 건물은 여러 개의 세대로 구성된다. 이러한 주거 공간은 각 세대가 하나 혹은 두 개의 노출된 벽을 갖게 되는 것과 지붕이 있을 수도 있는 것을 제외하고 독립단독주택과 대부분 같은 특징은 지닌다. 두 개의 벽이 노출될 경우 건물들은 서로 직각으로 교차한다. 각 세대는 중앙 공기분배식 냉난방 시스템을 갖고 있으며 방은 서로 개방되어 있고, 서모스탯으로 조절한다.

이 형태는 독립단독주택과 같은 부하 평준화 효과를 보이지는 않지만, 각 방이 온도 조절을 할 수 있는 일반적인 상업용 건물 유형은 아니다. 그러므로 독립단독가구와 일반적 상업용 건물 사이의 중간적인 부하를 고려해야 한다.

세 가지 범주 중 하나로 정확히 분류하기 어려운 건물도 많다. 독립단독세대라는 호칭에 중요한 것은 동쪽과 서쪽 양쪽의 노출된 벽이 있다는 것이다. 그러므로 노출된 표면들이 특정 방향으로 향할 때 일부 다세대 건축물들이 독립단독주택처럼 계산되어져야 한다. 예를 들면, 노출된 동, 서, 그리고 남 혹은 동, 서, 그리고 북쪽 벽을 갖고 있거나 지붕이 없는 2가구 주택이나 아파트는 독립단독주택처럼 다루어져야 한다.

하나의 독립된 냉/난방 장비를 갖고 있거나 세 개나 그 이상의 노출된 벽으로 구성된 소형 상업건물은 내부 부하를 제외하고 독립단독 건물처럼 다루어져야 한다. 동, 서 노출외벽으로 구성되지 않은 주거 건축물은 다세대 건축물처럼 다뤄져야 한다.

> [예]
> - 동, 서, 남 혹은 동, 서 그리고 북쪽 벽을 가진 2세대 주택과 아파트
> - 동, 서 노출외벽이 같은 구역에 있지 않도록 분리된 주택지구로 분리된 독립단독세대
> - 동쪽과 서쪽 방이 분리되어 적은 구역을 가진 소형 상업용 건물

건물의 유형에 관계없이, 설계 부하는 각 방을 기초로 적당한 양의 공기가 고르게 각 방에 분배될 수 있도록 한다. 적절한 크기를 갖춘 냉난방 장비를 고르기 위해서는 각각의 구역에 최고 혹은 최대부하가 계산되어야 한다. 이 과정은 건물 유형에 따라 달라질 수 있다.

6.2.2 블록 부하

독립단독주택에서 블록부하는 단순하게 모든 방 부하의 합계이다. 만약 주택 각각의 구역이 완전히 분리된 시스템으로 나누어진다면, 각각의 구역 블록 부하는 각 구역에서 모든 방의 부하 합계이다. 만약 주택이 하나의 중앙 냉난방 시스템으로 구역이 나누어진다면 주택의 블록 부하는 그 구역을 하나의 구역으로 계산하여야 한다.

다세대 건축물의 경우에는 각각 방의 부하 총계와 같은 구역부하를 갖는다.

각각 분리된 구조를 가진 아파트는, 각 세대의 부하가 시스템의 크기를 결정한다. 전체 건물을 대상으로 중앙 냉/난방 시스템을 갖춘 경우 완전한 건물의 블록 부하계산이 필요하며 이를 이용하여 중앙 시스템의 크기를 결정한다. 각 세대의 부하는 아파트에 대한 공기분배 시스템과 팬코일의 크기를 결정하는데 필요하다.

상업용 건물은 일반적으로 hour by hour 계산을 수행한다. 이를 통합하면, 각 방, 구역에서부터 건물 전체에 이르기까지 필수적인 모든 정보를 제공한다.

6.3　건물의 냉난방부하 계산

　냉난방 시스템의 검토에는 다음과 같은 세 가지 관점에서 사전에 상세한 검토가 필요하다.

　① 쾌적성(comfort) : 해당 시스템이 연중 쾌적성을 보장하는가?
　② 초기투자 비용 : 해당 시스템의 설치비용은 적절한가?
　③ 운영비 : 현재 및 향후 시스템 운영에 소요되는 비용은 어떤가?

　지열 히트펌프의 운영비는 일반적인 냉난방시설에서 소요되는 운영비용에 비하여 훨씬 저렴하다 그러나 지열 히트펌프의 초기 설치비용이 가스나 유류를 이용한 중앙 집중식 공기 냉난방 설비에 필요한 설치비용 보다 비싸며, 초기 투자비용의 차이는 비교 대상시스템에 따라 달라진다.

　냉난방 시스템의 규격과 용량을 결정하기 위하여 겨울철에 실내에서 외부로 전달되는 손실 열량을 난방부하(heating load)라 하고 여름철에 외부에서 실내로 유입되는(획득) 열량을 냉방부하(cooling load)라 한다. 이들 냉난방 부하를 결정하기 위한 계산을 부하계산이라 한다. 특히 냉난방 부하는 냉난방에 관련된 설비의 용량을 결정하는데 기본이 되는 데이터이다.

　실내를 일정한 온습도로 유지할 때, 실외에서 유입되는 열과 실내에서 발생하는 열을 열취득이라 하며, 실외로 유출되는 열을 열손실이라 한다.

　실내에 주어진 온습도를 유지하기 위해 제거하거나 공급하는 열량을 열부하라 한다. 간헐운전과 같이 장치가 정지 상태에서 기동하여 작동하기까지 더욱 많은 열을 공급하거나 제거해야 한다. 이것을 제거열량이라 한다.

　지열 히트펌프 시스템의 핵심요소중 하나인 지중 열교환기의 설계에서는 냉난방 부하 이외에 냉난방 시스템이 소비하는 에너지량 데이터를 같이 제공하는 것이 일반적이다. 즉 지중 열교환기의 설계에는 냉방 운전시 지중에 방열하는 에너지의 양과 난방 운전시 지중에서 흡수하는 에너지의 양을 제공해야 한다.

6.3.1 난방부하(Heating load)

난방 부하의 계산은 냉방부하의 계산과 같은 방법을 사용한다. 난방부하 계산에 적용되는 조건을 살펴보면 다음과 같다.

- 외기 온도는 난방 설정 온도보다 낮다
- 태양열이나 내부 발열은 무시한다.
- 구조물의 축열 효과는 무시한다.

냉방에 비하여 난방에서 열교 영향이 크므로, 벽이나 지붕의 열전도에서 열교효과를 고려한다. 난방부하 계산에서 사용하는 U인자에 열교 효과가 미치는 영향을 고려한다.

열손실은 축열은 없고 순간적으로 고려하며, 열전달은 전도가 대부분을 구성하며, 잠열은 배기와 외기 급기로 인한 수분의 손실량을 고려하는 부분에서만 적용된다.

난방부하 계산에서는 냉방에 비하여 간단한 방법이 적용되는데, 난방철에 발생하는 시간별 부하량을 계산하는 것이 아니라, 최악의 경우를 반영하는 것에서 기인한다. 그러므로 난방부하 계산은 다음과 같은 조건하에서 이루어진다.

- 설계 내부 및 외부 조건
- 침기나 환기 조건
- 태양 일사효과 무시(최악의 난방부하는 야간이나 일사량이 적은 때 발생)
- 재실인원, 조명, 기기가 작동하기 이전에 최대 난방
- 기상 설계 조건

난방 시스템은 건물의 열손실을 보충하는데 충분한 열량을 공급할 수 있어야 한다. 그러나, 기상 조건은 연중 크게 변하는데, 최악의 조건하에서 설계된 난방 시스템은 평상시에는 충분한 여유를 가지게 된다. 극도의 혹한기의 잠깐 동안에 난방 시스템이 설계 조건을 맞추지 못하는 것이 크게 문제가 되지 않는다. 일반적으로 설계 조건은 순서대로 정렬한 데이터에서 99%를 설정하는 경우가 많다.

난방부하는 겨울철에 쾌적한 실내 환경을 유지시키기 위해 건물이나 주택으로부터 온도가 매우 낮은 외부로 손실되는 열량(heat loss)를 뜻한다. 동절기에는 외부

로 손실되는 열량 이외의 태양열을 직접 받거나 실내에 설치된 각종 기기 및 인체로부터 생성되는 발열량 등은 난방을 돕는 요인이 된다. 부하 계산에서는 내부 발열을 반영하지 않는 것이 일반적이며, 에너지 계산에서는 발열량을 계산에 가산하며, 기기의 사용조건에 따라 발열량은 달라진다.

가. 설계조건

부하계산 대상 공간(실)의 크기, 벽과 같은 구조체 단열, 해당지역의 외기 및 실내조건 등이 필요하다. 여기서 외기조건은 해당 지역의 설계 외기온도(99.4%, 99%, 98%)를 뜻한다. 이에 비해 실내조건은 온열환경으로서의 쾌적도를 유지하는 실내 온습도의 변동 폭으로 규정하지만 부하 계산에는 일정한 값을 이용한다.

〈표 6-1〉 난방 설계 조건

구 분	겨 울
일반 건물 (사무실, 주택)	22℃, 50%(20~22℃) (35~50%)
영업용 건물 (은행, 백화점 등)	21℃, 50%(20~22℃) (35~50%)
공업용 건물 (공장 등)	20℃, 50%(18~20℃) (35~50%)

〈표 6-2〉 동절기 외기 온도 조건

지명	동절기의 TAC 온도 건구온도	
	1.0%	2.5%
서울	-14.9	-11.9
인천	-13.0	-11.2
수원	-14.7	-12.8
전주	-10.0	-8.5
광주	-7.7	-7.4
대구	-9.9	-8.2
부산	-6.9	-5.8
울산	-9.0	-7.0
목포	-6.7	-5.9

나. 손실부하

구조체(벽 등)의 열전도에 따라 실내에서 실외로 손실되는 열을 손실부하라 하며 손실부하의 산정식은 다음과 같다.

1) 외벽이나 지붕으로부터 손실부하(q_1)

$$q_1 = k \times A \times \Delta t \times K \quad\cdots\cdots\cdots\cdots\cdots\cdots\cdots\cdots\cdots\cdots \text{(6.1)}$$

k : 방위계수
A : 외벽이나 지붕의 면적(m^2)
Δt : 외기온도 - 실내온도 차
K : 외벽이나 지붕의 열관류율($W/m^2 \cdot K$)

※ 열관류율 : 벽을 통과하는 열의 이동성을 나타내는 단위로서 열통과율이라고도 부르며, 구조체를 구성하는 재료의 종류, 두께 및 표면상태 등에 따라 좌우된다. $W/(m^2 \cdot K)$로 표시 하며 $1 W/m^2 \cdot K = 0.86 \, Kcal/m^2 \cdot h \cdot ℃$ 이다.

2) 외기와 접하지 않는 벽(천장 바닥, 내벽 등)으로 부터 손실부하(q_2)

$$q_2 = K \times A \times \Delta t \quad\cdots\cdots\cdots\cdots\cdots\cdots\cdots\cdots\cdots\cdots \text{(6.2)}$$

K : 내벽이나 중간층 바닥의 손실부하(W)
A : 내벽이나 중간층 바닥의 면적(m^2)
Δt : 실내외 온도차

인접실과 상·하층이 모두 난방하고 있는 경우 열의 출입이 없어 계산이 필요 없으나, 난방하지 않을 경우에는 실내온도와 외기온도의 평균값으로 계산한다.

[예제 6-1]

지하층 바닥이 100 m^2 인 건물이 대전에 있다. 실 온도는 20℃이고 바닥의 열관류율은 0.5W/m^2K이다. 지하층의 바닥은 지표면으로부터 3m에 위치할 때, 이 바닥면을 통하여 빠져 나가는 손실부하는 몇 W인가? (대전 지중 3m의 지중온도는 8.2℃)

【해설】

$$\Delta t = 20 - 8.2 = 11.8, \quad q_2 = K \cdot A \cdot \Delta t = 0.5 \times 100 \times 11.8 = 590(W)$$

다. 틈새바람부하

겨울철에 문을 열고 닫거나, 창 새시의 틈새로 차가운 외기가 실내로 유입되면 이는 난방 부하요인이 된다.

실내로 유입되는 틈새바람의 양은 건물의 기밀성이나 사람의 출입 등으로 인해 다양하게 변하기 때문에 간단히 환기 회수법을 이용하여 현열(sensible load)과 잠열(latent load)을 산정한다.

현열과 잠열에 관한 인자는 다음 식으로 구한다.

1) 틈새 바람 풍량

$$Q = 환기횟수 \times 방의 체적 \quad\cdots\cdots\cdots (6.3)$$

(환기횟수는 시간당 겨울에는 O.2/h 여름철에는 O.1/h를 사용한다)

2) 틈새 바람의 현열부하

$$(q_s) = Q \cdot \triangle t \cdot \delta \cdot C \quad\cdots\cdots\cdots (6.4)$$

3) 틈새 바람의 잠열부하

$$(q_l) = Q \cdot \triangle x \cdot \delta \cdot \gamma \quad\cdots\cdots\cdots (6.5)$$

Q : 틈새 바람의 풍량(m^3/hr)
$\triangle t$: 실내외 건구 온도차(K)
$\triangle x$: 실내외 절대 습도차(g/kg/DA)
γ : 공기의 증발잠열(2500J/g)
δ : 공기의 밀도(1.2kg/m^3)
C : 공기의 정압비열(1,000J/kg$\cdot$K=1,000/4,186=0.24)

비열 : 1kg의 물을 1℃ 상승시키는데 필요한 열량 4,168.8 J/kg$\cdot$K=(1kcal/kg$\cdot$℃)
건구온도 : 온도계의 감온부가 건조한 상태에서 측정한 공기온도
습구온도 : 온도계의 감온부를 축축한 거즈로 쌌을 때 온도로서 습공기를 단열 냉각하여 포화되었을 때 온도

라. 외기부하

실내공기를 깨끗하고 신선하게 유지시키기 위해서는 일정량의 외기를 실내로 유입시켜야 한다. 이때 계산방법은 틈새 바람부하를 구할 때와 동일하며 틈새바람의 양 대신 외기 유입량으로 구하기도 한다.

6.3.2 냉방부하(Cooling Load)

냉방부하란, 여름철 냉방을 위하여 제거해야 할 열량, 즉 실내 공기를 냉각, 감습시키기 위해 제거해야 할 열량을 말한다. 냉방 부하 계산은 지열 히트펌프 및 부대설비의 용량을 산정하는 기초가 되므로 매우 중요한 계산이다.

가. 설계조건

냉방부하 계산은 난방부하 계산시 사용했던 통과부하나 틈새바람부하, 외기 부하이외에 추가적으로 태양광에 의한 투과부하와 실내기기, 인체 등에 의해 생성되는 발열량을 알아야 한다.

부하가 최대로 되는 시각은 외기와 접하고 있는 범위, 방위 및 차양 유무에 따라 달라지므로 정확한 부하예측이 어렵다. 따라서 냉방 부하 계산시에는 대표적인 몇 가지 시각에 대한 최대부하를 구한다.

다음의 <표 6-3>, <표 6-4>는 하절기 실내 조건 및 외기 온도 조건을 나타낸 표이다.

〈표 6-3〉 하절기 실내 조건

구 분	여 름
일반 건물 (사무실, 주택)	26℃, 50%(25~27℃) (50~60%)
영업용 건물 (은행, 백화점 등)	27℃, 50%(26~27℃) (50~60%)
공업용 건물 (공장 등)	28℃, 50%(27~29℃) (50~65%)

〈표 6-4〉 하절기 외기 온도 조건

지명	하절기의 TAC 온도					
	건구온도			습구온도		
	1.0%	2.5%	5.0%	1.0%	2.5%	5.0%
서울	32.1	31.1	29.9	26.3	25.3	25.2
인천	30.0	29.7	28.6	26.2	25.9	25.0
수원	33.0	30.0	29.2	26.6	25.9	25.4
전주	32.8	31.9	31.0	27.2	26.6	26.2
광주	32.7	31.9	30.9	26.8	26.3	25.8
대구	33.9	32.9	31.6	27.0	26.4	26.0
부산	30.4	29.7	29.4	26.5	26.0	25.5
울산	33.4	32.2	31.1	27.4	26.8	26.1
목포	31.7	31.1	30.1	26.9	26.3	26.0

나. 외기 침투 부하

외기 침투 부하를 구하는 방법은 난방부하의 경우와 동일하다 그러나 냉방부하의 경우에는 외벽이나 지붕으로부터의 통과부하의 계산과 일사의 의한 영향을 고려해야 한다.

냉방부하에 미치는 여러 가지 영향중에서 태양 일사량이 미치는 영향은 매우 중요하다. 외부와 접한 창문을 통한 일사의 영향은 중요하며, 주로 직달 일사량, 확산 일사량 그리고 열전도에 의한 열획득량으로 구성된다.

일사에 따른 열획득량은 직달 일사량, 확산 일사량 및 지중 반사 일사량 데이터를 이용하며, 내부차양장치 등에 따른 감소계수를 방영하며, 제조업체가 제공하는 차폐계수(Shading Coefficient) 또는 SHGC(Solar Heat Gain Coefficient)를 반영하여 계산한다.

창문을 통한 열전도의 열획득량은 제조업체가 제공하는 열관류율을 이용하여 계산한다. 외부 차양이 창문에 미치는 영향은 차양의 위치와 형상에 따라 크게 다르며, 이를 매 시간 별로 계산하여 SHGC계산에 반영한다.

일반적으로 실내외 온도차에 일사나 열응답을 고려한 가상의 온도차(상당온도차라 한다)를 사용하며, 이에 열관류율, 면적을 곱하여 외벽, 지붕으로부터의 침투부하를 구한다. 이 외의 벽면은 난방부하 계산과 동일하다.

1) 외벽, 지붕으로부터의 통과부하 = (외벽, 지붕의 면적 × 열통과율 × 상당 온도차)

$$q_{WO} = K \times A \times ETD \quad\quad\quad (6.6)$$

q_{WO} : 구조체(외벽, 지붕)를 통한 현열부하(W)

K : 구조체(외벽, 지붕)의 열관류율(W/m²K)

A : 구조체의 면적(m²)

ETD : 상당 온도차

2) 유리창으로부터 침투부하 = (유리창의 면적 × 표준 일사열 취득 × 열관류율)

$$q_{GR} = A \times S \times k \quad\quad\quad (6.7)$$

q_{GR} : 유리창의 복사열 부하(W)

A : 유리의 면적(m²)

S : 유리창의 표준 일사열 취득(W/m²)

k : 차폐계수

3) 외기에 접하지 않는 벽(천장, 바닥, 내벽 및 창)으로부터 침투부하 : 온도차에 의한 유입량

$$q_{WI} = K \times A \times \Delta t \quad\quad\quad (6.8)$$
$$= (외기에 접하지 않는 벽의 면적 × 열통과율 × \Delta t)$$

q_{WI} : 내벽이나 중간층 바닥의 관류부하(W)

K : 내벽이나 중간층 바닥의 열관류율(W/m²K)

A : 내벽이나 중간층 바닥의 면적(m²)

Δt : 실내외 온도차(K)

다. 투과부하

태양광선의 일사는 직접 벽 등에 닿는 직사일사와 대기중의 미립자에 의해 확산되어 공간 전체로부터 닿는 천공일사가 있다. 특히 직사일사의 유무에 따라 방의 냉방부하는 크게 달라지며 직사일사가 닿지 않는 북측 창이나 차양이 달린 창 등에서도 천공일사에 의한 투과부하가 있다. 직사일사와 천공일사를 합하여 전천일사라 한다. 전천일사중 유리창을 투과하는 성분과 흡수하는 성분을 합한 것, 즉 유리로 반사하는 이외의 일사가 투과부하의 계산에 필요한 일사열획득이 된다.

투과부하 = 유리창의 면적 × 일사 차폐 계수 × 일사 열획득

라. 침기 및 외기부하

침기는 풍속과 풍향, 온도차, 건축 형태 및 품질, 재실자의 외부 문과 창문의 사용등에 의하여 큰 영향을 받는다. 이를 정확하게 예측하는 것은 불가능하다. 설계자는 침기율을 일반적으로 시간당 공기 교환수 ach(air change per hour)를 도입하여 추정한다. 일반적으로 ach는 난방에 가이드라인으로 제시하는 경우가 많으며, 이 경우에 냉방에서는 난방에 제시된 값의 절반을 사용하기도 한다.

배기량보다 많은 양을 건물에 공급하는 경우에는 외부 공기가 건물 내부로 침투되는 침기 보다는 내부공기가 밖으로 빠져나가는 배기가 발생한다. 건물에 양압이 작용하는 경우에는 침기로 인한 현열 및 잠열획득을 고려하지 않는다.

습도가 높은 지역에서는 침기로 인하여 응축수가 외피 표면에 생길 수 있으며, 이를 해결하기 위하여 건물내 양압을 조절하기도 한다.

틈새바람이나 외기부하를 구하는 방법은 난방부하 계산과 동일하며 계산 시각의 외기온도, 절대습도를 조사한 후 기존의 산출식을 이용하여 구한다.

건축 구조를 통하여 수분이 확산되는 것은 자연현상이나, 그 양이 실내 쾌적도에 미치는 영향이 낮으므로 냉방부하 계산에서는 이를 고려하지 않는다. 방습시공 여부에 따라, 지중과 접하는 바닥이나 지중 벽체에서 수분 유입이 비교적 큰 경우도 있다.

공간의 습도를 낮게 유지하는 산업공정에서는 벽체나 지붕 등을 통한 수분의 이동으로 인한 잠열획득이 중요할 수 있으며, 이 경우에는 열획득량에 반영한다.

마. 내부발열

내부 열획득은 주로 재실자, 조명, 모터 그리고 장비와 장치에서 기인하며, 현대적인 건물에서 냉방부하의 가장 큰 부분을 차지한다. 세계 각국에서 건축물 외피에 대한 규정이 강화됨으로 인하여 외피성능은 크게 개선되었다. 반면에, 컴퓨터 등의 사용 증가 등으로 인한 내부 부하는 증가하고 있으며, 전체 냉방부하에서 차지하는 비중도 증가하고 있다. 내부 열획득의 계산 방법은 HB법이나 RTS법에 관계없이 동일하다.

냉방시 실내에서 발생하는 모든 발열량은 냉방부하에 추가되는 요인이므로 이를 합산하여 냉방부하를 구한다. 내부 발열원으로는 기기, 인체, 조명등이 있다. 또한 열원들은 각각 개별적으로 현열 및 잠열부하를 가지고 있다.

1) 인체 발열 부하

재실자의 행동이나 활동에 따라서 방출하는 현열과 잠열이 달라진다. 강당과 같이 재실자의 밀도가 높은 경우에는 여기서 나오는 현열과 잠열 부하가 전체 부하에서 큰 부분을 차지한다. 단기간 재실자가 증가하는 경우에도 현열과 잠열이 상당히 클 수 있다.

공간 냉방부하는 재실자에서 나오는 현열과 잠열이 실의 축열 능력에 따라 달라지는데, 이는 재실자 현열 발열량 중에서 일부는 복사열의 형태로 발열되기 때문이다. 대표적인 몇 가지 활동에서의 재실자 열량을 정리하면 다음과 같다.

〈표 6-5〉 재실자 발열부하

구분		총 열량(W)		현열량 (W)	잠열량 (W)	현열중 복사비중(%)	
		성인남성	조정값			저 풍속	고 풍속
착석	극장 (야간)	115	105	70	35	60	27
저강도 업무	사무실	130	115	70	45		
중강도 업무	사무실	140	130	75	55		
서서 일함	판매시설	160	130	75	55	58	38

총열량 중에서 조정값은 일반적인 남녀 및 소아 비율을 고려한 값이다. 극장에서 야간 시간대에는 주로 성인으로 구성되어 있음을 나타낸다. 현열중 복사열의 비중을 실내 풍속에 따라 구분하여 표시하였으며, 이에 관한 상세한 내용은 ASHRAE Standard 55이나 Handbook에 설명되어 있다.

$$\text{현열 부하 } q_{HS} = N \times H_S \quad\text{(6.9)}$$

$$\text{잠열 부하 } q_{HL} = N \times H_L \quad\text{(6.10)}$$

N : 재실인원(인)

$H_S,\ H_L$: 재실자 1인당 발열량(W/인)

2) 조명 기구 취득 부하

조명에서 주요한 열은 전구와 같은 조명기구에서 방출되지만, 비교적 많은 양이 안정기와 같은 보조기구에서 발열된다. 일반적으로 전기 조명에서 나오는 순간 현 열획득량은 다음과 같이 계산된다.

$$q_{el} = W F_{ul} F_{sa} \quad\text{···} (6.11)$$

q_{el} : 열획득량(W)
W : 총 조명 전력(W)
F_{ul} : 조명 사용 인자
F_{sa} : 조명 특수허용 인자

총 조명 전력은 일반적인 조명이나 전시를 위하여 설치되는 전구의 등급표시에서 얻는다. 안정기는 포함되어 있지 않으며 별도 인자로 처리한다. 자기식 안정기의 소비전력은 큰데 비하여, 고효율 전자식 안정기는 이에 비하여 훨씬 적다.

조명의 사용 인자는 설치된 총 조명 전력에 대하여 부하를 산정하는 조건에서 사용되는 비율을 가리키며, 판매시설 등에서는 일반적으로 1.0이다.

조명 특수 허용인자는 조명의 일반적인 전력소비에 대하여 조명과 안정기를 포함하는 조명기구의 소비동력의 비율을 나타낸다. 백열등의 경우에는 1이 된다. 방전 램프에서는 1.1~1.3정도가 사용되기도 하며, 정확한 값은 제조업체의 정보를 참고로 결정한다.

조명에서 발생하는 열획득을 추정하는 다른 절차로서, 조명 면적에 대한 조명 발열을 계산할 수 있는 조명밀도를 이용하는 것이다. 이외에도, 조명 열획득이 공조 공간으로 들어오는 양과 비공조 공간으로 들어오는 비율을 정하며, 복사 열획득과 대류 열획득을 구분하는 것도 필요하다.

단위 면적당 조명 동력 밀도를 LPD(Lighting Power Density)라 칭하며, W/m^2을 단위로 사용한다. ASHRAE Standard 90.1등에서 허용 최대 LPD값을 공간의 용도별로 다음 표와 같이 정리하고 있다.

〈표 6-6〉 용도별 조명 동력 밀도(LPD)

공간의 용도	조명 동력 밀도 (W/m^2)
사무실	12
회의실	14
강의실	15
계단	6
판매 구역	18

조명 열획득량 중에서 공간 부분(Space Fraction)은 공간이 흡수하는 비율을 뜻하며, 복사 부분은 조명의 열획득량 중에서 대류 대신에 복사부분의 비율을 나타내며, 조명 장치 별로 공간 부분이 차지하는 비율과 복사 부분을 표로 정리하여 제공함으로 필요한 경우에는 다음의 자료를 참고로 한다.

$$형광등 : q_{ES} = 1.2\,W \times f \qquad\qquad\qquad\qquad\qquad (6.12)$$

$$백열등 : q_{ES} = W \times f$$

$$W \qquad : 조명기구의 소비 전력(W)$$
$$f \qquad : 조명 기구의 사용률$$
$$1.2 \qquad : 형광등 안정기의 손실률$$

> **기기 발열량** : 설계된 기기가 명확치 않을 때에는 조명기기의 경우 20W/m^{2}의 부하 적용

3) 모터 부하

전기 모터에 의해 구동되는 장치로부터 공조공간으로 나오는 순간 현열획득량은 다음과 같이 표시할 수 있다.

$$q_{EM} = (P/E_M)\,F_{UM}\,F_{LM} \qquad\qquad\qquad\qquad\qquad (6.13)$$

$$q_{EM} \quad : 장비의 열획득량(W)$$
$$P \quad : 모터의 전력(W)$$
$$E_M \quad : 모터 효율$$
$$F_{UM} \quad : 모터 사용 인자$$
$$F_{LM} \quad : 모터 부하 인자$$

앞에서 E_M, F_{UM}, F_{LM}은 0에서 1 사이의 숫자로 표시된다. 모터 사용 인자는 간헐적으로 사용하거나, 가끔 사용하는 경우에 이를 반영하기 위한 것으로, 항시 사용하는 경우에는 1이다. 모터 부하 인자는 냉방 부하 계산시에 공급 부하의 비율을 뜻한다.

3) 전기 및 가전기기 부하

냉방 부하 계산에 다양한 에너지를 사용하는 기구나 장치의 열획득을 고려한다. 기구나 장치에 대하여 종류, 적용 대상 및 용도, 스케쥴, 및 설치 방법 등에 따라서 매우 다양하므로, 계산이 주관적일 수 있다. 기구나 장치에 관한 정보가 제한적인 경우가 많으며, 명판의 소비동력이나 열획득은 대부분 최대치를 가리키므로 이를 적용하는 경우에는 과도하게 반영되는 경향을 보인다. 여기에는 주방 기구, 사무용품 또는 기구, 병원 또는 실험실 장비 등이 포함된다.

6.3.3 냉난방부하 계산방법

주택에서 가장 일반적인 수계산 방법으로는 Manual-J를 이용해 최대 냉난방부하를 계산 할 수 있다. 이 방법은 해당 건축물의 단열구조, 기밀도 등을 설계도면에서 읽어 획득하고, 열관류율, 일사차폐계수와 같은 건축물의 열적 경계값들을 산정하여 특정시각의 온도차나 일사량을 서로 곱한 후 이들을 모두 합산하여 부하를 계산하는 방법이다. 이 방법을 이용하면 실내외 열적조건이 안정된 상태에서 부하계산을 할 수 있다.

> **일사차폐 계수** : 일사가 차폐된 후에 부하로 되는 비율로서 차폐계수는 방사성분과 대류 성분으로 이루어져 있다. 일반적인 부하 계산시에는 이들을 합한 일종의 종합 차폐계수를 일사차폐개수라 한다.

최대부하를 계산하기 위해서 수계산 방법을 이용할 때와 컴퓨터를 사용할 때의 기본식은 동일하지만 이용 프로그램의 종류나 조건 등에 따라 그 결과가 달라질 수 있다. 그러나 컴퓨터를 이용하면 계산시간을 줄일 수 있고 실내외 조건이 수시로 변할 때의 조건을 반영시킬 수 있어 수계산에 비해 현실성이 있는 결과를 얻을 수 있다. 이들 방법에는 각각의 장·단점이 있기 때문에 계산의 정밀도나 계산에 소요되는 시간등을 고려하여 사용한다.

6.4 건물의 에너지 계산

소비자가 지열 히트펌프 냉난방 시스템을 선택하는 주요한 이유는 냉방 및 난방비용이 저렴하기 때문이다. 그러므로 지열 히트펌프 시스템과 비교 검토 대상 냉난방 시스템에 대해 에너지 사용량을 근거로 에너지 사용량이나 비용을 비교 검토하는 것은 필수적이다. 지열 히트펌프 시스템과 검토 대상 시스템과의 냉난방 비용의 비교는 에너지 사용량에 의하여 결정된다. 장기간 사용하는 지열 히트펌프 시스템의 경제성을 제대로 평가하기 위하여 수명주기 비용분석(Life Cycle Cost Analysis)이 타당하다. 그러나, 적절한 에너지 분석을 통한 에너지 사용량을 사용하지 않는 수명주기 에너지분석은 그 효과를 상실한다. 예를 들면, 상업용 건물의 지열 히트펌프에서 에너지 시뮬레이션을 통해 얻은 신뢰할 만한 에너지 사용량을 근거로 하지 않는 수명주기 에너지분석은 지열시스템과 비교 대상시스템의 비교에서 신뢰할 만한 결과를 얻을 수 없다.

에너지 계산 방법을 수행하는 방법에는 3가지 기본적인 방법이 있다.

첫 번째로 **Degree Day**법은 가장 단순한 방법이나, 결과의 정확도가 가장 낮은 방법이다. 외기 온도에 따라 성능이 변화하는 시스템에는 정확도를 유지하며 적용할 수 없다. 대표적인 예로, 히트펌프에는 이 방법을 제대로 적용할 수 없다.

두 번째로 **Bin**법이 있으며, 이는 비교적 단순한 방법이며, 외기온도 조건이나 부분부하 조건의 효과를 반영할 수 있다. 이 방법은 특정 시스템의 필요에 따라서 분석 방법을 정밀하게 수행할 수 있으며, 히트펌프 시스템에 적용이 가능하다.

세 번째로 **Hour-by-Hour**법은 상세한 검토가 필요한 대형 상업용 건물에서 일반적으로 사용된다.

6.4.1 도일법

Degree Day법은 Degree를 나타내는 온도의 度자와 Day를 표시하는 날짜의 日자를 따서 도일법이라 부르기도 한다. 이는 일반적으로 연간 또는 겨울철/여름철에 냉방이나 난방에 사용되는 에너지를 말한다.

Degree Day법으로 계산하는 건물의 에너지 부하는 가장 부정확한 것으로서, 지열 히트펌프의 지중 열교환기 설계에 입력으로 사용하는데 부적합하다. 이는 가동 효율이 외기조건에 의존하는 시스템에서는 정확도를 보장할 수 없기 때문이다. IGSHPA는 Closed-Loop Ground Source Heat Pumps Installation Guide에서 Degree Day법으로 계산하는 에너지 부하를 지열 히트펌프 시스템 설계에 사용하는 않을 것을 권장하고 있다. 그러나 건물에서 사용하는 에너지량을 평가하는 가장 간단한 방법이다.

Degree Day는 난방 에너지 계산에 많이 사용되어 왔으며, 이를 Heating Degree Day(HDD, 난방도일)라 부른다. 이는 일별 외기 온도 변화를 기반으로 계산되며, 특정한 지역의 특정한 건물의 난방 에너지는 위치한 지역의 HDD값에 비례하는 것으로 가정한다. 그리고 HDD는 기준온도에 따라서 결정된다. 기준온도는 일반적으로 별도의 난방이 필요 없는 온도로 말하며, 이를 무부하 온도라고 부르는 경우도 있다. 어떤 건물에 최적인 기준온도는 건물의 특성에 따라 그리고 건물의 난방 온도에 따라 달라진다. 주어진 건물의 HDD를 계산하기 위하여 해당 건물에 대하여 적절한 기준온도를 선정하는데, 미국에서는 경험적으로 18.3℃(65℉)또는 15.6℃(60℉)가 널리 이용되는 것으로 알려져 있다.

건물의 기밀과 단열의 개선 그리고 실내에서 사용하는 전기설비가 증가함으로, 실내 설정온도에 비해 난방을 시작하는 온도는 더욱 낮아지고 있다. 내부 발열과 축열을 고려하지 않을 시에는 외기온도가 실내 설정온도보다 낮아지면 난방을 시작한다. 그러나 단열과 기밀 성능 향상과 실내 발열을 고려하면, 외기 온도가 훨씬 낮은 온도에서 난방 운전이 시작된다.

HDD 계산방법에는 여러 가지 방법이 있으며, 대표적인 근사 방법에서는 하루 평균온도를 이용한다. 즉 평균온도 값에서 기준온도를 뺀 값을 HDD로 사용한다. 온도차가 0보다 작거나 같으며, 그 날의 HDD는 0이 되며, 온도차가 0보다 크면,

그 온도차가 그 날의 HDD가 된다.

HDD는 연간, 월간 또는 일정기간 동안 그 값을 누적하는데, 이를 대략적인 동절기 난방 에너지 소요량으로 사용한다. 예를 들면 뉴욕의 HDD(단위 ℃·일)는 약 2,806인 반면에, 알래스카 바로우는 11,106이다. 여기서 동일한 구조의 건축물에 대하여, 알래스카 바로우의 난방에너지는 뉴욕에서 보다 약4배에 달하는 것을 알 수 있다. 또한 로스앤젤레스의 HDD는 1,122으로서, 뉴욕의 난방에너지에 비하여 약 40%에 불과함을 알 수 있다.

6.4.2 Bin법

Bin법은 기온데이터를 일정한 단위로 묶는 것을 의미한다. 즉 일년간 온도 구간(일정구간)에 속하는 시간을 합산할 수 있다는 개념을 기초로 한다. 두 번째로 주어진 온도구간에 대해 특정조건에 하에서 장비에 대한 계산을 수행한다.

각 온도 구간은 Bin으로 불리며, 구간은 약 3℃(5℉)이다. 지역에 따라 다르며 20여개 또는 그이상의 온도구간을 이용한다. Bin법은 이용이 비교적 간단하며 외기온도의 영향과 부분적인 부하조건을 고려한다. Bin법은 적용 대상 시스템의 필요를 충족시킬 있을 만큼 세분화할 수도 있다.

ASHRAE Handbook Fundamental 17, 18, 19장은 위에서 나온 방법들을 상세히 기술하며 예를 포함한다. ASHRAE 간행물 "Simplified Energy Analysis Using the Modified Energy Analysis Using the Modified Bin Method"은 정확한 Bin 산출이 필요할 때 쓰인다.

Bin법은 수작업이나 컴퓨터 계산으로 사용하기가 쉬웠기 때문에 대규모 상업용 건축물을 제외한 중소형 건물의 에너지 사용량 계산에 주로 이용된다.

Bin법은 건물의 부하 도표를 필요로 한다. 다시 말해, 건물 냉난방 설정 온도를 원하는 수준으로 유지하기 위해 외기온도의 함수로서 냉난방 부하량 변화를 말하는 것이다. [그림 6-3]은 이러한 도표를 보여준다. 어떤 경우에는 하나의 도표가 아닌 재실시간과 비재실시간과 같이 다양한 건물 사용 용도를 적용해야 할 수 있다.

건물의 부하는 여러 방법으로 분석할 수 있다. 그러나 Bin법은 대형건물에 대해서는 적용이 극히 제한된다. 그래서 대형 상업용 건물에는 포괄적인 접근이 가능한 수정 Bin법이 일부 사용되기도 한다.

일체형 시스템을 채택하는 대부분의 주거건물과 중소형 상업용 건물에는 다음과 같은 단순화된 방법도 만족할 만한 결과를 보여주고 있다.

난방이나 냉방 도표에 대한 두 점은 알려져 있거나 계산할 수 있다. 외기 온도가 약 15.6℃(60℉)에서 18.3℃(65℉)일 때, 난방이나 냉방 모두 주거 건물에 필요하지 않다. 이 범위에서 Bin의 온도는 16.7℃(62℉)와 19.4℃(67℉)이다. 그러므로 난방이 16.7℃(62℉)나 그 이하를 요구하는 반면, 냉방은 19.4℃(67℉) 그 이상을 요구하는 것을 알 수 있다. 이 점들은 [그림 6-3]에서 O_c와 O_h로 나타난다.

최대 냉방부하는 낮 동안에 발생되며 외기 설계 온도에서 설계 냉방부하와 상당히 일치한다. 이것은 [그림 6-3]에서 점 d_c이다. 최대 난방 부하는 주요 내부 발열부하가 없는 이른 아침에 발생된다. 이것은 외기 설계온도의 설계 난방부하와 일치한다. 이것은 [그림 6-3]에서 점 d_h다. 이 점들은 일직선으로 나타낼 수 있다.

<표 6-7>은 세 개의 8시간 구간동안 주어진 Bin 데이터의 예이다. 칼럼 1은 Bin 온도이고 칼럼 2, 3, 4는 각각의 기간 동안에 온도가 발생한 연간 시간이다. 건물이 평일에 오전 7시부터 저녁 7시까지 사용하고 다른 시간 때와 주말에는 사용하지 않는다고 가정하자. [그림 6.4]는 한 주간 동안 시간이 어떻게 나뉘는지, 각 건물에 발생되는 시간이 어떻게 할당되는지를 도식적으로 보여준다. 그리고 <표 6-7>의 칼럼5와 6은 [그림 6.4]로 부터 나온 재실시간 대면적(시간x날짜수)과 공실시간대를 이용하여 계산된다. Bin범위 Ⅰ, Ⅱ, Ⅲ에 해당하는 재실 영역은:

    Ⅰ   1시간 × 5일 = 5
    Ⅱ   8시간 × 5일 = 40
    Ⅲ   3시간 × 5일 = 15

총 면적은(시간 × 날짜수) Bin의 범위 Ⅰ, Ⅱ, Ⅲ과 각각 (7×8 = 56)과 같다. 그러므로 각각의 Bin 범위에 재실시간대와 공실시간대의 비율은 다음과 같다:

    Ⅰ   0.089   0.911
    Ⅱ   0.714   0.287
    Ⅲ   0.268   0.732

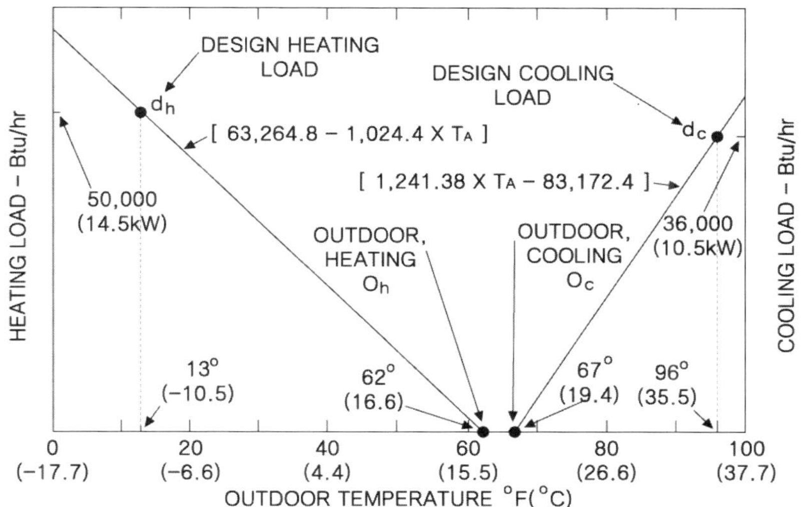

[그림 6-3] 건물 냉난방 부하 데이터

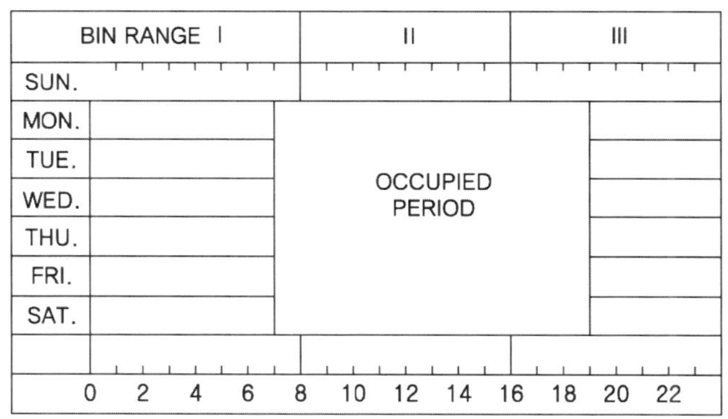

[그림 6-4] 상업용 빌딩에서의 빈 시간 도해

구간 : 8.3℃(47℉) Bin

재실시간 = 0.089(236) + 0.714(201) + 0.268(228) = 225.7

공실시간 = 0.911(236) + 0.286(201) + 0.732(228) = 439.3

각각의 Bin값을 이용하여 같은 절차를 반복하여 <표 6-7>이 완성된다. 스프레드
시트와 컴퓨터 사용으로 간단히 계산된다. 그 다음에, 각 Bin에 대한 재실, 공실시
간과 재실, 공실 기간과 대응하는 부하도표와 같이 쓰인다. 주거용 건축물에는 하
나의 시간대 계산하는 것이 적절하다. 이 경우 오직 하나의 부하 도표가 필요하며

<표 6-7>의 2, 3, 4칸에 있는 Bin 시간의 합이 된다.

〈표 6-7〉 외기 건구온도에 따른 Bin 데이터 계산

(1) BIN	(2) 1-8	(3) 9-16	(4) 17-24	(5) OCCUPIED	(6) UNOCCUPIED
102°F (38.8℃)					
97 (36.1)		5	1	3.8	2.2
92 (33.3)		64	8	47.9	24.2
87 (30.5)	0	89	54	149.5	93.6
82 (27.7)	10	282	136	238.4	189.3
77 (25.0)	88	296	247	285.4	345.6
72 (27.2)	318	270	337	311.5	613.6
67 (19.4)	337	229	292	271.9	586.2
62 (16.6)	292	218	245	247.4	507.7
57 (13.8)	255	207	226	231.2	456.9
52 (11.1)	233	213	225	233.2	437.8
47 (8.3)	236	201	228	225.7	439.3
42 (5.5)	257	229	248	252.9	481.1
37 (2.7)	268	200	240	231.1	476.9
32 (0.0)	264	155	202	188.4	432.6
27 (-2.7)	160	86	116	106.8	255.2
22 (-5.5)	101	48	63	60.2	151.8
17 (-8.3)	55	19	27	25.7	75.3
12 (-11.1)	31	8	12	11.7	39.3
7 (-13.8)	10	1	2	2.1	10.9
2 (-16.6)	1	0	0	0.1	0.9

냉/난방 장비 운전 특징이 외기 온도의 함수로 표시되어야 한다. 실내 조건들은 연속적이어서 시스템의 성능에 영향을 미치지 않는다. [그림 6-5]는 예로써 일반적인 공기-공기 히트펌프의 성능 특징을 나타낸다. 부분 부하 운전으로 인하여, 히트펌프(혹은 다른 종류의 장비)가 기동과 정지를 반복하므로 이로 인한 손실이 고려되어야 한다. 기동 정지의 반복은 장비에 적합한 가동시간을 증가시킨다. 부분적인 부하 요소(PLF)는 다음과 같이 정의된다.

$$PLF = \frac{\text{Theoretical Equipment Run Time}}{\text{Actual Equipment Run Time}} \quad\cdots\cdots\cdots\cdots\cdots (6.14)$$

$$PLF = 1 - C_D\left[1 - \frac{\text{Structure Load}}{\text{Unit Capacity}}\right] \quad\cdots\cdots\cdots\cdots\cdots (6.15)$$

미 국립표준국(National Bureau of Standards)에서의 연구는 성능저하인자 C_D를 사용하는 PLF에 관한 이론을 수립하였다. 성능저하인자 C_D는 장비제조업체가 제공하며, 일반적으로 0.15~0.25 사이의 값을 가진다. 만일 장비업체가 제공하지 않는 경우에는 0.25를 적용하도록 권장한다.

즉 장비 성능이 부하보다 적을 때 PLF는 성능보다 커질 것이다. 이 경우에 장비는 연속적으로 작동할 것이기 때문에 1.0과 같은 상태가 된다.

$$\text{실제 가동 시간} = \text{이론상의 가동 시간} / PLF \quad\cdots\cdots\cdots\cdots\cdots (6.16)$$

특정 Bin구간에 대하여 Bin 계산 방법을 다음과 같이 요약할 수 있다.

① [그림 6-3]에 나타난 도표로부터 건물 부하를 측정한다.

② [그림 6-5]에서 장비의 용량을 결정한다.

③ 장비 용량에 대한 건물 부하 비율로써 이론 가동시간비율 X_r을 계산한다.

④ 식 (6.14)로부터 부분부하 요소 PLF를 계산한다.

⑤ X_r / PLF와 같이 실제 가동시간비율 X_a를 계산한다.

⑥ Bin 시간$\times X_a$와 같이 실제 가동시간 r을 계산한다.

⑦ [그림 6-4]에서 장비 투입량의 비율 R_p를 측정한다.

⑧ 에너지사용량 P를 계산한다.

⑨ 지역 에너지 가격 목록에서 에너지설비당 에너지 비용을 측정한다.

⑩ $/kWh$\times$P로 이 Bin에 대한 에너지 비용을 계산한다.

⑪ 모든 Bin에 대하여 1부터 10까지의 단계를 반복한다.

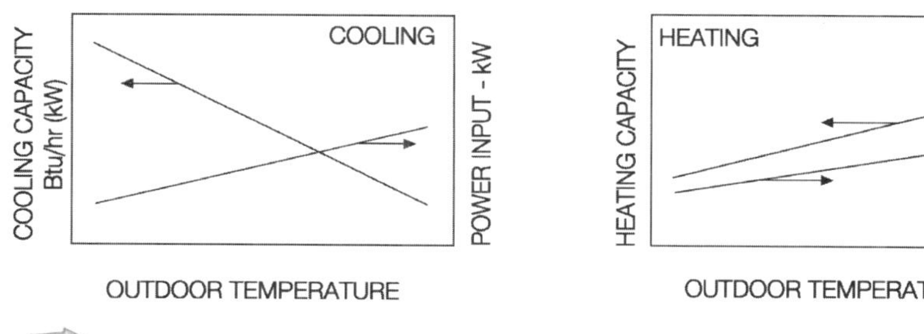

[그림 6-5] 히트펌프 성능 특성(Air-Source)

1단계에서 부터 11단계까지 기초적인 Bin 방법을 작성한다. 그리고 특정 외기온도 구간에 대해 정밀하게 조정한다. 예를 들어, 외기가 매우 낮을 때 히트펌프는 충분한 열을 공급하지 못해 전기 전열기를 이용할지도 모른다. 히트펌프와 관련된 송풍에너지는 성능 데이터를 계산할 때 빠져있는 경우가 많으며, 이를 추가적으로 계산한다. 또한, 건물 부하가 장비의 성능보다 클 때, 장비는 연속적으로 작동될 것이므로 PLF는 1.0이 된다.

6.4.3 Hour-by-Hour법

세부적인 에너지 분석이 필요한 대형 상업용 건축물에 주로 Hour-by-Hour법이 사용 된다. 컴퓨터를 이용한 건물 에너지 시뮬레이션은 건물에서 사용하는 에너지 사용량을 수치해석으로 계산하고 예측한다. 미국, 유럽 등의 선진국에서는 오래 전부터 건물의 에너지 성능을 평가하고 계산하는 프로그램들을 사용되어 왔다. EERE에서 운영하는 웹사이트인 건물에너지 소프트웨어 디렉토리에는 현재 3백개 이상의 에너지 시뮬레이션 프로그램이 등록되어 있다. 그 중 가장 대표적인 프로그램으로는 BLAST, Bsim, eQuest, EnergyPlus, TRNSYS, ESP-r, DOE-2, Trace 700, HAP 등이 있다.

1) DOE-2

건물 에너지 시뮬레이션 분야에서 그동안 널리 사용되어온 DOE-2 소프트웨어는 미국 LBNL(Lawrence Berkeley National Laboratory)에서 지속적인 검증절차를 거쳐서 업데이트 되어 왔으며, 현재 전세계적으로 건물의 에너지 성능 평가를 위해 광범위하게 사용되고 있다. 또한 이 프로그램은 건물의 모든 부분 즉 건물 외피, 조명, 기계설비 시스템 등을 포함하여 에너지 성능을 평가할 수 있는 도구이다. 시간별로 기록된 표준기상 데이터를 이용하여 건물의 시간 단계별로 열 및 에너지 성능을 계산하게 된다.

현재 DOE 2.2버전이 가장 최신 버전이며, DOE-2 해석 엔진의 개발을 지원하여 온 미국의 에너지성(DOE)의 지원이 중단되어 사실상 새로운 개발이 진행되지 않고 있다. 그러나 아직 VisualDOE, EnergyPro, 그리고 eQuest 등 여러 가지 소프트웨어에서 널리 사용되고 있다.

2) EnergyPlus

널리 알려진 DOE-2와 BLAST의 장점만을 선택하여 차세대 건물 에너지 시뮬레이션 프로그램으로 주목을 받으면서 개발된 EnergyPlus는 2001년 4월에 공식적으로 발표된 이래 매년 4월과 10월에 정기적으로 업데이트를 수행하며, 지난 2010년 10월에 버전 6이 발표되었다. BLAST(Building Loads Analysis and System Thermo-dynamics)는 미국의 국방성(DOD)의 지원을 받아 일리노이 대학에서 개발하였으며, 건물 에너지 계산에서 널리 사용해왔던 전달 함수법 대신 열 균형법을 적용한 프로그램이다.

앞에서 설명한 DOE-2와 같이 EnergyPlus도 건물 에너지 해석 엔진으로서, 기본적인 사용자 인터페이스가 제공되며, 다양한 계층의 사용자가 여러 가지 목적과 용도로 사용할 수 있도록 제3의 개발자가 사용자 인터페이스를 개발하여 제공할 수 있는 방식을 유도하고 있다. 대표적인 인터페이스인 DesignBuilder를 비롯하여 국내외 여러 가지 상용화 인터페이스 프로그램이 출시되어 있다.

3) TRNSYS

1975년에 상용 프로그램으로 처음 발표된 TRNSYS(TRaNsient SYstem Simulation)는 지속적인 업데이트를 수행하여 왔으며, 2010년 공식적으로 버전 17이 발표되면서 건물의 종합적인 열에너지 해석이 가능한 프로그램으로 위치를 굳히고 있다. 이 프로그램은 태양열 시스템의 동적인 시뮬레이션 및 설계를 위하여 미국의 Wisconsin 대학의 SEL(Solar Energy Lab.)에서 개발을 주도하고 있으며, 독일의 Transsolar, 프랑스의 CSTB, 미국의 TESS 등 개발에 참여하고 있다.

구성 요소를 기반으로 흐름을 연결하는 인터페이스와 다중 존으로 구성된 건물(multi-zone building)에 대한 정보 및 데이터를 표현하고 입력할 수 있도록 입출력 프로그램이 별도로 제공되고, 최근에는 SketchUp과 연계하여 사용할 수 있도록 Plugin프로그램이 제공된다. 사용 환경이 개선되고 안정화되었으며, 해석이 가능한 설비의 구성요소가 계속 확대되고 있으며, EnergyPlus나 ESP-r등과 같은 수치적인 방식을 적용한 프로그램의 등장에도 불구하고, 다양한 기능의 건물에너지 해석프로그램으로 입지를 굳히면서 지속적으로 사용자층을 확대하고 있다.

4) ESP-r

영국의 Strathclyde대학에서 개발된 ESP-r은 현재 유럽공동체(EU)에서 자연형 태양열 건물해석 표준 프로그램으로 널리 사용하고 있다. 수치적인 방식(유한체적법)으로 열부하를 계산하며, 주로 유럽을 중심으로 수백 명의 사용자가 있는 것으로 알려져 있다.

현재 유럽공동체에서 European reference building simulation model로 지정된 프로그램이다. 공식명칭은 Environmental System Performance-reference로서 유한체적법을 기본 알고리즘으로 적용하고 있다.

대규모의 행렬식 처리를 위해 행렬분할(matrix partition)등과 같은 고급 수치해석기법을 도입하여 수행속도가 탁월하며, 모듈화된 에너지 부속시스템을 하나의 통합된 환경에서 메뉴방식으로 운영가능하며, 입출력의 그래픽지원, 재료의 물성 및 각종 건물 운영 프로파일의 데이터베이스화 등 사용자 인터페이스 측면에서도 많은 편의를 제공하고 있다.

ESP-r은 유럽공동체의 자연형 건축 프로젝트인 PASSYS(Passive Solar Components and System Testing)을 국가간 실증실험을 통한 검증모델로 최근 유럽에서 활발히 이용되고 있으며 지속적으로 개발 중에 있다.

6.5 에너지 비용 계산

컴퓨터 프로그램을 이용하여 건물의 열적 성능을 계산하는 것은 다음과 같은 목적이 있다.

첫 번째는 기계장비의 용량 선정
두 번째는 건물에서 사용하는 연간 에너지 사용량 예측

장비 용량 선정 프로그램은 냉방이나 난방시즌에 피크(peak) 부하를 시간대 별로 계산하는 것이다. 대부분의 건물에서는 어떤 형태로든지 용량선정을 위한 해석을 수행한다. 대부분 ASHRAE의 알고리즘을 이용하며, 장비 제조업체가 공급하거나 판매하는 경우가 많다.

에너지 계산 프로그램은 건물의 연간 에너지 소비량을 계산하는 데 이용된다. 이때 에너지 사용량이나, 에너지 비용 그리고 온실가스 등 오염물질 배출량 등으로 나타낸다. 과거에는 에너지 분석을 수행하는 경우가 드물었으나, 최근에는 에너지 해석 프로그램이 다양해지고, 이용이 편리해짐에 따라 설계 초기 단계부터 적용되고 있다.

에너지 사용량을 계산하는 절차는 다음 여섯 가지 단계로 나눌 수 있다. [그림 6-6]의 흐름도는 에너지 비용을 계산하는 단계를 보여주고 있다.

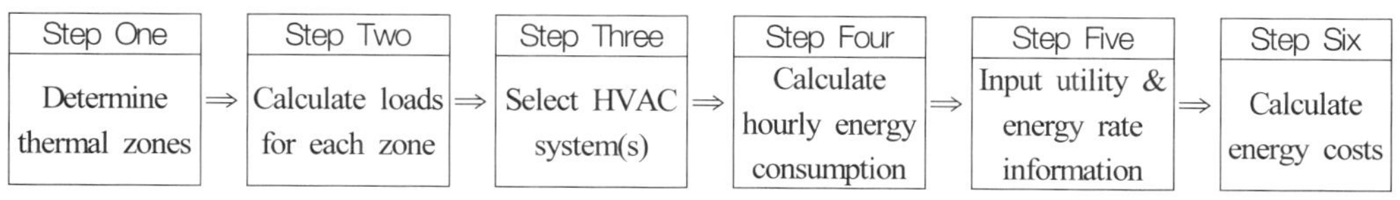

[그림 6-6] 에너지 비용 계산을 위한 흐름도

첫 번째로, 부하 구역(zones)을 결정하는 것이다. 구역이란 건물에서 동일한 기계 장비와 제어로서 실내 환경 제어를 수행하는 부분을 말한다. 구역의 개수는 건물의 용도, 크기 그리고 형상에 따라 달라진다. 예를 들면, 단독주택이나 은행 창구 등은 1~2개의 부하 구역을 가지지만, 복잡한 건물은 100여개 이상을 가질 수도 있다.

두 번째로 각 존 별로 부하를 계산한다. 부하란 여름철 건물내부의 열을 제거하고, 겨울철에 열을 공급하는 능력을 나타낸다. 즉 각 구역에 대한 냉방 및 난방 피크부하를 계산한다.

세 번째로 HVAC 시스템을 선정한다. 두 번째 단계에서 산정한 부하를 바탕으로 시스템 용량을 결정하고 선정하는 작업이다. 여러 존으로 구성된 구조물에서 시뮬레이션은 히트펌프 시스템에서 발생한 열의 혼합 등 존 간의 열적 상호작용을 고려하여야 한다.

네 번째로 시간별 에너지 소비량을 계산한다. 해당 시간대에 기상자료를 근거로 선정된 장비가 담당하는 부하를 계산하고, 시스템에서 소비되는 에너지를 시스템 효율이나 부분부하 곡선을 근거로 산정한다.

다섯 번째로, 전력요금이나 연료 요금 정보를 입력한다. 건물의 용도에 따라서 기본요금을 포함한 전력요금정보를 제공한다.

마지막인 여섯 번째로, 에너지 비용을 계산하는 것이다. 연간 정해진 시간에 소비되는 에너지비용을 계산한다. 연간 성능은 8760시간동안의 시간 데이터를 합하여 구한다.

01 다음 용어에 대하여 정리하시오.
　가) 설계 부하
　나) 에너지 부하
　다) 지중 부하
　라) 블록 부하
　마) 도일법
　바) Bin법
　사) Hour by Hour법

02 건물의 냉난방 시스템의 검토에서 수행하는 세가지 주요한 관점을 정리하라.

03 건물의 내부 발열부하의 요소를 정리하라.

04 건물의 외피 부하에 속하는 요소를 정리하라.

05 냉방 부하에는 포함하지만, 난방 부하 계산에 포함하지 않는 부하의 항목을 정리하라.

06 어느 날의 외기 평균 기온이 -5℃이고 균형점이 15℃이라고 하면, 그 날의 난방도일(HDD)를 계산하라.

07 균형점이 17.8℃일 때, 다음 공기열원 히트펌프의 Bin해석에서 빈 칸을 채우라.

온도빈 (℃)	온도차 (bal−bin)	기상 빈 (시간)	주택부하 (kW)	히트펌프 용량(kW)	사이클링 인자	수정용량 (kW)	소비입력 (kW)	운전시간 비율
16	1.8	693	0.7	12.8	0.764	9.78	3.74	0.07
13	4.8	801	1.87	12.01	0.789	9.48	3.63	0.20
10		670		11.22	0.818		3.52	
7		858		9.8	0.857		3.4	
4		639		8.49	0.908		3.18	
1		793	6.65	7.98	0.955	7.62	3.1	0.87
-2		141	7.72	7.47	1	7.47	3.02	1
-5		89	8.89	6.95	1	6.95	2.93	1
-8		29		6.48	1	6.48	2.85	1
-11		0	11.23	5.69	1	5.69		

온도 빈 (℃)	히트펌프 공급열량 (kWh)	히트펌프 소비전력 (kWh)	공간부하 (kWh)	보조열량 (kWh)	소비전력 합계 (kWh)
16	485.10	185.52	485.10		185.52
13	1497.87	573.80	1497.87		573.80
10					
7					
4					
1	5273.45	2145.11	5273.45		2145.11
-2	1053.27	425.82	1088.52	35.25	461.07
-5	618.55	260.77	791.21	172.66	433.43
-8	187.92	82.65			
-11					
합계					

CHAPTER 7

히트펌프 유니트 선정

핵심요약

　히트펌프는 존재하는 그대로 사용하기에 적합하지 않은 온도의 에너지를 열원으로 이용하여 사용하기에 적합한 온도로 이동시켜 주는 장치이므로 이를 활용하여 그 동안 버려온 미사용에너지(Unused Energy)를 이용할 수 있게 한다.

　이 장에서는 히트펌프 유니트 선정에 대한 기본적인 지식을 제공하기 위한 것이다. 이를 위하여 히트펌프의 유니트의 개념과 EWT의 연관성, 히트펌프의 성능과 효율, 히트펌프 유니트의 성능데이터를 다룬다.

07 히트펌프 유니트 선정

히트펌프는 그대로 사용하기 어려운 낮은 온도의 열원을 이용하여 높은 온도의 열을 생산하는 시스템으로, 저급 에너지를 이용하게 할 수 있는 중요한 수단이다. 히트펌프가 이용할 수 있는 열원은 매우 다양하다. 외기, 배기열 및 지열(지중열 및 지하수) 등을 이용할 수 있다.

7.1 히트펌프 유니트와 EWT

지열 히트펌프 시스템에 사용되는 히트펌프 유니트에는 일반적으로 물-공기, 물-물 유니트가 있다. 지중 열교환기를 순환하여 히트펌프 유니트로 부동액이 들어오는 온도(EWT, Entering Water Temperature)에 의하여 히트펌프 유니트의 용량 및 성능에 큰 영향을 미친다.

지열 히트펌프 유니트의 냉방운전 모드에서 EWT가 용량에 미치는 영향보다, 난방운전 모드에서 EWT가 히트펌프 유니트의 난방용량에 미치는 영향이 훨씬 크다.

물-물 히트펌프 유니트는 냉수나 온수의 설정온도의 변화가 히트펌프 유니트의 용량 및 성능에 미치는 영향이 크다. 이 경우에도 온수의 설정 온도변화는 냉수의 설정 온도변화보다 훨씬 큰 영향을 미친다.([그림 7-1] 참조)

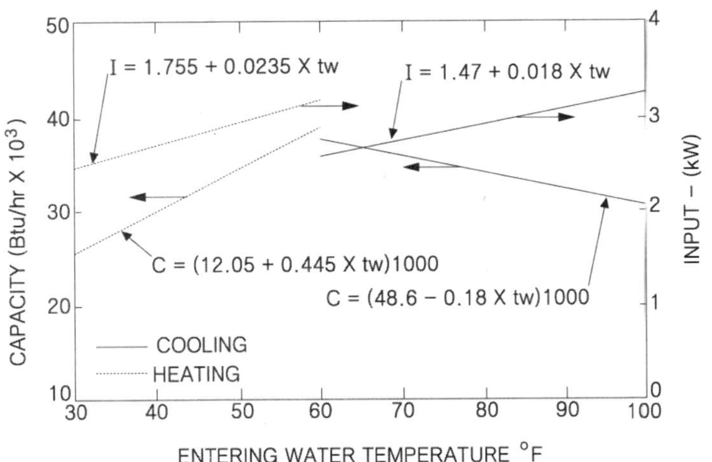

[그림 7-1] EWT가 지열 히트펌프에 미치는 영향

7.2 히트펌프의 효율

난방운전시 히트펌프 구동에 사용한 전력과 이로 인하여 생산된 열에너지와의 비를 열펌프의 성적계수(COP, Coefficients of Performance)라 한다. 즉,

$$COP = \frac{\text{생산된 난방열량}(\text{KW})}{\text{소비전력 (KW)}} \quad \text{.......................................} \quad (7.1)$$

COP는 히트펌프의 성능을 나타낸다. 냉방운전의 COP와 구분하기 위하여 난방운전에는 COP_H로 표시하기도 한다. 반면에 냉방성능을 표시하기 위하여 COP_C로 표시한다.

그리고 히트펌프의 냉방운전시의 성능을 표시하는데 EER(에너지효율비 : Energy Efficiency Ratio)이 사용되기도 한다. 다음은 EER을 계산하는 식이다.

$$EER = \frac{\text{생산된 냉방열량}(Btu/h)}{\text{소비전력 }(W)} \quad \text{.......................................} \quad (7.2)$$

최근 국내에서는 SI 단위 사용으로 EER을 사용하지 않는 추세이다.

[예제 7-1]

정해진 조건에서 히트펌프 구동을 하였을 때, 난방능력이 40kW이고, 이를 위하여 10kW의 전력이 소비되었다. 이때 히트펌프의 난방 COP는 얼마인가?

[예제 7-2]

정해진 조건에서 히트펌프가 구동할 때, 냉방능력이 40kW이고, 이를 위하여 10kW의 전력이 소비되었을 때, 이때 EER을 구하여라.

【해설】

냉방능력 : 40kW = 136,520Btu/hr (1kW=3,413Btu/hr)
소비전력 : 10kW = 10,000W
EER = 13.65

난방 성능을 나타내는 다른 인자로 HSPF가 있다. 이는 Heating Season Performance Factor로서 난방성능계수라고도 부른다. 난방 기간동안에 생산한 에너지를 생산에 사용된 소비전력으로 나눈 값을 HSPF로 정의한다.

$$HSPF = \frac{\text{난방철에 생산한 열량}(Btu)}{\text{소비전력}(kWh) \times 3413} \quad \cdots\cdots\cdots\cdots\cdots (7.3)$$

이는 Btu를 kWh로 변환하면, 공식이 간단해져서 사용이 용이하다.

$$HSPF = \frac{\text{난방철에 생산한 열량}(kWh)}{\text{소비전력}(kWh)} \quad \cdots\cdots\cdots\cdots\cdots (7.4)$$

[예제 7-3]

난방기간 동안에 35,160kWh의 난방에너지를 공급하였으며, 여기에 10,000kWh의 전력이 소비되었다. 난방성능계수(HSPF)를 구하라

계절별 에너지효율비는 SEER(Seasonal Energy Efficiency Ratio)라고 부르며, 냉방철 평균 에너지 효율비를 말한다.

냉동기의 성능을 나타내는 단위로 널리 사용되는 RT는 1Ton의 냉수를 생산하는데 소요되는 전력을 표시하는 지수로서, 냉동기의 성능을 표시하는데 널리 사용되고 있다.

7.3   물-물 히트펌프 유니트의 성능표

<표 7-1>, <표 7-2>에 표시된 것과 같이 히트펌프 유니트는 EWT의 변화에 따라서 성능과 용량이 변한다. 냉방과 난방 운전에서 EWT온도 변화에 따라 용량이 변화하는 것이 다음 방정식과 같이 표시되어 있다.

$$C_c = (48.6 - 0.18t_w)\times 1000$$
$$C_w = (12.5 + 0.445t_w)\times 1000$$

$$\text{.. (7.5)}$$

냉방 운전시 EWT가 1℃증가함에 따라서 냉방능력이 180 감소하는 반면, 난방 운전시에는 EWT가 1℃감소함에 따라 난방능력이 446 감소한다. 히트펌프의 성능은 난방모드에서 급격하게 변화하므로, 난방 운전시 설계조건이 변화할 때에는 난방능력의 재검토가 필요하다. 물-물 히트펌프 유니트에서 부하측 온수온도가 증가하면 난방능력이 급격히 감소한다. 히트펌프의 운전조건이 변화하면 유니트의 용량이 급격하게 변화한다. 부하측 공급온수온도(LLT)가 예를 들어서 43℃에서 48℃로 변화한다면, 난방능력이 크게 감소하게 될 것이며, 용량 재검토가 필요하다.

[예제 7-4]

지중루프의 순환수 EWT가 10℃, 유량이 284LPM, 부하측 순환수의 EWT가 43.3℃, 유량이 237LPM이다. 이때 난방모드로 운전하는 히트펌프 유니트의 난방 용량(kW), 소비전력(kW), 그리고 COP를 구하라. (〈표 7-1〉의 데이터를 참조)

[예제 7-5]

지중루프의 순환수 EWT가 32.2℃, 유량이 237LPM,, 부하측 순환수의 EWT가 10℃, 유량이 284LPM이다. 이때 냉방모드로 작동하는 히트펌프 유니트의 냉방 용량(kWh), 소비전력(kW), 그리고 COP를 구하라. (〈표 7-2〉의 데이터를 참조)

[예제 7-6]

히트펌프의 성능을 나타내는 COP의 단위는 무엇인가?

다음의 <표 7-1>, <표 7-2>는 물-물 히트펌프 유니트의 성능표가 제시되어 있다. 앞에서 언급한 것과 같이 물-물 히트펌프 유니트 성능에 영향을 미치는 인자는 지중 루프측의 순환수 온도와 유량, 그리고 부하측 순환수 루프의 온도와 유량이다.

〈표 7-1〉 히트펌프 유니트 난방 성능표

열원			부하				용량	흡수열량	소비전력	열원
EWT	LPM	WPD(m)	EWT	LPM	LWT	WPD(m)	kcal/hr	kcal/hr	kW	LWT
-1.1	237	2.91	32.2	237	36.7	2.91	62,717	44,275	21.45	-3.7
				284	35.9	4.02	62,735	44,421	21.30	-3.7
			37.8	237	42.2	2.91	62,348	41,866	23.82	-3.6
				284	41.4	4.02	62,377	42,033	23.66	-3.6
			43.3	237	47.7	2.91	61,836	39,142	26.39	-3.4
				284	46.9	4.02	61,872	39,327	26.22	-3.4
	284	4.02	32.2	237	36.7	2.91	63,117	44,659	21.46	-3.3
				284	35.9	4.02	63,137	44,808	21.31	-3.3
			37.8	237	42.2	2.91	62,720	42,219	23.84	-3.2
				284	41.4	4.02	62,751	42,389	23.68	-3.2
			43.3	237	47.7	2.91	62,180	39,463	26.42	-3.1
				284	47.0	4.02	62,219	39,651	26.24	-3.1
4.4	237	2.91	32.2	237	37.3	2.91	71,715	52,966	21.80	1.3
				284	36.4	4.02	71,751	53,154	21.63	1.3
			37.8	237	42.8	2.91	71,173	50,295	24.28	1.5
				284	41.9	4.02	71,216	50,504	24.09	1.5
			43.3	237	48.3	2.91	70,549	47,346	26.98	1.7
				284	47.5	4.02	70,597	47,572	26.78	1.7
	284	4.02	32.2	237	37.3	2.91	72,238	53,474	21.82	1.8
				284	36.4	4.02	72,278	53,667	21.64	1.8
			37.8	237	42.8	2.91	71,658	50,762	24.30	1.9
				284	42.0	4.02	71,705	50,976	24.11	1.9
			43.3	237	48.3	2.91	70,997	47,772	27.01	2.1
				284	47.5	4.02	71,046	48,003	26.80	2.1
10.0	237	2.91	32.2	237	38.0	2.91	81,558	62,567	22.08	6.3
				284	37.0	4.02	81,623	62,810	21.88	6.3
			37.8	237	43.5	2.91	80,759	59,576	24.63	6.5
				284	42.6	4.02	80,828	59,838	24.41	6.5
			43.3	237	49.0	2.91	79,940	56,339	27.45	6.7
				284	48.1	4.02	80,008	56,618	27.20	6.7
	284	4.02	32.2	237	38.0	2.91	82,238	63,233	22.10	6.9
				284	37.1	4.02	82,309	63,483	21.89	6.9
			37.8	237	43.5	2.91	81,387	60,187	24.65	7.1
				284	42.6	4.02	81,461	60,456	24.43	7.1
			43.3	237	49.0	2.91	80,519	56,897	27.47	7.2
				284	48.1	4.02	80,592	57,183	27.22	7.2
21.1	237	2.91	32.2	237	39.6	2.91	104,283	84,893	22.55	16.1
				284	38.4	4.02	104,454	85,295	22.28	16.1
			37.8	237	45.0	2.91	102,744	81,096	25.17	16.3
				284	43.8	4.02	102,906	81,513	24.88	16.3
			43.3	237	50.5	2.91	101,301	77,118	28.12	16.6
				284	49.3	4.02	101,448	77,547	27.79	16.6
	284	4.02	32.2	237	39.7	2.91	105,406	85,998	22.57	16.9
				284	38.4	4.02	105,589	86,415	22.30	16.9
			37.8	237	45.1	2.91	103,778	82,111	25.20	17.1
				284	43.9	4.02	103,951	82,542	24.90	17.1
			43.3	237	50.6	2.91	102,251	78,048	28.15	17.3
				284	49.3	4.02	102,415	78,493	27.82	17.3
29.4	237	2.91	32.2	237	41.0	2.91	124,574	104,852	22.93	23.3
				284	39.6	4.02	124,883	105,433	22.62	23.2
			37.8	237	46.4	2.91	122,302	100,323	25.56	23.6
				284	45.0	4.02	122,586	100,913	25.20	23.5
			43.3	237	51.8	2.91	120,205	95,658	28.54	23.8
				284	50.4	4.02	120,459	96,253	28.15	23.8
	284	4.02	32.2	237	41.1	2.91	126,182	106,432	22.97	24.2
				284	39.7	4.02	126,513	107,038	22.65	24.2
			37.8	237	46.5	2.91	123,782	101,778	25.59	24.4
				284	45.1	4.02	124,086	102,391	25.23	24.4
			43.3	237	51.9	2.91	121,566	96,994	28.57	24.7
				284	50.5	4.02	121,838	97,611	28.17	24.7

 〈표 7-2〉 히트펌프 유니트 냉방 성능표

열원			부하				용량	방출열량	소비전력	열원
EWT	LPM	WPD(m)	EWT	LPM	LWT	WPD(m)	kcal/hr	kcal/hr	kW	LWT
21.1	237	2.91	10.0	237	5.3	2.91	65,951	80,555	16.98	26.8
				284	6.1	4.02	66,846	81,486	17.02	26.8
			12.8	237	7.8	2.91	70,976	85,783	17.22	27.2
				284	8.6	4.02	71,982	86,830	17.27	27.2
			15.6	237	10.2	2.91	76,213	91,234	17.47	27.6
				284	11.0	4.02	77,337	92,406	17.52	27.6
	284	4.02	10.0	237	5.3	2.91	66,248	80,656	16.76	25.8
				284	6.1	4.02	67,154	81,597	16.80	25.9
			12.8	237	7.7	2.91	71,314	85,913	16.98	26.2
				284	8.5	4.02	72,333	86,971	17.02	26.2
			15.6	237	10.2	2.91	76,596	91,397	17.21	26.5
				284	11.0	4.02	77,737	92,582	17.26	26.6
29.4	237	2.91	10.0	237	5.7	2.91	61,268	77,910	19.35	34.9
				284	6.3	4.02	62,062	78,738	19.39	35.0
			12.8	237	8.1	2.91	65,976	82,817	19.58	35.3
				284	8.8	4.02	66,868	83,747	19.63	35.3
			15.6	237	10.6	2.91	70,879	87,930	19.83	35.7
				284	11.3	4.02	71,877	88,971	19.88	35.7
	284	4.02	10.0	237	5.7	2.91	61,594	78,003	19.08	34.1
				284	6.3	4.02	62,399	78,840	19.12	34.1
			12.8	237	8.1	2.91	66,343	82,937	19.30	34.3
				284	8.8	4.02	67,248	83,878	19.34	34.4
			15.6	237	10.5	2.91	71,292	88,081	19.52	34.6
				284	11.3	4.02	72,305	89,134	19.57	34.7
32.2	237	2.91	10.0	237	5.8	2.91	59,696	77,124	20.27	37.7
				284	6.4	4.02	60,458	77,919	20.30	37.7
			12.8	237	8.2	2.91	64,306	81,932	20.50	38.0
				284	8.9	4.02	65,162	82,825	20.54	38.1
			15.6	237	10.7	2.91	69,106	86,940	20.74	38.3
				284	11.4	4.02	70,064	87,940	20.79	38.4
	284	4.02	10.0	237	5.8	2.91	60,033	77,215	19.98	36.8
				284	6.4	4.02	60,806	78,018	20.02	36.8
			12.8	237	8.2	2.91	64,684	82,049	20.19	37.1
				284	8.9	4.02	65,554	82,953	20.23	37.1
			15.6	237	10.7	2.91	69,530	87,087	20.42	37.3
				284	11.4	4.02	70,503	88,099	20.46	37.4
37.8	237	2.91	10.0	237	6.0	2.91	56,816	76,091	22.41	43.2
				284	6.6	4.02	57,519	76,825	22.45	43.2
			12.8	237	8.4	2.91	61,265	80,736	22.64	43.5
				284	9.1	4.02	62,056	81,561	22.68	43.6
			15.6	237	10.9	2.91	65,895	85,571	22.88	43.8
				284	11.6	4.02	66,780	86,495	22.93	43.9
	284	4.02	10.0	237	5.9	2.91	57,179	76,178	22.09	42.3
				284	6.6	4.02	57,893	76,921	22.13	42.3
			12.8	237	8.4	2.91	61,669	80,849	22.30	42.6
				284	9.1	4.02	62,473	81,684	22.34	42.6
			15.6	237	10.9	2.91	66,346	85,713	22.52	42.8
				284	11.6	4.02	67,245	86,649	22.56	42.9
43.3	237	2.91	10.0	237	6.2	2.91	53,947	75,340	24.91	48.7
				284	6.8	4.02	54,593	76,017	24.96	48.7
			12.8	237	8.7	2.91	58,254	79,845	25.14	49.0
				284	9.3	4.02	58,981	80,603	25.19	49.1
			15.6	237	11.1	2.91	62,730	84,527	25.38	49.3
				284	11.8	4.02	63,548	85,377	25.41	49.4
	284	4.02	10.0	237	6.2	2.91	54,302	75,420	24.56	47.8
				284	6.8	4.02	54,960	76,104	24.59	47.8
			12.8	237	8.7	2.91	58,652	79,945	24.76	48.1
				284	9.3	4.02	59,392	80,715	24.80	48.1
			15.6	237	11.1	2.91	63,178	84,655	24.97	48.3
				284	11.8	4.02	64,008	85,518	25.01	48.3

01 다음 용어에 대하여 정리하시오.
가) 공기열원 히트펌프
나) 제상(Defrost)
다) 지중루프 순환수

02 지열 히트펌프에서 가장 널리 사용되는 압축기 방식은 무엇인가?

03 과열저감기(Desuperheater)를 채택하여 하절기에 냉방을 수행하면서 생산하는 온수의 비용은 무료이다.(O, X)

04 국내 지열 히트펌프 유니트에서 가장 널리 사용되어온 냉매는 무엇인가?

02 최근에 지열 히트펌프 유니트에서 널리 보급되고 있는 HFC냉매에는 무엇이 있는가?

05 냉매의 오존층을 파괴할 수 있는 잠재적인 위험성과 지구의 온난화에 미치는 위험성을 칭하며 용어의 친환경성을 평가하는 2가지 용어를 쓰시오.

06 난방 운전시 COP를 분수의 형태로 표시하시오.

07 히트펌프 유니트에서 나오는 열을 지중에 저장하는 운전은 냉방 또는 난방 중에서 어는 것인가?

08 지중에서 열을 추출하여 히트펌프 유니트의 열원으로 이용하는 운전 모드는 냉방인가 아니면 난방인가?

09 지중에서 100kW(t)의 열을 흡수하고, 히트펌프 유니트가 40kW(e)의 전기를 소비할 때, 건물 내부에서 이용하는 에너지는 얼마인가? 이때 COP는 얼마인가? 여기서 (t)는 열에너지를, 그리고 (e)는 전기에너지를 의미한다.

10 지중에 100kW(t)의 열을 지중에 저장하면서, 히트펌프 유니트가 20kW(e)의전기를 소비한다. 이 때 건물내부에서 냉방을 수행하면서 흡수한 에너지는 얼마인가. 이때 COP는 얼마인가?

11 히트펌프 유니트의 증발기에서 냉매 온도는 물의 온도 보다 일반적으로 5℃정도 낮다.(O, X)

12 증발기에서는 냉매가 액체에서 기체로 변하는가?

13 응축기에서는 냉매가 기체에서 액체로 변하는가?

14 압축기에는 저압의 기체 냉매가 유입되어 고압으로 압축되는가?

15 팽창변에서는 액체 상태의 냉매가 유입되어 액체와 기체의 혼합상태로 나오는가?

16 직접팽창(Direct Expansion) 지중 열교환기는 지중에 폴리에틸렌 파이프를 설치하고 부동액을 순환시켜서 지열을 이용하는 일반적인 방법 대신에 지중에 동관을 설치하여 냉매를 순환시킨다.(O, X)

17 지중 열교환기와 연결되는 히트펌프 유니트의 열교환기에서 사용되는 열교환기의 종류를 쓰시오.

18 사방변(Reversing Valves, Four-way Valves)의 역할을 설명하시오.

19 용접형 판형열교환기의 장점은 무엇인가?

20 이중관형 열교환기의 장점을 무엇인가?

21 히트펌프 사이클을 압력-엔탈피(Pressure-Enthalpy, P-h)선도에 그리고, 냉방능력, 난방능력, 소비동력을 표시하시오.

CHAPTER 8

순환시스템 설계

지열 히트펌프 시스템에서 히트펌프 유니트의 성능은 갈수록 향상되고 있는데 비하여 펌프의 성능은 크게 향상되지 못하고 있어, 전체 에너지소비에서 펌프가 차지하는 비율은 증가하고 있다. 효율적인 순환시스템을 설계하고 이에 맞게 시공하는 것은 매우 중요하며, 지열 히트펌프 시스템의 전체적인 효율을 높이기 위해서는 순환시스템에서 에너지소비를 줄이는 것이 매우 중요하다.

이 장에서는 지중루프등과 같이 순환시스템에 대하여 다루며, 시스템에서의 압력손실에 대한 기본적인 계산방법을 다룬다. 또한 펌프의 유량과 수두 사이의 관계 그리고 순환시스템 설계와 시스템 성능의 최적화에 대한 기본적인 개념을 다룬다.

08 순환시스템 설계

CHAPTER

8.1 순환 동력과 시스템 효율

지중루프의 순환수 유량에서 사용되는 1 RT당 11.34 lpm(3 gpm)과 같은 수치는 고효율 지열 히트펌프 시스템이나 안정적인 지중 열교환기 개발을 위한 연구 결과로 나온 것이 아니라, 수십 년 전부터 냉각탑에서 냉각수의 순환유량으로 사용되어온 경험적인 수치(Rules of Thumb)이다. 종전의 냉동기는 제어 능력이 현재에 비하여 매우 취약하여 운전 범위가 제한되어 있음으로 인해 냉동기의 원활한 가동을 위하여 일정한 유량의 냉각수 공급이 절실하였다. 그 후로 마이크로프로세서를 통한 제어기술의 발달로 냉동기와 히트펌프의 용량제어가 넓은 범위에서 가능하며, 이와 더불어 냉각탑에 공급되는 냉각수의 양도 적어지고, 온도차 또는 외기 온습도 등에 따라 다양한 제어도 가능하다.

건물에 냉수를 공급하는 냉수 플랜트에서 냉동기의 효율은 크게 개선되어 왔으나, 펌프가 소비하는 순환동력은 예전에 비하여 크게 개선되지 못하였다. 이로 인해 냉수 플랜트 시스템에서 펌프의 순환동력의 양이 전에 비하여 증가하지는 않지만, 시스템 소비동력에서 펌프의 순환동력이 차지하는 비중은 크게 증가하고 있다. 이와 같은 현상은 지열 히트펌프 시스템에서도 동일하게 발생되고 있다. 그동안 히트펌프의 제어 능력과 더불어 성능이 크게 개선되어 왔으나, 펌프의 성능은 과거와 크게 다르지 않다. 이로 인하여 지열 히트펌프 시스템에서도 순환동력의 비중이 증가하여 왔다고 말할 수 있다.

건물분야의 온실가스 배출저감 등을 위하여 냉온수 플랜트 분야에서도 에너지 절약을 위한 노력이 활발하게 진행되고 있다. 건물 냉난방 분야에서도 열원기기와 순환동력을 포함하여 시스템이 소비하는 에너지를 최적화하기 위하여 노력하고 있다. 이에 비하여 국내 지열 히트펌프 분야에서는 지열 히트펌프 시스템의 효율을 향상시키려는 활동이 비교적 미비한 실정이다.

상업용 건물이나 공공건물에 설치하는 지열 히트펌프 시스템에 정격부하 조건하에서 높은 효율을 얻기 위해서는 다음과 같은 사항을 만족하여야 한다.

- 효율이 높은 히트펌프 유니트 채택
- 지중 열교환기의 적절한 설계 및 시공
- 펌프 동력이 적은 지중루프 순환시스템 설계

지열 히트펌프 시스템은 정격부하에서 운전하는 경우보다 부분부하에서 운전하는 시간이 대부분이다. 즉 부분부하 조건하에서는 지중 열교환기에서 나오는 EWT의 온도가 시스템의 성능에 유리한 조건에서 운전되므로 히트펌프 유니트의 성능이 더욱 우수한 성능을 보인다. 그러나 부분부하 운전조건에서 적절한 제어가 되지 않으면 순환동력이 차지하는 비중이 더욱 커지게 될 가능성이 높으며, 이로 인해 시스템 효율이 낮아질 수 있다. 정격부하에서 높은 효율이 나오도록 지중루프 순환시스템을 설계하는 것이 중요하나, 폭 넓은 부분 부하 운전 범위에서도 높은 시스템효율을 유지하기 위해 순환에 소요되는 동력을 적절하게 설계하고 제어하는 것이 매우 중요하다.

부분부하 운전조건에서 유량을 조절하기 위해서는 열펌프 유니트 선정에도 유의하여야 한다. 히트펌프 유니트 선정은 밀폐형 지중 열교환기 방식에서 사용할 수 있는 Extended Range 등급의 히트펌프 유니트를 선정하는 것 이외에도, 광범위한 조건에서 원활하게 작동할 수 있는 운전 범위가 넓은 히트펌프 유니트 선정 또한 중요하다.

지중루프 순환회로를 설계할 때 가장 중요한 사항은 순환 펌프의 에너지 소비량과 시스템의 냉난방 효율을 저하시키지 않은 범위 내에서 충분한 유량을 유지하도록 설계하는 것이다. 적절한 유량으로 3.5kW(1 RT)당 9.4~11.3 lpm(2.5~3 gpm/ton) 정도가 오래전부터 사용되고 있으며, 이러한 수치는 설치하거나 이미 설치된 지열 히트펌프 유니트의 장비 용량의 합계에 근거한 값이 아니라 건물의 최대 냉난방 부하를 토대로 산정한 필요 유량이다.

<표 8-1>은 지열 히트펌프 3.5 kW당 최소 유량이 9.4 lpm일 때 순환펌프와 배관 시스템을 효율적으로 설계되었는지 여부를 판단할 때 사용하는 등급기준이다. 즉 <표 8-1>의 등급기준이란 산정된 순환펌프의 동력(Watt)을 냉방부하로 나눈 값 또는 산정된 순환펌프의 동력을 100 RT의 냉방부하로 나눈 값이다. 만일 순환펌프의 마력을100 RT로 나눈 값이 5~7.5 사이의 값이면 B등급에 해당한다.

예를 들어서, 5HP 펌프를 사용했을 때 지열 히트펌프의 냉방용량은 28.5 RT이면, 펌프 소비동력 3.9 kW를 냉방용량 28.5 RT로 나누면 137 W/RT가 되고, 2 HP 펌프를 사용 했을 때는 49 W/RT가 된다. 여기서 <표 8-1>을 기준으로 보면, 5 HP 펌프는 D등급에 해당하고, 2 HP 펌프를 사용하는 경우에는 A등급에 해당한다.

〈표 8-1〉 냉방시 순환펌프의 효율적인 설계기준(benchmark)과 순환펌프의 등급
[순환수의 유량 : 9.4~11.3 lpm/ton기준]

순환펌프동력(Watt)/ 냉방부하(Watt/ton)	순환펌프마력(HP)/ 냉방부하 100RT	등급
50이하	5 이하	A급 : 우수(excellent)
50~75	5~7.5	B급 : 양호(good)
75~100	7.5~10	C급 : 보통(moderate)
100~150	10~15	D급 : 보통 이하(poor)
150 이상	15 이상	F급 : 불량(bad)

냉방부하에 대한 순환펌프동력의 비중이 <표 8-1>에서 제시된 A 또는 B등급과 같은 높은 등급을 획득하기 위해서는 다음과 같은 설계지침을 준수한다.

1) 최대 부하에 대한 필요유량은 11.34 lpm/RT 이하여야 한다.

2) 배관의 마찰수두손실은 최소화 한다. (<표 8-2> <표 8-3> 및 <표 8-6>)

3) 순환펌프는 최대효율의 5% 이내에서 운전될 수 있는 장비를 선정한다.

4) 히트펌프 유니트에서 발생하는 손실수두는 3.6 m(0.36 kg/cm^2)이내로 한다.

5) 제어밸브의 Cv(lpm)값은 지열 히트펌프의 유량보다 커야 한다.

6) Flow setter나 평형밸브의 손실수두는 1.5m 이내 이어야 한다.

7) Gate valve, Butterfly valve 및 볼밸브 등 각종 밸브류 손실수두는 최소화한다.

8) 펌프모터는 고효율 에너지 인증을 받은 모델을 이용한다.

9) 부동액의 비율을 과다하게 사용하지 않는다.

10) 하나의 대규모 중앙 집중식 지중루프 보다, 여러 개로 분리된 소규모 지중 루프를 이용한다.

지중 열교환기가 포함되어 있는 지열 히트펌프 시스템의 배관시스템 설계는 일반 HVAC 기술자들에게는 다소 생소한 분야이다. 순환유체의 열전달 특성을 저해하지 않은 범위 내에서 수두손실을 최소화시켜야 하므로, 순환수의 유동 속도를 낮게 유지해야 한다. 즉 지중 순환루프 주변의 열저항은 주로 PE 파이프와 파이프 주변 지중의 열적특성에 의해 좌우된다. 최대 부하 운전조건이 아닐 때, 순환수 유동은 층류가 될 수도 있으나, 부분부하의 경우, 층류가 전체 시스템에 미치는 시스템 성능 감소의 영향은 크지 않다.

대다수 상업 및 공공건물에서는 냉방부하가 난방부하에 비해 훨씬 크지만, 이 경우에는 지중으로 열을 방열하기 때문에 지중 순환회로내의 순환수 온도는 상승하게 된다. 부동액 혼합수 내에 함유된 부동액은 온도 상승으로 인해 점성이 감소하므로 순환회로 내에서 층류는 거의 발생하지 않는다. 루프 구격을 결정할 때에는 전체 냉방부하를 기준으로 설계를 하기 때문에 부분 부하시 일부 층류현상이 발생하더라도 지중 순환회로 전체적으로 열교환기 용량 이상의 충분한 여유를 가지고 있다.

<표 8-2>는 마찰수두손실이 최소로 발생하는 조건하에서 U-tube의 구경별 적정 굴착 심도를 나타낸 표이다.

〈표 8-2〉 수직 지중연결 열교환기의 U-tube 구경별 지중 순환회로의 적정심도(m)

U-tube 호칭구경(mm)	병렬회로당 수직 굴착공의 최적심도(m)		
	필요한 시스템 펌프의 효율		
	최적	보통	불량
20	30~60	75까지	75 이상
25	40~90	105까지	105 이상
32	75~150	180까지	180 이상
40	60~180	300까지	300 이상

〈표 8-3〉 지중 열교환기의 각종 배관 100m당 손실수두에 관한 지침

상부연결과 접속관의 규격 결정을 위한 수두손실 추천치			
손실수두 배관류	필요한 시스템 펌프의 효율성		
	최적	보통	불량
주배관부와 상부연결관	1m~3m H₂O	3m~5m H₂O	5m H₂O 이상
접속배관(6m 이하)	2m~5m H₂O	5m~10m H₂O 소음발생	10m H₂O 이상 소음발생

<표 8-3>에서 수두손실(m)은 총 배관길이(m)의 1~3%일 때 최적으로 제시되었으나, 실제 수두손실의 선정은 시스템 효율 측면에서 검토할 필요가 있다.

호칭구경이 25mm인 U-tube로 이뤄진 수직 지중 순환회로의 필요 길이가 총 2,375m이라고 하자. 이 열교환기를 병렬로 설치하고 1개 수직공당 심도를 90m로 하는 경우 필요한 총 수직공의 수는 27공이 되고 1개 수직공의 심도를 45m로 설치하는 경우 총 수직공의 개수는 53공으로서 <표 8-2>에 의하면 최적의 경우에 해당한다.

그러나 이 경우에 전자는 후자에 비해 수두손실이 커진다. 즉 병렬 루프의 수가 적을수록 수두손실은 커지고, 반대로 병렬 루프 수가 많아질수록 순환수의 유속은 적어지나 배관작업은 복잡해진다.

[그림 8-1], [그림 8-2] 및 [그림 8-3]은 지열 히트펌프에 사용하는 SDR 파이프(실선은 SDR-11 PE 파이프이고, 점선은 SDR-17 PE 파이프인 경우)의 구경별, 유량별 수두손실을 나타낸 표이다.

여기서 X축은 관내유량을 gpm으로, Y축은 배관 100m당 수두손실(m)을, 사선은 호칭관경(inch)을 나타낸 것으로서 수온은 15.6℃일 때이다.

이 그림에서 세선(가는선)은 관내 유속이 0.6 m/sec(2 ft/s)에서 1.8 m/sec(6 ft/sec) 되는 구간들을 연결한 선이다.

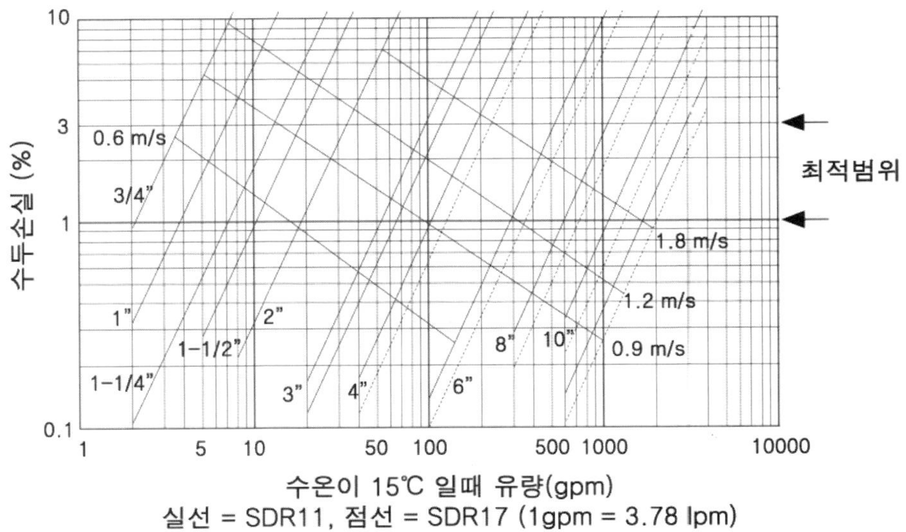

수온이 15℃ 일때 유량(gpm)
실선 = SDR11, 점선 = SDR17 (1gpm = 3.78 lpm)

[그림 8-1] HDPE 파이프(SDR-11과 17)의 관내 유량별 수두손실($\frac{\triangle h}{100\text{m}}$)

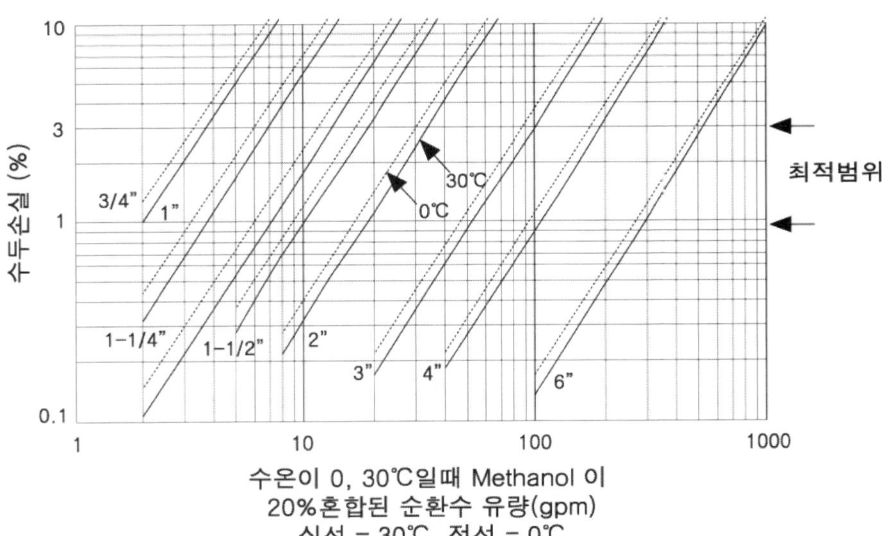

수온이 0, 30℃일때 Methanol 이
20%혼합된 순환수 유량(gpm)
실선 = 30℃, 점선 = 0℃

[그림 8-2] 순환수 수온이 각각 30℃(실선)와 0℃(점선)일 때 SDR-11 파이프
에 Methanol 20%를 혼합한 순환수의 유량별 수두손실($\frac{\triangle h}{100\text{m}}$)

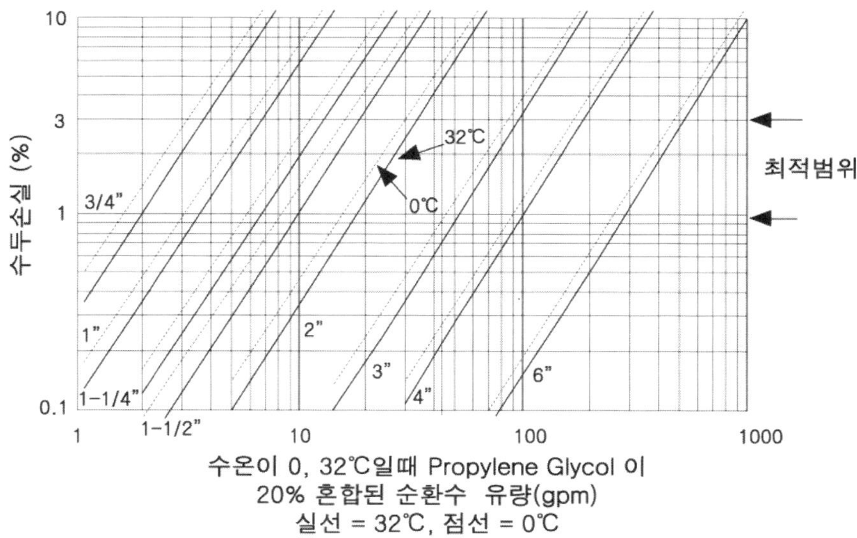

[그림 8-3] 순환수 수온이 각각 32℃(실선)와 0℃일 때 Prophylene glycol 20%를 혼합한 순환수의 유량별 수두손실($\frac{\triangle h}{100\mathrm{m}}$, SDR-11파이프)

<표 8-3>에 제시된 바와 같이 수두손실(m)은 총 배관길이(m)의 1~3%일 때 최적이다.

지중 열교환기를 설치하는 과정에서 공기나 이물질이 지중 루프 내에 들어갈 수 있다. 따라서 지중 열교환기 설계시 지중 루프 내에 잔존해 있는 공기와 이물질을 세정(flushing)할 수 있는 방법을 반드시 고려해야 한다.

플러싱을 수행할 경우에는 지중루프 순환수의 설계 유속보다 빠른 속도로 순환 유체를 순환하여 배관내부를 세척해야 한다. 시스템내로 공기가 다시 유입되지 않고, 기존 루프의 수압에 변화를 주지 않는 범위 내에서 기 설치된 지중 루프에 플러싱용 펌프를 추가로 설치할 수 있다.

대부분의 지중 열교환기 시공업체들은 10~20RT 규모의 지중 순환회로를 세정할 수 있는 장비만을 사용하기 때문에 지중 순환회로를 여러 개의 구간으로 분리하여 시스템 내에 밸브를 설치한 후 플러싱을 수행한다.

설계자들은 유량 평형(flow balancing)에 큰 관심을 가지고 있다. 그러나 지중루프 내부의 작은 불균형은 전체 시스템 성능에 큰 영향을 주지 않는다. 지중루프에서 약 10%의 불균형은 허용할 수 있다.

① 내부 열전달계수가 크게 변하더라도 전반적인 열전달 계수에 미치는 영향은 매우 적고

② 지중 열교환기의 효율이 양호하지 않아, 15%의 온도변화는 효율과 열이동에 미치는 영향이 크지 않다.

따라서 지중 순환회로에서 병렬 루프나 리버스 리턴, 헤더와 유량 평형 밸브들이 정확히 동일할 필요는 없다. 즉 지중 순환회로에서 배관의 길이나 상부 연결관의 구경을 조절하면 유량평형은 충분히 이룰 수 있다.

그러나 배관 직경의 차이를 두지 않을 경우에는 지중 열교환기 길이를 맞춰 전체 열교환기 내부에서 발생되는 유량 변화를 동일하게 조절한다.

8.2 지중루프의 수두손실

밀폐형 지열 히트펌프 시스템의 지중 열교환기에서 사용하는 폴리에틸렌 파이프류는 열융착으로 접합되는 HDPE 파이프류이다. 이 배관의 ASTM 규격은 PE3408로서 그 범위가 매우 넓다. IGSHPA에 의하면 루프 시스템에 사용하는 PE 3408 셀(cell)분류는 345434C, 345534C 및 355434C (ASTM 03350) 등이 있다.

HDPE 파이프 제작회사들은 전통적인 강관류 파이프의 치수를 표시하여온 Schedule Dimension 대신 표준규격비(Standard Dimension Ratio, SDR)를 사용하는데, SDR에는 SODR[파이프 외경(OD)/파이프 두께]과 SIDR[파이프 내경(ID)/파이프 두께]과 같은 2가지가 있다.

SODR로 천연가스 배관이나 융착 파이프류에 주로 사용하며, SIDR은 벤드를 이용해서 배관을 연결하는 바브형(barb) 파이프류에 널리 사용한다. 여기서 SIDR의 내경은 Schedule 40 강관의 규격과 동일하며 SODR의 외경은 강관의 외경과 같다.

<표 8-4>는 일반 배관파이프, SDR-11(11.3kg/cm^{2}압), SDR-17(7kg/cm^{2}압) 및 PE 파이프 규격을 서로 비교한 표이다.

SDR을 사용할 때의 장점은 Schedule 40과 80형과는 달리 모든 구경의 SDR 파이프의 압력이 일정하다는 것이다.

즉 SDR-17의 PE3408 파이프의 압력은 $7\,kg/cm^2$인데 반해, SDR-11 파이프의 압력은 $11.3\,kg/cm^2$이고 SDR-9 파이프는 $14\,kg/cm^2$이다. 따라서 이들 파이프들은 반드시 열융착 방법으로 연결해야 한다. 융착 방법으로는 소켓 융착(소규모관경의 파이프에 적용)이나 맞대기 융착(Butt fusion) 등이 있다.

〈표 8-4〉 밀폐형 지열 히트펌프에 이용되는 파이프의 내경과 외경(mm)

호칭구경(mm) \ 내용	SDR-11	SDR-17	Schedule-40	Schedule-80	동관(L)
20	26.6/21.8	26.6/23.6	26.6/20.9	26.6/ 18.8	22.2/ 19.9
25	33.4/27.4	33.4/29.5	33.4/26.6	33.4/24.3	28.6/26.0
32	42.2/34.5	42.2/37.1	42.2/35.05	42.2/32.5	34.9/ 32.1
40	48.3/ 39.4	48.3/42.6	48.3/40.9	48.3/38.1	41.3/ 38.2
50	59.8/49.3	59.3/ 53.3	59.3/ 52.5	59.3/49.3	54.0/ 50.4
80	88.9/72.6	88.9/78.5	88.9/77.9	88.9/73.6	79.4/ 74.8
100	114.3/ 93.4	114.3/100.8	114.3/102.3	114.3/97.2	104.8/99.2
150	168.3/137.6	168.3/148.3	168.3/154.05	168.3/146.3	
200	219.1/179.3	219.1/193.3	219.1/202.7	219.1/193.7	
250	273.1/223.5	273.1/241.0	273.1/254.5	273.1/242.9	
300	323.8/264.9	323.8/285.7	323.8/303.2	323.8/288.9	외경/내경(mm)

파이프 내에서 흐르는 순환수의 수두손실(head loss 또는 pressure drop)을 계산하는 방법은 여러 가지가 있다. 소구경의 파이프를 사용하면 배관비용을 줄일 수 있으나 수두손실이 증가하여 운영비는 비싸지고, 반대로 구경이 큰 파이프를 사용하면 초기 배관 자재비는 비싸지만, 운영비를 절감시킬 수 있기 때문에 현장 상황에 적절한 규격의 파이프를 사용해야 한다.

8.2.1 파이프의 규격 결정

1) 배관작업에 앞서 각 구간에서 필요한 유량과 모든 배관의 길이, 이음관 및 밸브류로 이루어진 배관망도를 작성한다.

2) <표 8-3>에 제시된 허용 수두손실과 <표 8-6>에 제시된 관내 허용유량을 이용하여 각 구간별 파이프규격을 선택한다.

3) 밸브류와 같은 이음관의 수두손실은 동일한 구경을 갖는 직선파이프의 상당길이로 환산하고 가장 길게 설치된 파이프의 총 길이에 대한 수두 손실을 계산한다.

4) 기타 지열 히트펌프의 수두손실(3.5m 이내)과 control valve 등의 수두손실(1.5m 이하)을 계산한다.

5) 과다한 수두손실이 발생한 구간에 대해서는 관경을 바꾸거나 길이를 조절한다.

6) 직렬흐름 경로당 전체 수두손실을 합산하고 배관길이가 가장 긴 구간에서 수두 손실을 계산한다.

7) 수두손실과 유량을 충족시킬 수 있는 최소한의 순환펌프 규격을 결정한다.

8) 냉방톤당 소요펌프의 동력(Watt와 HP)을 계산하여 <표 8-1>에서 제시한 지열 히트펌프 시스템의 효율등급을 결정한다.

〈표 8-5〉 HDPE 이음관의 상당길이(equivalent length, m) - 국부저항

호칭구경(mm) \ 부속품	20	25	32	40	50	80	100	150	200	250	300
U-bend 소켓	3.66	1.95	3.40								
U-Do소켓	2.6										
Socket 90L	1.04	0.76	1.92	1.98	2.07	2.44					
Socket Tee-분기형	1.25	1.59	1.95	3.05	3.96	4.88					
Socket Tee-직선형	0.37	0.37	0.27	0.61	0.85						
Socket Reducer(1단계)		1.86	1.22	1.19	1.28						
Socket RIε ducer(2단계)			1.28		1.55						
Unicoil TM	2.65	3.10									
Butt U-bend	3.78	6.83	10.70	13.10							
Butt 900·L	2.20	3.05	5.64	3.26	3.75	9.76	11.58	15.50	19.20	22.86	26.52
Butt Tee-분기형	2.20	2.16	5.24	3.26	4.63	9.75	11.28	15.24	18.90	22.60	26.20
Butt Tee-직선형	1.37	0.82	1.68	0.88	1.25	2.07	2.16	2.35	2.53	2.74	3.05
Butt Reducer		1.46	1.68	1.83	2.07	3.14	4.09	6.10	7.93	10.00	1.90
Butt Joint	0.61	0.37	0.40	0.40	0.37	0.24	0.30				
m5 ton close header (First/Last take off)		5.18/ 9.15									
10 ton close header		6.1/ 10.4									

만일 등급이 낮거나 범위를 벗어날 경우에는 시스템을 재설계한다.

<표 8-5>는 HDPE 이음관의 국부저항과 상당길이를 나타낸다.

상술한 절차를 수행하기 위해서 여러 가지 식을 이용한다. 배관의 이음관이나 파이프의 일부구간에 대한 상당길이(L_{egv} 또는 L_e)는 (8.1)식으로 구할 수 있다.

$$\text{상당길이}(L_{egv}) = \text{직선형 파이프} + \sum L_{egv\ fitting} \quad\cdots\cdots (8.1)$$

$$\sum L_{egv\ fitting} \qquad : \text{배관에 연결된 각종 이음관 상당길이의 합}$$

<표 8-5>는 여러 가지 PE 파이프 이음관에 대한 상당길이를 나타낸 표이다. 강관류 파이프 상당길이에 관해서는 ASHRAE Fundmentals 제3장을 참조한다.

상당길이가 계산되면 수두손실은 아래의 식을 이용하여 구한다.

$$h_1 = (\Delta h\ /\ 100 \times m) \times L_{egv} \quad\cdots\cdots (8.2)$$

[예제 8-1]

호칭구경이 25mm인 수직 PE 파이프와 1개의 U-bend 소켓으로 구성된 수평배열 루프의 총 길이가 50m이며 순환수의 유량이 18.9lpm일 때 수두손실은 얼마인가?

【해설】

<표 8-7>에서 유량이 18.9lpm일 때 구경 25mm PE 파이프의 수두손실은 100m당 1.62m이고, 25mm U-bend의 상당길이는 1.95m(<표 8-5>참조)이므로 총 상당길이는 50+1.958=51.95m이다. 따라서 총 수두손실은 $51.95 \times \dfrac{1.62}{100} = 0.84\text{m}$ 이다.

〈표 8-6〉 파이프의 구경별 최대 허용유량(lpm)

호칭구경(mm)	SDR11 HDPE	SOR17 HDPE	Schedule 40 강관 pipe
20	17		15.1
25	30.2		26.5
32	56.7		56.7
40	83.1		86.9
50	151.2		170.1
80	415.8	529.2	491.4

호칭구경(mm)	SDR11 HDPE	SOR17 HDPE	Schedule 40 강관 pipe
100	831.6	1,134	982.8
150	2,268	2,835	3,024
200	4,536	5,670	6,048
250	8,316	9,828	11,340
300	13,230	15,876	17,388

ASHRAE의 추천 수두손실계수에 기초 (4m/100m pipe)
부동액 혼합수인 경우 : 20% prophylene glycol을 혼합했을 때는 0.85
20% methanol을 혼합했을 때는 0.9
20% ethanol을 혼합했을 때는 0.8을 곱한다.

SDR(외경÷관벽 두께)기준을 이용하는 PE 파이프 100m당 관내순환수 유량에 따른 마찰 수두손실은 [그림 8-1], [그림 8-2] 그리고 [그림 8-3]과 같고 요약표는 <표 8-7>로 나타낼 수 있다.

특히 Schedule 80 PVC와 Schedule 40 강제 파이프 및 동관의 수두 손실 계수에 관해서는 ASHRAE 2001 Fundamentals을 참조하기 바란다.

지중 순환회로나 빌딩회로 내에서 HDPE관의 유량별 마찰수드손실은 <표 8-7>과 같지만 <표 8-7>에 제시되지 않은 유량에 대한 수두손실계수는 그 상하유량에 해당하는 수두손실계수를 이용하여 다음식으로 구할 수 있다

$$h = h_{rated} \times \left(\frac{\text{lpm}}{\text{lpm}_{rated}} \right)^2 \quad\text{····································} \quad (8.3)$$

h_{rated} : 표에 기록 되어있는 하위 수두손실계수($\frac{\triangle h}{100}$)

lpm_{rated} : 표에 기록 되어있는 하위 유량(lpm)

h : 표에 기록 되어있지 않은 수두손실 계수(유량은 lpm)

[예제 8-2]

호칭 직경이 25mm인 SDR-11 PE 파이프에서 37.8lpm의 순환수가 흐를 때 마찰수두 손실계수는 5.64%(5.64/100m)이다. (동일 규격의 파이프 제조업체 기술자료 참조) C_V=0.07 kg/cm^{2}의 수두손실당 유량(lpm)에서 순환수의 유량이 34.02lpm일 때 수두 손실은?

【해설】

$$5.64 \times \left(\frac{34.02}{37.8}\right)^2 = 4.57\%$$

즉 수두 손실계수는 100m 당 4.57m이다.

밸브류의 수두 손실계수는 유량계수(flow coefficient)로 표시한다.(<표 8-8> 참고) 유량계수란, 압력이 0.07 bar(1psi) 강하했을 때의 유량을 뜻한다. 관내 유량이 표에 기록되어 있지 않았을 때 해당 유량에 대한 압력 감소는 식 (8.4)를 이용하여 계산한다.

$$\triangle p\,(\mathrm{m}) = 0.021\left(\frac{\mathrm{lpm}}{C_V}\right) \Rightarrow h_1 \text{ of } H_2O\,(\mathrm{m}) = 0.0493 \times \left(\frac{\mathrm{lpm}}{C_V}\right)^2 (\mathrm{m}) \cdots (8\text{-}4)$$

〈표 8-7〉 수온이 15.6℃일 때 SDR-11 HDPE 파이프 100m당 마찰수두손실(m)

구경(mm) lpm	10 ($\frac{3}{4}$)	25 (1)	32 ($1\frac{1}{4}$)	40 ($1\frac{1}{2}$)	50 (2)	80 (3)
3.78	0.28					
7.57	0.94	0.33				
11.4	1.92	0.66				
15.2	3.21	1.09	0.36			
18.9	4.78	1.62	0.53	0.28		
22.7	6.64	2.25	0.73	0.38		
30.3	11.9	3.77	1.22	0.63		
37.8	16.8	5.64	1.81	0.94	0.32	
45.5	23.6	7.85	2.5	1.31	0.45	
53.0		10.4	3.3	1.72	0.59	
60.6		13.3	4.2	2.2	0.74	
68.2		16.5	5.2	2.7	0.92	
75.8		20.1	6.4	3.3	1.11	
94.7			9.6	4.9	1.66	
113.6			13.4	6.9	2.3	0.35
132.6			17.8	9.2	3.1	0.46
151.5			22.9	11.7	3.9	0.59
170.5				14.6	4.8	0.73
189.4					5.9	0.88

구경 lpm	50 (2)	80 (3)	100 (4)	150 (6)	200 (8)
227	8.2	1.23	0.36		
265	11.0	1.63	0.48		
303	14.1	2.1	0.61		
341	17.6	2.6	0.76		
378	21.4	3.1	0.92		
454		4.4	1.28		
530		5.8	1.70		
606		7.5	2.2	0.33	
682		9.4	2.7	0.41	
757		11.4	3.3	0.49	
833			3.9	0.59	
909			4.6	0.69	
985			5.4	0.80	
1,060			6.2	0.92	
1,136			7.0	1.04	0.29
1,325			9.4	1.38	0.38
1,515			12.1	1.77	0.49
1,705				2.2	0.60
1,894				2.7	0.73

구경 lpm	150 (6)	200 (8)	250 (10)	300 (12)
2273	3.8	1.03	0.35	
2652	5.1	1.37	0.46	
3030	6.5	1.75	0.59	0.26
3409	8.1	2.2	0.74	0.32
3780	9.9	2.7	0.90	0.39
4545	14.0	3.8	1.26	0.55
5303		5.0	1.68	0.73
6060		6.5	2.2	0.93
6818		8.1	2.7	1.16
7576		9.9	3.3	1.41
8333		11.9	4.0	1.69
9091		14.1	4.7	1.99
9848			5.4	2.3
10,606			6.2	2.7
11,363			7.1	3.0
12,121			8.1	3.4
12,878			9.1	3.8
13,636			10.1	4.3
15,152			12.4	5.2

〈표 8-8〉 밸브와 기타 이음관(fitting)의 유량계수(flow coefficient, C_V)

호칭구경(mm) 밸브 및 부속관	20	25	32	40	50	80	100	150	200	250	300
죤 밸브(WR)	88.8	140									
죤 밸브(J)	32.5	52.5		104	155						
죤 밸브(HW)	13.2	13.2									
죤 밸브-Ball	94.7	132.6	178	306.8							
볼 밸브(App)	94.7	132.6	178	306.8	397.7	1,477.3	3,144	4,735	7,613.6	12,102	
나비형 밸브					545.5	1,746.2	3,185.6	7,005.6	12,560.6	20,568	
Swing check	49.2	79.4	132.5	170.5	284	738.6	1325.7	3,750	6,439	9,091	
Y-strainer-FPT	68.2	106	162.8	227.3	359.8	587	947				
Y-strainer-Flarge				113.6	265	606	984.8	2,083	3,484.8	6,060	8,316

8.3 지중루프 설계

건축물 외부배관인 지중 열교환기의 기능을 완전히 이해하기 위해서는 루프내에서 순환수가 적절히 순환될 수 있도록 설계해야 한다. 지중 순환회로 설계시 주의해야 할 내용으로는

- U-tube와 상부 연결관에서 발생되는 수두손실은 항상 최소가 되도록 한다. <표 8-2, 8-3 참조>
- 100% 부하 조건시 U-tube내 순환수의 흐름은 층류가 되지 않도록 해야 한다. 그러나 부분 부하시 순환수의 여러 가지 순환 시스템 내에서 층류는 일부 허용할 수 있다.
- 지중 루프 내에 잔존해있는 공기나 이물질을 플러싱하기 위해 루프 내 순환수의 유량은 다음조건을 만족해야 한다. 즉, 관내유속은 0.6 m/s 이상이어야 한다.

이 조건은 U-tube를 포함한 배관계통에 밸브류를 설치하여 배관을 서로 분리시킨 후, 부분적으로 플러싱을 하는 경우에도 적용한다.

〈표 8-9〉 SDR-11 PE관내 유속이 0.6m/s가 되기 위한 필요유량

호칭구경(mm)	필요유량	
	lpm	gpm
20	15.1	4
25	22.7	6
32	34	9
40	45.4	12
50	68	18
80	151.2	40

PE 파이프의 구경별 적정 천공심도(<표 8-2> 참조)와 직선배관 100m당 수두손실(<표 8-3> 참조)을 이용하여 관내 최저 수두손실과 최적 유량을 산정 한다.

전체 시스템의 천공길이를 <표 8-2>에서 제시한 1개 지중 순환 회로당 추천 천공길이로 나누면 병렬루프의 개수를 계산할 수 있다. 그러나 천공수와 병렬 루프의 수가 반드시 동일해야할 필요는 없다.

예를 들면 사례 예제에서 구경 25mm의 U-tube를 사용하는 경우, 루프 설치길이에 따라 천공수는 26개에서 52공으로 될 수 있다.

상부 헤더의 크기는 <표 8-3>과 <표 8-6>의 지침에 따라 결정한다. 지중 순환회로의 규모가 20~30 RT 이상인 경우에는 지중 순환회로를 여러 개의 소배관군(subgroup)으로 구분하여 설치, 운영한다. 그 대표적인 방법으로는 배관중심부에 위치한 개별 소배관군에 나비형 밸브를 설치하는 경우이다.

상부 헤더는 U-tube의 소배관군 중심에 설치한 [그림 8-4]와 같은 폐회로형 상부연결관(close header)을 통해 순환수를 공급한다.

일부 시공자들은 폐회로형 헤더 대신에 역환수-상부연결관(reverse-return header)을 애용하기도 한다. 폐회로형 헤더는 현장에서 조립해서는 안되며, 공장에서 조립한 것을 사용하고 충분한 평형 흐름분포를 갖도록 해야 한다.

소배관군의 차단 밸브류들은 건물내부의 기계실이나 지중 순환회로의 중심부근에 설치한 지하 배관 맨홀(트렌치 박스, vault)에 설치하기도 한다.

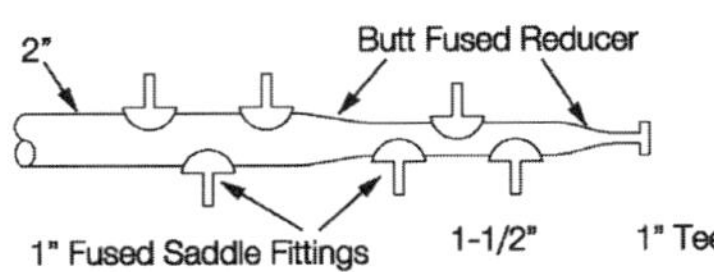

상부 연결관 - 8개   loop saddle 형 이음관
(유량이 94.5~189 lpm(8.5~17ton)인 구경에 적합)

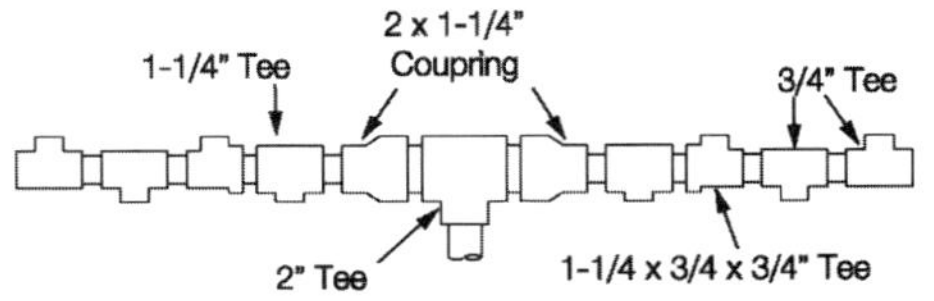

상부 연결관 - 2중 5개 loop socket 형 이음관

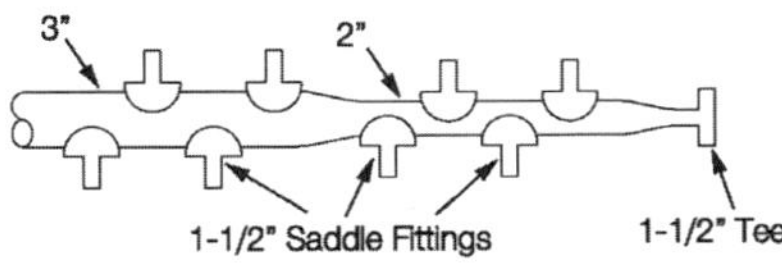

대형분기 (take off) 접합 상부연결관 - saddle형 이음관
(유량이 227~454 lpm(20~40ton)인 배관 구경에 적합)

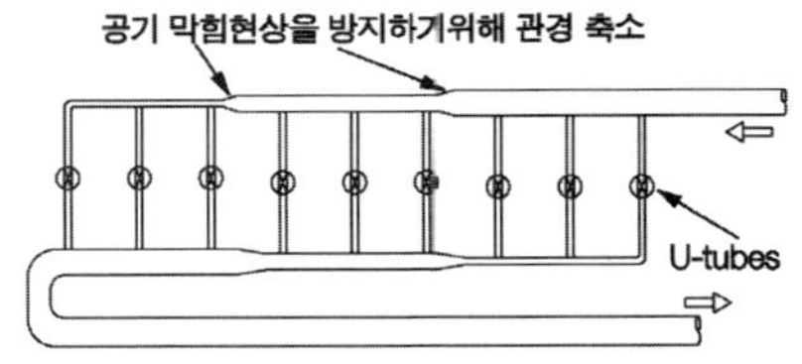

전형적인 역순환(역환수) 상부 연결관

[그림 8-4] 직접 및 역순환 상부 연결관의 모식도

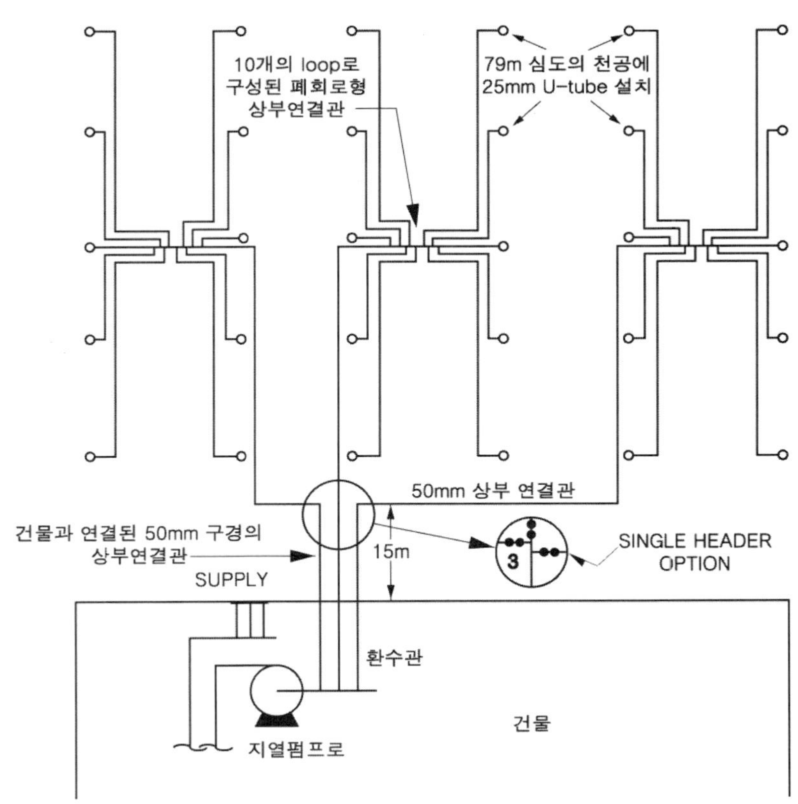

[그림 8-5] 예제건물의 GHEX의 세부평면도(단, 환수 바관만 도시)

※ 외부배관(exterior piping, 지중 루프와 연결된 건물 외부 배관)

[그림 8-5]는 수직천공수가 30공이며 공당 천공심도가 79m이고, 이들 수직공을 5X6 격자형 병렬형태로 설치한 지중 순환회로의 현장 배치도이다. 이 경우 총 수직공의 길이는 30공×79m=2,370m이다

이 예제에서 다루는 루프 시스템은 플러싱을 소배관군 별로 실시할 수 있도록 3개의 소배관군으로 구분한 경우이다. 각 소배관군을 연결하는 밸브류의 설치지점과 건물에서 플러싱에 사용할 purge valve의 위치는 [그림 8-5]와 같다.

일부 시공업자들은 각각의 소배관군을 모두 건물내 다중 헤더관의 형식(multi-header)으로 설치하기도 하며, 일부 시공자들은 건물내 1개 대규모 상부연결관(single large header)을 설치한 다음, 지중 순환회로 부근에 설치한 트렌치 박스(vault)에 별도로 밸브류를 설치하기도 한다. 뿐만 아니라 모든 루프에 적절한 유속(0.6 m/s)을 유지시켜줄 수 있는 세정용 펌프를 설치할 수 있는 경우, 기존보다 규모가 큰 소배관군을 분리 설치하기도 한다.

[예제 8-3]

≪예제 8.2≫와 [그림 8-5]에서 가장 원거리에 설치되어 있는 U-tube 루프까지의 지중 순환수의 수두손실을 계산해보도록 하자.

【해설】

　가) SDR 11 구경 25mm U-tube(루프)의 수두손실
　　　1) 총 상당 파이프 길이 ;

$$L_{egv} = L_{straight} = \Sigma L_{egv\cdot fitting}$$
$$L_{egc} = 79\text{m} \times 2개 + (6+6+3) \times 2 + 6.7\text{m} + 2개 \times 8.23\text{m}$$
$$L_{egc} = \text{수직공 + 수평배관 + butt U-tube + 폐회로형 상부연결관}$$

　　　2) 유량이 10.86 lpm(325.76 lpm/30공)일 때 직관 100m당 수두손실은 ;

$$\left(\frac{2.8}{3}\right)^2 \times 0.66 = 0.6\text{m}$$
$$\triangle h = 0.6\text{m}/100\text{m} \times 211.16\text{m} ≒ 1.27\text{m}$$

　나) 구경 50mm인 SDR 11 PE 파이프의 건물 외부 헤더에서 수두손실(구경 50mm 관에서 건물까지)
　　　1) 총 상당 파이프 길이 ;

$$close\,header - \text{건물까지}$$
$$L_{egv} = 2개 \times (15+12+12+3) + 2 \times 0.61 = 85.22\text{m}$$

　　　2) 유량이 108.5 lpm(325.5 lpm/3개 header)일 때 직관 100m당 수두손실;
　　　　2.1 m/100 m이다.

$$\triangle h_2 = 2.1/100 \times 85.22 = 1.79\text{m}$$
$$\therefore \text{지중 열교환기와 건물 외부배관의 총 수두손실} = 1.27 + 1.79 = 3.06 \fallingdotseq 3.1\text{m}$$

상기 예제의 경우 지중 순환회로를 포함한 건물 외부배관의 전체 수두손실은 3.1 m로서 소규모이지만 순환수의 수온이 26.7°C일 때 U-tube에서 순환수의 레이놀드수는 9,800 정도이기 때문에 열전달에는 큰 문제가 없을 뿐만 아니라 부동액을 사용해야 하는 겨울철에도 상기 유속은 열전달에 별 문제가 없다.

Propylene glycol과 물을 20% / 80% 혼합시킨 순환수의 수온이 4.4°C일 때 상기 순환수가 유동시 Re수는 임계치보다 높다. 길이가 동일하지 않는 병렬 루프에서 순환수의 유동율은 다음과 같이 계산할 수 있다.

① 가장 멀리 또는 가깝게 설치된 루프의 유량대 수두손실(시스템) 곡선을 작도한다.
② 루프에서 가용한 수두를 나타내는 지점 상에서 수평선을 긋는다.
③ 시스템곡선과 수평선이 만나는 지점 즉 상술한 2개 루프 상에서 유량을 결정한다.

≪예제 8-3≫과 [그림 8-5]에서 상술한 과정을 통해 산정한 값은 다음과 같다. 건물의 최근접 루프에서의 유량은 9.8 lpm이고 최원거리 루프의 유량은 11.7 lpm이다.

이들 값은 10.86 lpm의 ±9% 범위이므로 허용범위 ±15% 이내에 속하는 값이다.

8.4 배관 주요 부품

[그림 8-6]은 수직형 지열 히트펌프 유니트의 연결부위를 나타낸 그림이다. 이 그림에서 각종 부위에 설치한 밸브 및 배관, 이음관 및 부속품의 기능을 약술하면 다음과 같다.

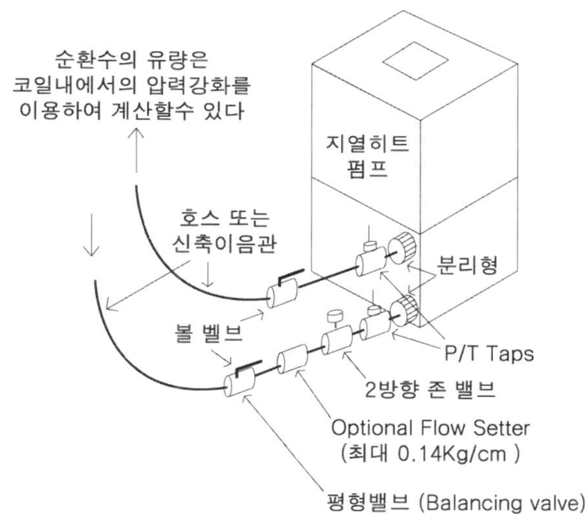

[그림 8-6] 수직형 물 대 공기 열펌프의 배관 연결밸브의 상세도

8.4.1 볼 밸브

지열 히트펌프를 격리 시키거나 유량 평형을 맞추기 위해 사용 한다.

고효율 지열 히트펌프 시스템은 넓은 범위의 유량에서 효과적으로 작동되기 때문에, 바닥 난방코일처럼 유량 평형에 결정적으로 중요한 요소는 아니다. 그러나 설계자에 따라서는 넓은 범위의 압력조건 하에서도 비교적 일정한 유량을 유지할 수 있는 장치인 평형 밸브 (balancing valve)나 flow setter를 사용하기도 한다.

8.4.2 모터 구동 2방향 밸브

압축기가 작동하지 않을 때, 지열 히트펌프를 통해 순환수가 유동되지 않도록 일종의 순환수의 유동을 차단시키는 장치로 사용하는 밸브는 모터가 달린 2방향 밸브이다. 이 장치는 서로 다른 유량이 요구되는 곳에 가장 필수적인 장치다.

이 밸브는 온도압력(P/T) 탭(tap)을 사용하는데 이 포트(port)는 3 mm(1/8 inch) 온도 및 압력계가 부착될 수 있도록 되어있다. 이 포트가 없으면 장비성능을 검증할 수 없으며, 장비의 유량평형 점검에 매우 유용하게 이용할 수 있다. 기타 유입, 유출 연결부의 대해서는 제조사들의 카탈로그를 참고한다.

[그림 8-7]은 건물에서 지열히트펌프와 연계하여 설치한 내부 배관도이다. 배열 상태를 이용하여 배관 규격결정과 수두손실을 계산하는 방법을 검토한다. ≪예제 8-3≫에서 언급한 바와 같이 지중 루프의 수두손실 계산결과를 건물 내부배관의 수두손실을 합하여 펌프의 규격을 결정한다.

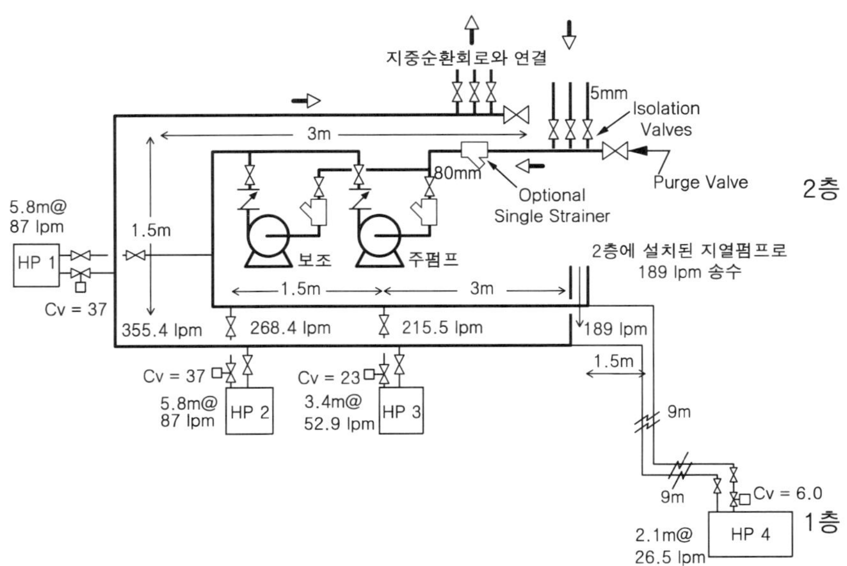

[그림 8-7]   기계실과 1층 배관도

[그림 8.7]과 같이 1층에 설치한 내외부 배관의 수두손실과 배관의 규격을 결정해보기로 하자. 가능한 수두손실이 크게 발생하는 구간은 제외시키고 건물과 지중 순환회로의 수두손실을 극복할 수 있는 펌프의 양정을 단계별로 계산하면 다음과 같다.

【해설】

〈1단계〉 파이프 배치와 구간별 유량

[그림 8-7]은 건물내부 순환회로망의 각 구간별 순환수의 압력과 유량을 나타낸 그림이다.

상부 주연결관(main header)의 규격은 지열 히트펌프가 요구하는 유량이 아니라, 최대 블록부하에 해당하는 유량(325 lpm)을 기준으로 결정한다. 그러나 상부 보조연결관(sub header)들의 규격은 서로 연결되어 있는 지열 히트펌프가 요구하는 유량의 합을 토대로 규격을 결정한다.

예를 들면 [그림 8-7]에서 1층에 설치된 HP4 열펌프의 유량은 26.5 lpm(7 gpm)이고, 2층에 설치된 전체 열펌프의 소요유량이 189 lpm이므로 일반 배관구간

(2층 연결배관과 HP3 열펌프를 합한 구간)에서 순환수의 유량은 215.5 lpm(26.5+189)이 된다. HP3 열펌프 유량은 52.9 lpm(14 gpm)이므로 HP3 열펌프 설치지점 이후의 배관구간에서 순환수 유량은 268.4 lpm(215.5+52.9)이 된다.

HP2열펌프 이후 구간에서 열펌프의 소요유량을 토대로 해서 산정한 순환수의 유량은 다음과 같다. HP2 열펌프 설치지점 이전 구간에서 열펌프를 토대로 하여 산정한 순환수의 유량은 268.4 lpm이고 HP2 열펌프가 필요로 하는 순환수량이 87 lpm이므로 HP2 열펌프 설치지점 이후 구간에서의 필요유량은 355.4 lpm이 된다.

그러나 최대 블럭부하에 필요한 유량은 325 lpm(86 gpm)이다. 따라서 HP2 열펌프 이전구간에서 필요한 순환수의 유량은 355.4 lpm 대신 325 lpm을 사용한다.

〈2단계〉 파이프의 규격결정

본 예제는 고효율 시스템 설계를 위해 상부 보조 연결관의 수두손실은 100m당 1-3 m를 적용한다. SDR-11 HDPE관을 건물 실내 배관으로 사용하는 경우, 구간별 배관규격은 순환수의 유량과 마찰 수두손실을 이용하여 산정할 수 있다. 마찰 수두손실은 [그림 8-1]을 이용하여 다음과 같이 산정한다.

1) 순환수 유량이 325lpm인 주 배관구간의 관구경과 수두손실:
   호칭구경 80mm인 SDR-11 HDPE 파이프를 사용하는 경우 ; 2.4% (2.4m/100m)
2) 순환수 유량이 268.4lpm인 주 배관구간의 관구경과 수두손실:
   호칭구경 80mm인 SDR-11 HDPE 파이프를 사용하는 경우; 1.7% (1.7m/100m)
3) 순환수 유량이 215.5lpm인 주 배관구간의 관구경과 수두손실:
   호칭구경 80mm인 SDR-11 HDPE 파이프를 사용하는 경우; 1.1% (1.1m/100m)
4) 순환수 유량이 26.5lpm인 주 배관구간의 관구경과 수두손실:
   호칭구경 25mm인 SDR-11 HDPE 파이프를 사용하는 경우; 3% (3m/100m)

〈3단계〉 상당길이와 수두손실

건물내부 순환회로에서 수두손실이 가장 크게 발생하는 곳은 가장 멀리 설치되어 있는 루프(most remote 루프)이다.

이 경우 열펌프의 최대 수두손실은 3.6m(12feet) 미만이어야 한다. 이를 초과하는 열펌프들이 기계실내에 설치되어 있을 수 있다. 이때 HP2 열펌프를 통과하는 순환수의 순환경로에서 수두손실이 가장 크게 발생할 수 있으므로 이를 검토해 보아야 한다. 또한 유량 284~378 lpm 범위를 갖는 순환펌프는 구경이 50mm인 배관을 사용할 수도 있으므로 이때는 주 배관 구경을 76mm(호칭구경 80mm)에서 50mm로 줄였을 때의 결과를 검토해 보아야 한다.

직선 배관길이로 계산한 상당길이는 일종의 계략치이다.

1) 건물 내부 상부연결관의 수두손실(SDR 11 HDPE, 호칭구경 80 mm)
   - 상당길이(m)

$$L_{egv} = 2 \times (3+1.5)\mathrm{m} + 2 \times 4.9\mathrm{m} + 4 \times 2.4\mathrm{m} = 28.4\mathrm{m}$$

$$L_{egv} = 직선 + \text{branch tee} + \text{elbow}$$

   - 호칭구경이 80mm이고 유량이 325lpm일 때 수두손실; 2.4m/100m

$$\triangle h_{3주배관} = 2.4/100 \times 28.4\mathrm{m} = 0.68\mathrm{m}\ H_2O$$

2) 펌프 배관의 수두손실(SDR 11 HDPE, 구경 50mm)
   - 상당길이
$$L_{egv} = 3m + 1개 \times 3m + 2 \times 11.5m = 9$$
$$L_{egv} = 직선 + branch\ tee + elbow$$
   - 구경이 50mm이고, 유량이 325 lpm일 때 수두손실; 16.1m/100m
$$\triangle h_{3\ 펌프} = 1 + .1/100 \times 9m = 1.5m$$

3) 유량이 28.4lpm구간의 수두손실(호칭구경80mm);
   - 상당길이
$$L_{egv} = 2 \times 1.5m + 2 \times 1.5m = 6m$$
$$L_{egv} = 직선 + Tee$$
   - 호칭구경이 80mm이고 유량이 268.4 lpm일 때 수두손실; 1.7m/100m
$$\triangle h = 6m \times 1.7/100 = 0.1m$$

4) 유량이 215.5lpm 구간의 수두손실(호칭구경 80mm)
   - 상당길이
$$L_{egv} = 2 \times 3m + 2 \times 1.5m = 9m$$
$$L_{egv} = 직선 + Tee$$
   - 호칭구경이 80mm이고 유량이 215.5lpm일 때 수두손실; 1.1m/100m
$$9m \times 1.1/100 ≒ 0.099 = 0.1m$$

5) 유량 = 26.5 lpm 구간의 수두손실(구경 25mm)
   - 상당길이
$$L_{egv} = 2 \times (1.5 + 9m + 9m) + 2 \times 1.5m + 6 \times 0.82m + 2 \times 0.21m = 47.33m$$
   - 구경이 25mm이고 유량이 26.5 lpm일 때 수두손실: 3m/100m
$$47.33m \times 3/100 = 1.42m$$

〈4단계〉 기타 이음관류의 수두손실

〈표 8-7〉에 제시되지 않은 유량에 대한 수두손실은 (8.3)식을 이용해서 산정하고 모터가 부착된 zone valve($Cv=6$), two valve($Cv=105$), 체크밸브($Cv=100$), 및 Y스트레이너($C_v=70$)는 (8.4)식을 사용해서 수두손실을 구한다.

지금 사용한 지열 히트펌프의 수두손실이 1.6m(통상 3.7m H_2O 이하)라면 $\triangle h_{GSHP}=1.6m$ 이다. 또한 zone valve와 기타 이음관의 수두손실은 (8.4)식을 사용해서 다음과 같이 계산한다.

$$\triangle h_{zone\ valve} = 0.0493 \cdot \left[\frac{lpm}{C_V}\right]^2 = 0.0493 \cdot \left[\frac{26.5 lpm}{6}\right]^2 = 0.96m$$

$$\triangle h_{pump\ fitting} = 2개 \times 0.0493 \times \left(\frac{325}{105}\right)^2 + 0.0493 \times \left(\frac{325}{100}\right)^2 + 0.0493 \times \left(\frac{325}{70}\right)^2$$

$$\triangle h_{pump\ fitting} = two\ valve + valve + Y\text{-}strainer$$
$$= 2.52m$$

따라서 건물 내부 배관의 전체 수두손실은
$$\triangle h \int_{HP} = 0.68 + 1.45 + 0.1 + 0.1 + 1.42 + 1.6 + 0.96 + 2.52 = 8.83m \text{ 이다.}$$

HP2 배관을 따라 발생 한 수두손실이 상술한 건물 내부배관의 전체 수두손실보다 큰지 여부를 비교 검토해 보아야 한다. 이를 위해 주배관과 펌프 파이프 사이에서 발생하는 수두손실을 계산한다.

HP2 열펌프의 수두손실($\triangle h$ h.p)이 5.8m이므로 zone valve나 기타 분 기관(take off)에서 발생한 수두손실을 더해주어야 한다. 즉 HP2에서 순환수의 유량이 87 lpm이므로 존밸브 수두손실($\triangle h$ zone valve)은 $\triangle h_{zone\,valve} = 0.0493 \times \left(\dfrac{87}{38}\right)^2 = 0.27\text{m}$ 이되고, HP2에서 분기관의 유량이 87 lpm이고 구경 32mm이므로 수두손실은 0.64m가 된다.

$$\therefore \ \triangle h_{take-off} = (8.5/100) \times (2 \times 1.5\text{m} + 2 \times 2.1\text{m} + 2 \times 0.15) = 0.64\,\text{m}$$

$\therefore$ 열펌프 HP2에서 전체 내부 수두손실은

$$\triangle h_{내부-HP2} = 0.68 + 1.45 + 2.52 + 5.8 + 0.27 + 0.64 = 11.36\text{m} \ 이다.$$

이상과 같이 HP2 지점에서 순환수의 순환은 임계경로가 된다. 따라서 상술한 건물 외부배관(지중 열교환기 포함), 내부배관 그리고 열펌프에 의해 발생한 수두손실을 충분히 충족시킬 수 있는 순환펌프를 선택해야 한다.

즉, 순환펌프의 수두손실 $= \triangle h_{GHEX} + \triangle h_{내부수두손실}$

$\triangle h = 3.1 + 11.36 = 14.46 ≒ 14.5\text{m}$

상술한 수두손실은 HP2 열펌프 자체의 수두손실이 5.8m로서 가장 크기 때문에 이를 조정하여 전체 수두손실을 다시 감소시켜 h_f를 검토할 필요가 있다.

본 예제에서

1) HP2에서 순환수의 유량을 87 lpm에서 68 lpm(9lpm/ton)으로 감소시키면 해당 수두손실은 5.8m에서 3.7m로 감소된다. 이때 열펌프의 용량은 약 2% 정도 감소한다.

2) 또는 열펌프 자체의 수두손실이 이보다 훨씬 적은 다른 회사에서 제조한 지열 히트펌프로 대체하는 경우도 고려해볼 수 있다.

만일 HP2(HP1 포함)열펌프를 통한 수두손실을 5.8m에서 3.7m로 약 2.1m 감소시킨다면 이때 필요한 순환펌프의 전체 수두손실은 3.1+(11.36−2.1)=12.4m가 된다.

8.5   순환펌프 선정

[그림 8-8]은 일반적인 HVAC와 지열히트펌프에 사용하는 일반적인 순환펌프의 단면도이다. 이 가운데 일부 펌프에 대한 성능곡선은 [그림 8-9]와 같으며 이를 이용하여 사례 예제에 적합한 등급을 가진 순환 펌프를 결정하려 한다.

[그림 8-8]에 제시된 여러 가지 순환 펌프에 대한 상세한 내용을 정리하면 다음과 같다.

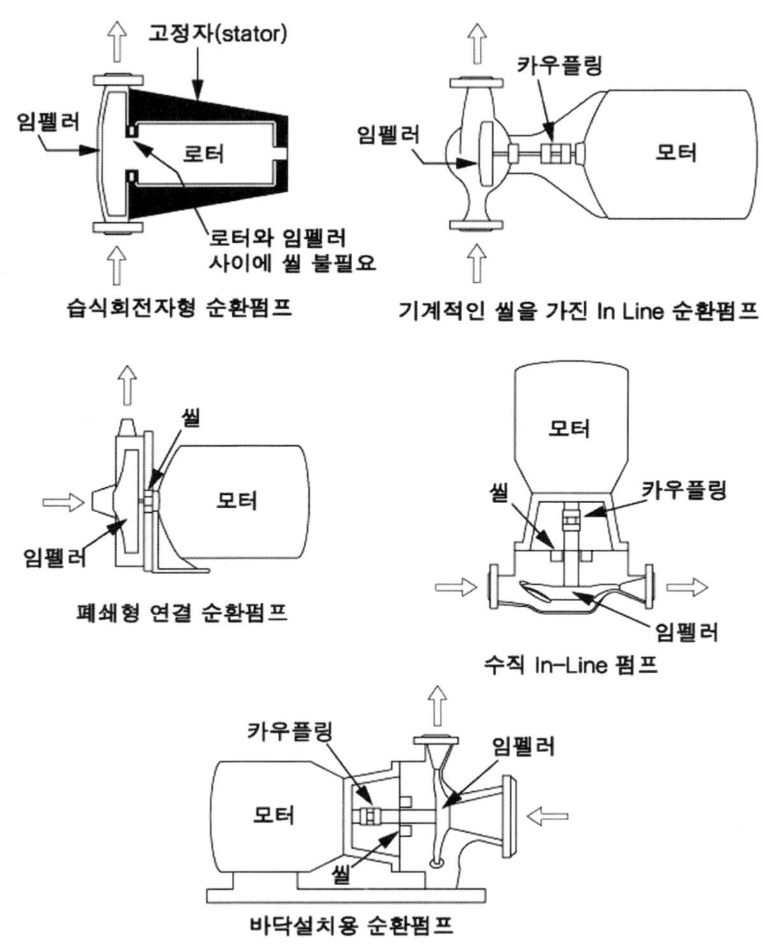

[그림 8-8]   지열 히트펌프에 사용하는 일반적인 순환펌프들의 단면도

8.5.1 습식 회전자형 순환펌프

이 펌프의 모양은 [그림 8-8]과 같으며 가정용 지열 히트펌프에 사용하는 규격은 대략적으로 1/33~1/6 HP이다. 2~3배속 모터를 가장 많이 사용하며 2 HP의 고용량 습식회전자(wet rotor)도 사용하나 지열 히트펌프 시스템에서는 잘 사용하지 않는다. 회전자와 임펠러(impeller) 사이에 밀폐용 시일(seal)을 사용하지 않으며 회전자 외장은 주로 방수처리 되어있다.

이 펌프는 배관방향을 기준으로 수평 또는 수직으로 설치할 수 있어 설치공간이 그리 크지 않아도 된다. 또한 펌프실이나 배관으로부터 분리하지 않고서도 모터와 임펠러 어셈블리를 쉽게 해체하여 수리할 수 있다.

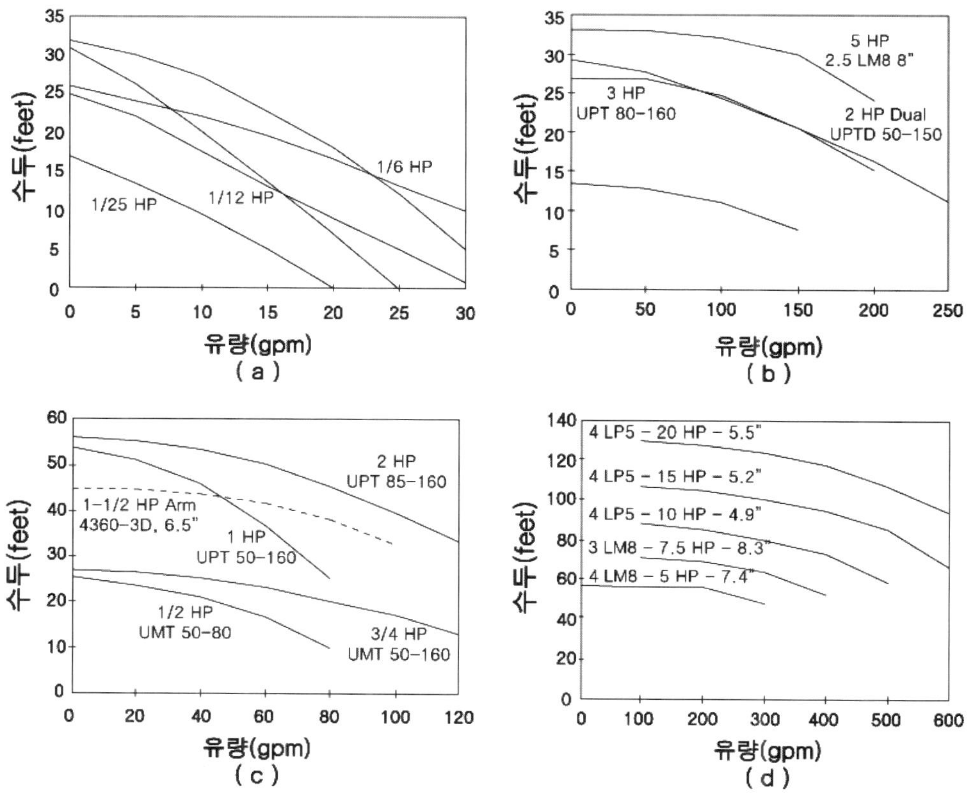

[그림 8-9] 대표적인 순환펌프들의 성능곡선

단점으로는 모터와 임펠러 사이에 위치하는 축(shaft)상에 기계적인 밀폐용 시일 (seal)이 없다. 회전자는 방수덮개로 씌워져 있으며 방수용 하으징은 전선코일을 감아둔 고정자(stator)로 부터 회전자를 분리할 수 있다. 일부 모터는 고정자에 감긴 전선에서 발생하는 응축현상 때문에 저온 유체에서는 사용할 수 없다. 따라서 지중열교환기 설계자들은 난방시 예상되는 지중 순환수의 온도 이하에서도 작동 가능한 추천 최저 온도를 지정하여 명기해 주어야 한다.

대다수의 습식회전자(wet rotor) 순환펌프는 수평 위치에서 축과 함께 설치한다. [그림 8-9]는 마력수가 1/25~40 HP되는 순환펌프들의 성능곡선이다.

8.5.2 인라인 순환펌프

이 펌프는 기계적인 씰이 설치되어 있고 습식회전자 설계와 동일한 장점을 가지고 있으며 수두와 유량의 범위가 넓어 지열 히트펌프에 주로 이용된다.

8.5.3 폐쇄형 연결 순환펌프

이 펌프는 in-line 순환펌프와 커플링으로 구성된 대규모 바닥설치용 펌프의 단점을 보완하기 위해 제작된 순환펌프이다. 이 펌프는 경우에 따라 최소한의 면적으로 기계실내에 설치할 수 있다. 대다수의 펌프들은 기존 배관 연결부를 그대로 둔 상태에서 교체, 수리 가능하다.

8.5.4 수직 인라인 펌프

대규모의 HVAC에서는 현재 바닥설치용 수평펌프에 비해 설치면적이 적게 드는 수직 in-line pump를 많이 사용한다. 이들 펌프는 설치와 수리보수가 바닥설치용 흡입펌프에 비해 단순하다.

[예제 8-5]

건축물의 소요 수두와 유량을 토대로 하여 최적 순환펌프를 선택하려 한다. 선정한 순환펌프들의 등급(〈표 8-1〉참조)을 검토해 보자.
① 유량이 325 lpm이고 총 수두가 14.5m일 때
② 유량이 325 lpm이고 총 수두가 15.4m일 때

【해설】

[그림 8-9]에서 상기조건을 만족하는 순환펌프는 수직 in-line 순환펌프 UPT 65-160이다. 이 펌프는(그림 8-9(c) 참조) 상술한 ① 및 ② 조건을 동시에 만족하며 용량은 2 마력 정도이다. 지금 지열 히트펌프의 요구유량(11.34 lpm/ton)을 토대로 산정한 냉방시 필요한 총 RT수는 39 ton이였다(최대블럭 부하기준은 28.5 ton이다.(2/39 ≒5.1/100)). <표 8-1>에 의하면 냉방 100 ton당 필요한 HP는 5.1 HP/100 ton이다. 따라서 선택한 순환펌프의 등급은 B+에 해당한다.
- 기타 유량이 325 lpm이고 전체수두가 15.4m일 때 필요한 순환펌프는 전술한 유량 325 lpm, 수두가 14.4m일 때 필요한 순환펌프의 마력수와 대동소이하다. 이때 필요한 펌프마력수는 3HP [그림 8-9(b)의 UPT 38-160형]으로서 이는 <표 8-1>에 의하면 C등급에 해당한다[3/(39/100)=7.6].
- 1.5마력짜리 in-line 수평 순환펌프는 유량이 325 lpm일 때 9.15m의 수두를 처리할 수 있고, 165mm인 임펠러를 가진 1.5마력짜리 모터도 유량 325 lpm일 때 9.15m의 수두를 처리할 수 있는 펌프이므로 이들 펌프는 ②의 경우와 같다. 즉 A등급이 된다. [1.5HP/39 = 3.8/100]=3.8
- 구경이 178mm인 임펠러와 2HP 모터로 구성된 순환펌프의 유량이 325 lpm이고 수두가 14.3m일 때 ①의 조건을 만족한다. 따라서 이때의 등급은 B+이다.
4360-3D 순환펌프 [그림 8-9(c) 참조]의 규격은 2HP 이하이지만 운영지점에서 이들 조건을 만족한다. 그러나 이 펌프는 설계유량을 초과하여 가동해야 할 경우 3HP 모터에 연결하여 사용한다.

8.6 펌프제어 옵션

대다수의 건물은 펌프를 일정 속도 또는 연속적으로 가동하기 때문에 실제 소비전력보다 약 2배 이상의 에너지를 사용하게 된다. 따라서 설계자들은 지열 히트펌프 시스템 성능을 저하시킬 어느 정도의 범위에서 운전비를 절감방안을 모색해야 한다.

지열 히트펌프 시스템에 복잡한 제어 시스템을 설치하면 초기투자비와 운영비

상승의 숨겨진 원인이 되기도 한다.

설계자들은 건물소유주의 운영 및 유지보수 능력을 고려하여, 펌프제어 시스템을 설치해야 한다. 일반 관리자가 관리할 수 없는 제어장치를 설치하거나, 반대로 복잡한 제어 시스템 설치는 지열 히트펌프 소유주에게 불이익을 주는 결과를 초래할 수도 있다.

지열 히트펌프는 일반적인 온도계를 사용하여 온도 조절이 가능하지만 순환펌프는 지열 히트펌프처럼 쉽게 조절할 수가 없다.

이 절에서 제시한 5가지 그림들은 간단한 시스템에서부터 복잡한 시스템에 이르기까지 여러 가지 선택사항을 고려해 보았다.

[그림 8-10]은 중앙펌프의 변동주기 구동장치를 장착시킨 배관 모식도이다. 이 그림에 나타난 바와 같이 지열 히트펌프 시스템에 폐회로형의 2방향 밸브가 설치되어 있어 가용한 펌프수두에서 밸브를 잠그는데 충분한 회전토크를 가지고 있다.

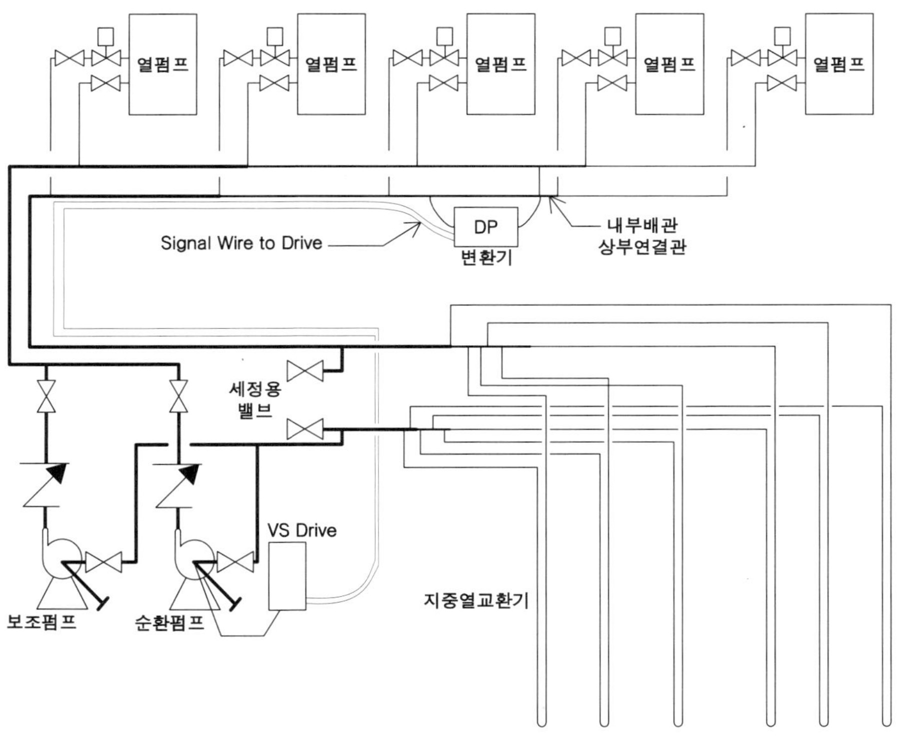

[그림 8-10] 지열 히트펌프 시스템에서 유량과 유속이 서로 다른 순환펌프의 제어시스템

열펌프 사이에 일정한 유량을 유지할 수 있도록 동일한 압력이 작용되어야 하나, 내부 공급배관이나 역순환 배관에 서로 다른 압력이 작용하는 경우이다. 감지기는 가장 원거리 공급-역순환 헤더 끝에 부착되어 있어야 하나 상기센서는 역순환 헤더를 사용하는 경우 펌프 가까운 곳에 있는 헤더에 설치할 수도 있다.

작동하고 있는 각각 열펌프를 통해 순환수가 흐르고 있을 때에는 부분 부하시 지중 순환회로를 따라 순환수가 흐르는 것을 허용한다.

[그림 8-11]은 유량변경이 가능한 펌프제어장치가 설치된 순환펌프의 모식도로서 3가지 옵션이 있다.

① 지중 순환수의 EWT 또는 압력으로 조절되는 순환펌프

중앙에 설치한 2개 이상의 순환 펌프를 이용하여 빌딩의 공급수 배관과 역순환 헤더에 작용하는 순환수의 압력을 서로 다르게 유지시키는 경우, 필요한 펌프는 다단모터를 이용한다.

② 압력으로 작동되는 여러 개의 순환펌프

유량은 다르나 비슷한 양정을 가진 여러 개의 순환펌프를 이용하는 경우에, 제어방법은 센서에서 서로 다른 압력을 유지할 수 있는 가장 적은 펌프나 이들 펌프를 조합해서 운영한다.

③ 분리형 순환회로의 순환펌프와 소규모 내부펌프

이 경우는 지중 순환회로 순환수가 건축물에서 되돌아오는 순환수의 온도를 유지시키기 위해 제어하는 경우에 이용한다. 즉 냉방시 건축물 회귀온도가 최고 설정온도 이상으로 상승하거나 난방시의 최저 설정온도 이하로 내려가 추가로 설치한 보조펌프나 펌프 단수를 작동하여 유속을 증가시키는 경우이다. 이는 [그림 8-11]의 옵션3의 조건에서 보여준 지중 순환회로와 분리할 수 있는 펌프를 제어할 경우에 사용하는 방법이다.

열펌프를 효율적으로 운영하기 위해 순환회로의 온도가 허용범위를 벗어나지 않는 한 순환수의 흐름을 지중 순환회로 주위로 우회 시킬 수 있다. 다단펌프는 지중 및 건축물 순환회로 펌프 중에서 가장 개선된 형태이다.

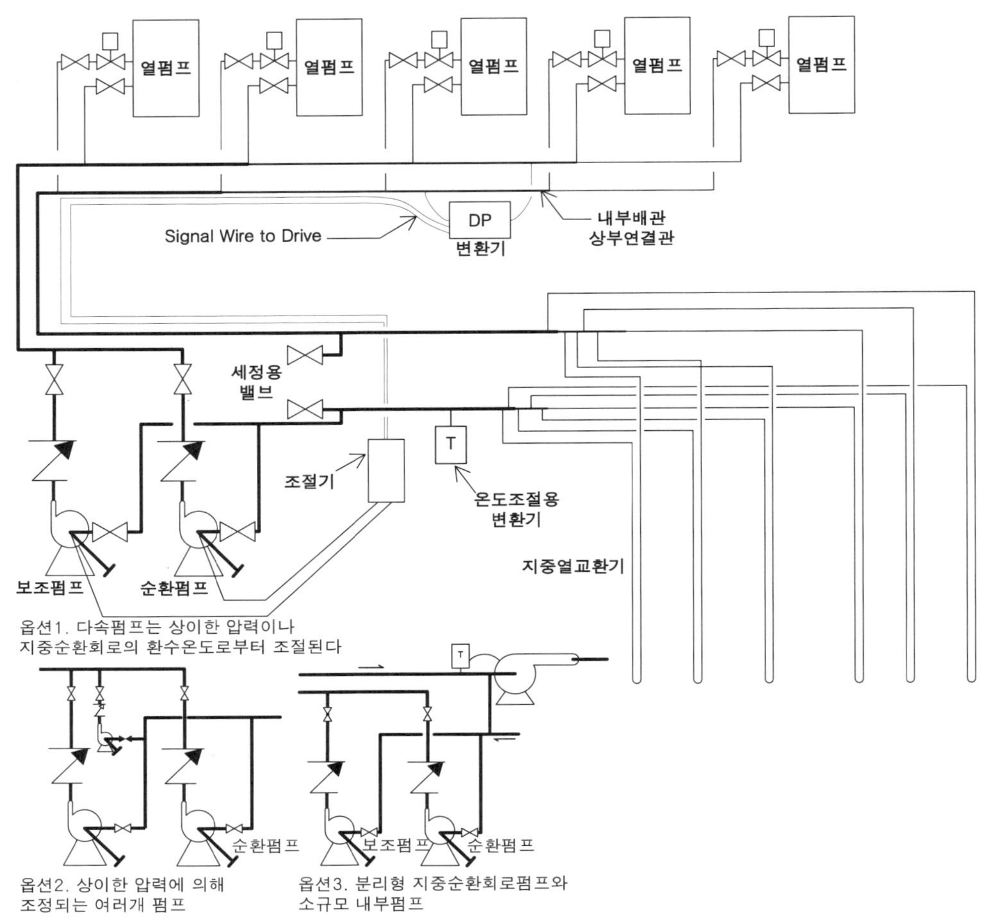

[그림 8-11] 단속, 다단식 및 여러 순환펌프의 유량제어 방식

[그림 8-12]는 각 지열 히트펌프, 건축물 내부배관과 지중 순환회로를 따라 흐르는 순환수에 충분한 유량 및 양정을 공급하기 위해 여러 개의 순환펌프를 병렬로 설치한 펌프순환 상세도이다. 지열 히트펌프에 설치된 순환펌프는 압축기와 함께 작동한다. 하나의 지열 히트펌프가 운전이 중단될 때, 다른 지열 히트펌프로부터 역류현상을 방지하기 위해 체크밸브(check valve)를 설치한다.

모든 지열히트펌프가 작동할 때 순환펌프는 설계 유량의 순환수(예를 들면, 1 RT당 최소 9.45 lpm)를 공급할 수 있어야 한다.

만일 1개 이상의 펌프가 가동 중지됐을 경우에 지중루프의 수두손실은 감소되고 이에 비해 작동되고 있는 잔여 지열 히트펌프의 유량은 증가하게 된다. 2방향 밸브의 가격은 일반적으로 순환펌프의 가격과 거의 비슷하기 때문에 반드시 2방향 밸브를 사용할 필요는 없다. 특히 본 제어법은 많은 수의 지열 히트펌프를 설치해서 운영하는 곳에서는 적합하지 않은 방법이다.

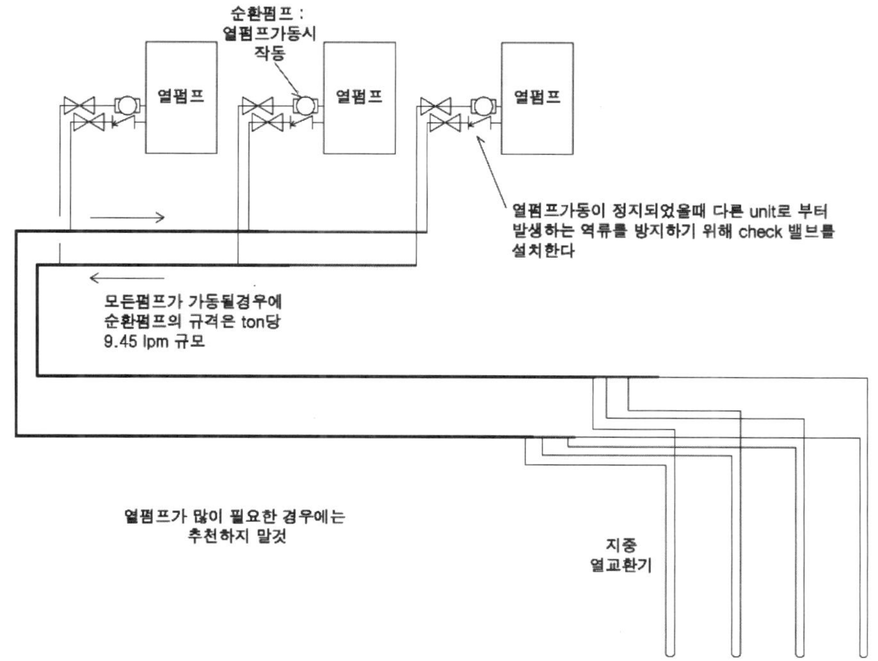

[그림 8-12] 전용순환펌프를 가진 소규모 건축물의 유량제어 방식(다수의 지열 히트펌프를 설치해야 하는 곳에서는 적합하지 않은 방식임)

[그림 8-13]은 효과적인 두 가지 유형의 간단한 펌프제어방식을 나타낸 그림이다. 순환펌프들은 하나의 건물에 비슷한 운전시간을 가진 여러 개의 지열 히트펌프에 순환수를 공급할 수 있다. 1개 이상의 지열 히트펌프가 가동하면 순환펌프도 작동한다.

여러 개의 순환펌프를 동일한 지중 순환회로에 사용하는 경우에는 체크 밸브를 설치해야 하나 2방향 밸브를 사용할 필요는 없다. 실제 [그림 8-13]에는 체크밸브를 표시하지 않았다.

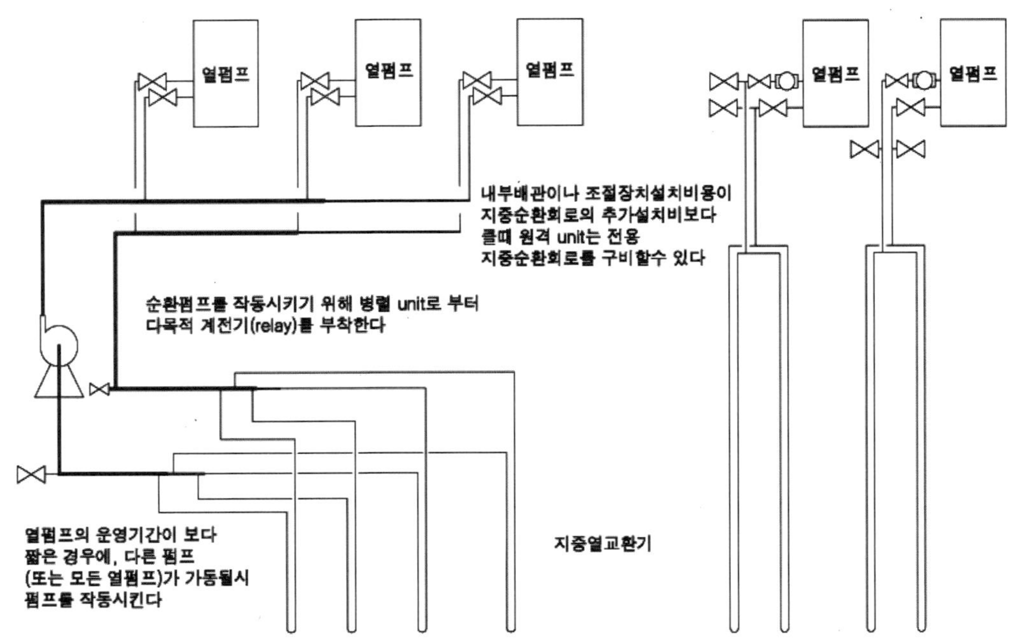

[그림 8-13] 순환펌프 제어시 가장 간단한 2가지 제어방식

부하의 다양성이 그리 크지 않은 건축물의 경우에는 [그림 8-13]의 우측 구간과 같이 지중 순환회로 1개당 순환펌프 1개를 각 존별로 설치하기도 한다. 고려대상 건축물 부하량에 비해 전체 지중 순환회로가 약간 큰 경우에는 건축물 내부 배관과 제어장치에서 비용절감을 할 수 있어 시스템 비용을 낮출 수 있다.

8.7 부동액

지중 루프의 순환 유체로 여러 가지 종류가 사용되는데, 다음과 같은 물리적 특성을 갖는 부동액을 선택한다.

지중 열교환기 순환유체는 다음에 설명할 기준을 바탕으로 선정한다.
① 안전성(독성 및 휘발성)
② 동결점 온도

③ 열전도 특성(주로 열전도율과 점성)

④ 압력손실과 펌핑 요구치(주로 점성)

⑤ 가격(초기투자비, 시공비, 운영비)

⑥ 대응성

⑦ 모든 시스템 구성과의 물리적 화학적 조화성

⑧ 지역시장에서 구입가능성

⑨ 운반성 및 저장의 편리성

지중 열교환기 순환유체의 동결점은 매우 중요하다. 지열 히트펌프 시스템이 난방 운전 동안 지중 열교환기를 순환한 순환유체는 히트펌프의 열교환기(증발기)로 유입된다. 이때 히트펌프의 냉매는 순환유체에서 열을 흡수하게 되며, 열을 뺏긴 순환유체의 온도는 0℃ 이하로 떨어진다. 따라서 순환유체는 가장 낮은 증발 온도를 예상하여 선정되어야 한다.

증발기에서 냉매 온도는 대략 물의 온도보다 약 5.6℃(10℉) 낮게 나타난다. 그러므로 최소 증발시 열교환기 내부 동결을 방지하기 위해 부동액을 공급하는 것이 필요하다.

메탄올, 에탄올, 에틸렌글리콜, 프로필렌글리콜, 염화소다, 염화칼슘 용액의 비중, 비열, 점성 및 열전도율 그리고 동결점 온도를 용액별 농도에 따라 달라진다. 동결점 온도는 동결이 시작되어 얼음 결정이 나타낼 때의 온도이다.

지열 시스템에 사용되는 순환유체는 물과 섞인 부동액으로 구성되며, 부동액의 동결점은 시스템 운전시 발생되는 가장 낮은 온도보다 약 6℃ 낮게 설정한다.

8.7.1 물

물은 순환액으로서 가장 적은 비용으로 쉽게 이용할 수 있다. 물은 매우 낮은 점성과 낮은 손실수두 그리고 비교적 높은 열전도 계수를 보인다.

순수하고 연성(軟性)의 물은 중요하다. 철, 불용성 고체와 같은 불순물의 존재는 개방시스템에서 스케일 생성, 열교환기 막힘, 그리고 순환펌프의 유지관리 및 수명에 매우 중요한 역할을 하게 된다. 그러나 밀폐형 지열 시스템에서는 이와 같은 문제를 고려치 않아도 된다.

일반적으로 물을 지중루프의 순환유체로 선정하려면, 다음의 특징이 문제가 되지 않아야 한다.

① 물은 0℃에서 동결된다.

② 물은 동결시 체적이 늘어난다.

이 두 가지 특징은 한냉지역에서 물을 순환유체로 사용하는 데 큰 문제가 된다. 증발기 냉매온도가 0℃에 접근하거나 이보다 낮은 온도에서 운전되는 경우에는 동결점이 낮은 순환유체를 선정하여야 한다.

<표 8-10>은 다양한 온도 조건에서 순수한 물의 밀도, 점도, 그리고 열전도율을 표시한다. 일반적으로 물의 비열은 1 kcal/kg · ℃이며, 이를 SI단위인 J(Joule)로 표시하면 4.2 kJ/kg · ℃이다.

〈표 8-10〉 지열 시스템 이용 순환유체의 물리적 특성

	Water	Ethylene Glycol	Propylene Glycol	Methanol
Molecular Weight	18.01	62.07	76.10	32.04
Specific Gravity 20/20	1.000	1.116	1.038	0.7917
Density at 20℃(kg/m^3)	998.2	1112.0	1036.5	790.9
Freezing Point(℃)	0.0	-13.0		-97.7
Normal Boiling Point(℃)	100.0	197.2	187.8	64.4
Specific Heat at 15.6℃(kJ/kg · ℃)	1.000	0.522	0.598	0.590
Viscosity at 0℃(Centipoise)	1.79	57.4	243	
Viscosity at 20℃(Centipoise)	1.01	20.9	60.5	0.6
Viscosity at 40℃(Centipoise)	0.655	9.5	18.0	
Thermal Conductivity(W/m · K)	0.58	0.29		0.21
Flash Point(℃)		115.6	107.2	14.4

8.7.2 에탄올

에탄올(ethanol) 또는 에틸알코올(ethyl alcohol)은 무색의 가연성 화합물로 알코올의 한 종류이며, 술의 주성분이다. 화학식은 C_2H_5OH이다. 물 또는 에테르와 섞일 수 있다. 태울 경우 투명하고 옅은 푸른색을 띤 화염을 발생시키며, 물과 이산화탄소가 만들어진다. 증기는 폭발성이며, 이를 이용하여 일부 내연기관에서 연료로 사용되기도 한다. 에탄올은 알코올성 음료 산업의 기반이며, 공업적으로 여러 공정에 이용되며, 용매, 소독제, 연료 등으로 많이 사용된다.

특유의 냄새와 맛이 있고, 상온에서는 무색의 액체로 존재한다. 녹는점은 -114.5℃, 끓는점은 78.32℃이다. 물, 다른 알코올, 에테르, 케톤, 클로로폼 등에 녹을 수 있다. 에탄올은 273K온도에서 0.54의 cal/g℃을 갖는다. 탄화수소유, 특히 휘발유와는 무수 상태에서는 완전히 섞일 수 있으나, 물이 존재할 경우에는 두 개의 층으로 나누어진다. 공업용 알코올은 세금이 붙지 않기 때문에, 음료용으로 전환하는 것을 막기 위하여 메탄올 등 다른 물질이 혼합되어 있다. 이를 변성 알코올(denaturated alcohol)이라 한다.

8.7.3 메탄올

메탄올은 부동액으로서 널리 사용된다. 메탄올 수용액은 저렴한 가격, 낮은 부식성, 낮은 점성, 그리고 우수한 열전도도의 특징이 있다.

메탄올 수용액은 매우 낮은 압력저하와 매우 높은 열전달계수를 나타낸다. 하지만, 메탄올은 높은 휘발성, 높은 인화성, 그리고 독성이 높은 약점도 가지고 있다. 순수한 메탄올은 12~15℃의 연소점을 나타낸다. 반면 30% 메탄올 수용액은 24℃의 연소점을 나타낸다. 이 연소점은 매우 낮아 취급에 주의가 필요하다.

8.7.4 글리콜

글리콜이란 $R(OH)_2$로 표시되는 2가 알코올류의 총칭이며, 에틸렌글리콜, 프로필렌글리콜, 피나콜 등의 종류가 있다. 지열 히트펌프 시스템에서 에틸렌글리콜은 높은 독성 등으로 인하여 현재 사용되지 않으나, 프로필렌글리콜은 지열 히트펌프 시스템에서 널리 이용된다. 에틸렌글리콜은 녹색, 청녹색, 황녹색으로 프로필렌글리콜은 자주색으로 착색되어 있으니 구별하여 사용한다.

8.7.5 소금(Salts)

만일 염화용액을 사용해야 한다면, 시스템의 원활한 운전을 위해 다음과 같은 사항의 검토가 반드시 이뤄져야 한다.

① 시스템 시운전시, 배관 시스템내의 모든 공기를 퍼징해야 한다. 그리고 플러싱, 퍼징 및 부동액 충전을 위해서 순환수의 유속은 0.6m/s보다 빠르게 한다.

② 헤더(header) 말단에서 공기트랩과 복합장치는 설치하지 않는다. 주거용 시스템에서 적용된 많은 공기트랩들은 높은 아연성분으로 만들어져 있으며, 그 부품들은 염화용액에 의해 부식이 촉진되어 누수 등이 발생된다. 따라서 순환시스템은 에어벤트(air vent)가 필요 없도록 설계되어야 한다.

③ 순환펌프, 피팅류 및 밸브를 포함한 모든 금속부품에서 아연 금속성분 함량이 높은 부품들은 설치하지 않는다. 만일 금속부품을 적용하여야 할 시에는 적황동(赤黃銅 ; 15% 이하의 아연)이 좋다. 누런 황동(yellow brass)은 아연도금을 벗기는 원인이 되기 때문에 사용하지 말아야 한다. 따라서 지열 시스템에서 금속제 부품수를 줄이는 설계가 이루어져야 한다.

④ 높은 아연성분(약 15% 이상)의 합금은 피해야 하고 300 및 400시리즈 스테인리스 스틸, 동-니켈 또는 좀 더 순수한(음극의) 재질로 대체되어야 한다.

⑤ 동-니켈 열교환기는 표준 동열교환기보다 염화칼슘에서 내구성이 더 좋다. 그러나 동이 염화용액에 침식된다는 확실한 증거는 없다.

⑥ 철과 동의 주조처럼 다른 성분의 금속합금은 피해야 하고, 플라스틱과 같은 절연성 재질이 사용되어야 한다. 특히 펌프 플랜지를 선택하는 데에 있어 세심한 주의가 필요하다. 왜냐하면, 주요 부품이 높은 아연성분을 지니고 있기 때문이다. 만약 주철펌프가 사용된다면, 주철펌프 플랜지 브라켓을 사용하는 것이 최선일 것이다.

⑦ 만일 배관 시스템 내부에서 캐비테이션 작용으로 기포가 발생되거나, 수격

현상이 발생될 시에는 짧은 시간에 부식되어 구멍이 생길 것이다.

그동안 염화칼슘이 적용된 순환시스템에서는 많은 실패 사례가 있었다. 따라서 부동액 특성에 따라서 시스템 설계 및 금속부품 선택에 매우 주의를 요한다. 그러나 주철과 스테인리스 스틸 펌프 모두 사용하여 만족스럽게 운전되는 시스템도 다수 존재한다.

01 다음 용어에 대하여 정리하시오.
가) 순환 펌프
나) 원심 펌프
다) 용적식 펌프
라) 리버스 리턴(Reverse Return)
마) 펌프 모듈

02 순환펌프의 선정에서 중요한 사항을 3가지만 쓰시오.

03 배관내부에서 난류 효과를 보장하기 위한 레이놀즈 수(Reyrolds Number)는 얼마인가?

04 지중 열교환기 순환시스템에서는 순환액체의 동결점보다 최소한 5℃ 높은 온도에서 작동하도록 설계한다. (O, X)

05 압력게이지 및 온도게이지 또는 이를 설치하기 위한 연결장치를 히트펌프 유니트 연결부에 설치한다. (O, X)

06 여러 대의 히트펌프 유니트를 설치할 때에는 short circuiting을 방지하기 위하여 체크 밸브를 설치한다. (O, X)

07 펌프에서 양정은 유량이 증가하면 감소한다. (O, X)

08 미터(m)로 표시되는 수두(Head)는 압력손실(kg/cm^2)에 10을 곱한다. bar로 표시되는 압력손실은 0.0981을 나누어서 수두(m)로 변환한다. (O, X)

CHAPTER 9

프로젝트 관리

핵심요약

　성공적인 지열히트펌프 시스템을 위해 설계, 시공, 감리 그리고 데이터의 측정 및 검증 등 여러 단계를 거치며, 각 단계 간의 정보 이동 및 관리가 매우 중요하다.

　지열 히트펌프 시스템에는 일반적으로 수직밀폐형 지중열교환기가 널리 사용되며, 지중에 여러 개의 수직 보어홀을 천공하고, 이를 헤더 시스템에 연결하여 적은 수의 배관을 통하여 보어홀에서 기계실까지 순환시킨다. 전체 시스템을 효율적으로 운영하기 위하여 적절한 제어 및 운전 방법을 적용한다.

　이 장에서는 지열히트펌프 프로젝트에 관련된 설계 도면을 다루며, 전반적인 시공절차 그리고 시공시방서와 현장에서의 공정관리를 다루고, 이를 이해하고 효율적으로 관리하기 위한 절차를 다룬다.

09 프로젝트 관리

CHAPTER

9.1.1 개요

지열 냉난방 시스템 도면은 기계설비 도면과 큰 차이가 없다. 다만 지중 열교환기 도면이 일반설비 도면과 차이점을 보이고 있으나 천공위치, 천공배열 방법의 이해가 필요하다.

또한 도면은 크게 장비일람표, 시스템 계통도 또는 흐름도, 천공배치도, 트랜치 평면도, 기계실 장비배치 평면도, 지중교환기 상세도 그리고 자동제어 도면으로 구분 할 수 있다.

가. 장비 일람표 또는 장비 스케줄

장비 일람표는 다음의 그림과 같이 주로 지열 히트펌프는 수량, 냉난방 용량과 냉난방에서 지열원 입출구 온도 및 유량, 냉매, 압력손실, 장비의 모델명, 장비의 전원사양, 그리고 장비의 중량과 크기에 대한 정보가 표기되어야 한다.

탱크류는 수량, 형식, 용량, 재질 및 크기가 표기 되어야 한다.

히트펌프

용도	수량	냉방 용량 (w)	난방 용량 (w)	압축기			냉방				난방				냉매	열교환기 손실수두	모델
				형식	수량	소비전력 (kw)	열원측		부하측		열원측		부하측				
							입출구온도	유량 (lpm)	입출구온도	유량 (lpm)	입출구온도	유량 (lpm)	입출구온도	유량 (lpm)			
A2 업무 시설용	7	140,452	140,244	스크롤	2	36.6	29.5/35℃	456	12 / 7℃	456	5 /1.8	456	45/50	456	R22	20Kpa	KGH-0420W
A1,B 업무 시설용	8	140,452	140,244	스크롤	2	36.6	29.5/35℃	456	12 / 7℃	456	5 /1.8	456	45/50	456	R22	20Kpa	KGH-0420W
	1	69,118	72,291	스크롤	1	18.6	29.5/35℃	226	12 / 7℃	226	5 /1.8	226	45/50	226	R22	20Kpa	KGH-0210W
판매시설용	9	140,452	140,244	스크롤	2	36.6	29.5/35℃	456	12 / 7℃	456	5 /1.8	456	45/50	456	R22	20Kpa	KGH-0420W
문화집회용	2	140,452	140,244	스크롤	2	36.6	29.5/35℃	456	12 / 7℃	456	5 /1.8	456	45/50	456	R22	20Kpa	KGH-0420W
	1	69,118	72,291	스크롤	1	18.6	29.5/35℃	226	12 / 7℃	226	5 /1.8	226	45/50	226	R22	20Kpa	KGH-0210W

탱크류

용 도	수량	형식	용량(lit)	크기	재질	비 고
지열수용 팽창탱크	1	밀폐형	2,000	D 1,233 x 2,200 H	SS-400	
버퍼탱크(A2 업무시설용)	1	입형	13,000	D 2,400 x 3,050 H	STS-316	
버퍼탱크(A1,B 업무시설용)	1	입형	18,000	D 2,700 x 3,200 H	STS-316	
버퍼탱크(판매시설용)	1	입형	20,000	D 2,700 x 3,600 H	STS-316	
버퍼탱크(문화집회시설용)	1	입형	4,500	D1,400 x 2,440 H	STS-316	

 [그림 9-1] 장비 일람표(히트펌프, 탱크류)

펌프는 수량, 형식, 적용유체, 설치위치, 유량과 양정, 동력 및 전원에 대한 것이 표기 되어야 한다.

펌프류

명 칭	수량	형식	적용유체	설치위치	유량 (lpm)	양정 (m)	동력 (KW)	전원 ph / v / hz	예비	비 고
지열수순환 1차펌프-1	3	인라인	물+부동액	지하7층 기계실	4,400	28	37	3/ 380 / 60	1	1대 인버터 모터 설치
지열수순환1차펌프-2	1	인라인	물+부동액	지하7층 기계실	3,700	28	30	3/ 380 / 60	0	
지열수순환2차펌프 (A2 업무시설용)	2	인라인	물+부동액	지하7층 기계실	3,200	10	11	3/ 380 / 60	1	1대 인버터 모터 설치
지열수순환2차펌프 (A1,B 업무시설용)	2	인라인	물+부동액	지하4층 기계실	3,900	10	15	3/ 380 / 60	1	1대 인버터 모터 설치
지열수순환2차펌프 (판매시설용)	2	인라인	물+부동액	지하6층 기계실	4,100	10	15	3/ 380 / 60	1	1대 인버터 모터 설치
지열수순환2차펌프 (문화집회시설용)	2	인라인	물+부동액	지하6층 기계실	1,150	10	4	3/ 380 / 60	1	
냉온수대류펌프 (A2 업무시설용)	2	인라인	물	지하7층 기계실	1,600	10	11	3/ 380 / 60	1	
냉온수대류펌프 (A1,B 업무시설용)	2	인라인	물	지하4층 기계실	1,950	10	15	3/ 380 / 60	1	
냉온수대류펌프 (판매시설용)	2	인라인	물	지하6층 기계실	2,060	10	15	3/ 380 / 60	1	
냉온수대류펌프 (문화집회시설용)	2	인라인	물	지하7층 기계실	1,150	10	4	3/ 380 / 60	1	

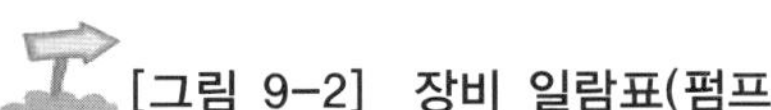 [그림 9-2] 장비 일람표(펌프)

나. 지열시스템 계통도 또는 흐름도

아래의 그림과 계통도 또는 흐름도는 지열 냉난방시스템을 이해를 편리하게 표현한 도면으로서 전체적인 시스템을 파악하는데 매우 유용하다. 따라서 계통도에서는 전체 지중 열교환기 크기와 방식이 표현되고 지중 열교환기와 순환펌프 그리고 히트펌프의 연관 관계가 표현되어야 한다. 또한 전체시스템을 구성하고 있는 장비와 구성요소가 표기 되어야 한다.

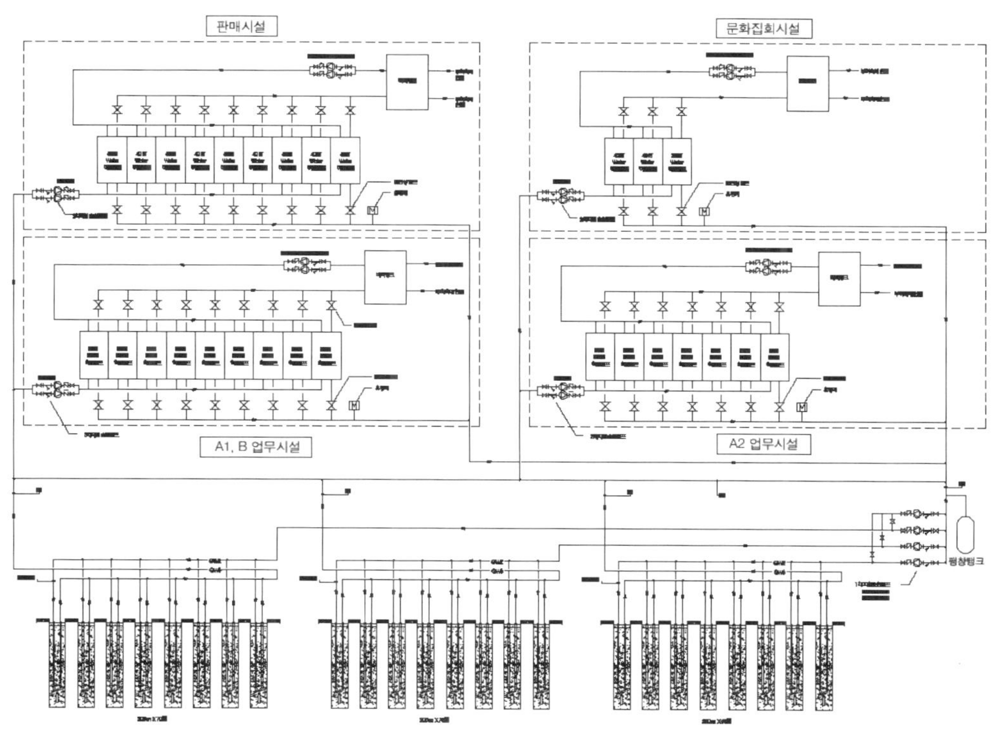

[그림 9-3]   지열 시스템 계통도

다. 천공 배치도 및 트렌치 평면도

이 도면에서는 건물의 배치도에서 지중 열교환기의 위치에 대한 것을 표현한 도면으로 준공 후에도 매설된 지중 열교환기의 위치를 파악하는데 매우 중요한 역할을 한다. 가급적이면 건물과 지중 열교환기의 거리를 표기하여야 매설된 지중 열교환기를 위치를 파악하는데 유용하다.

　트렌치 평면도에서는 배관이 위치한 깊이와 배관 직경이 표기 되어야 매설된 후
에 오/배수관 또는 상하수도 배관공사와 같은 다른 공정과 배치되는 문제를 해결
할 수 있다.

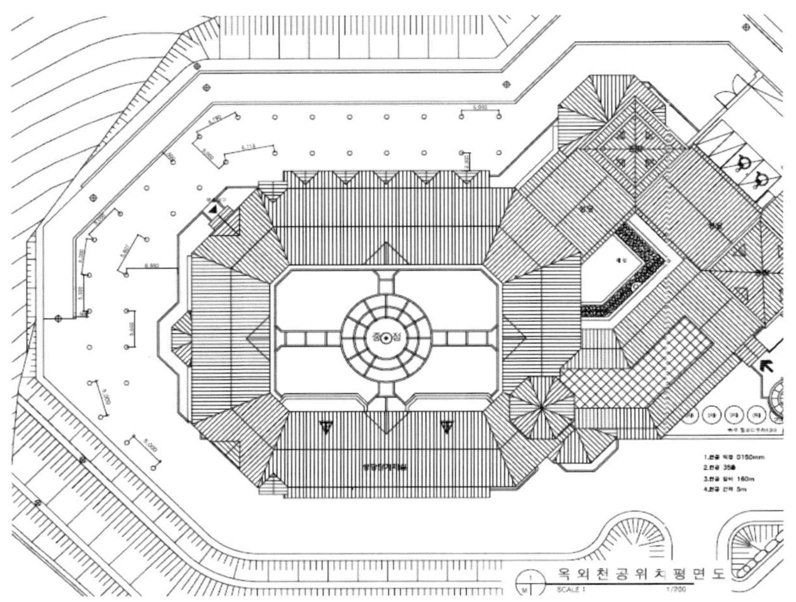

[그림 9-4]　천공 배치도면

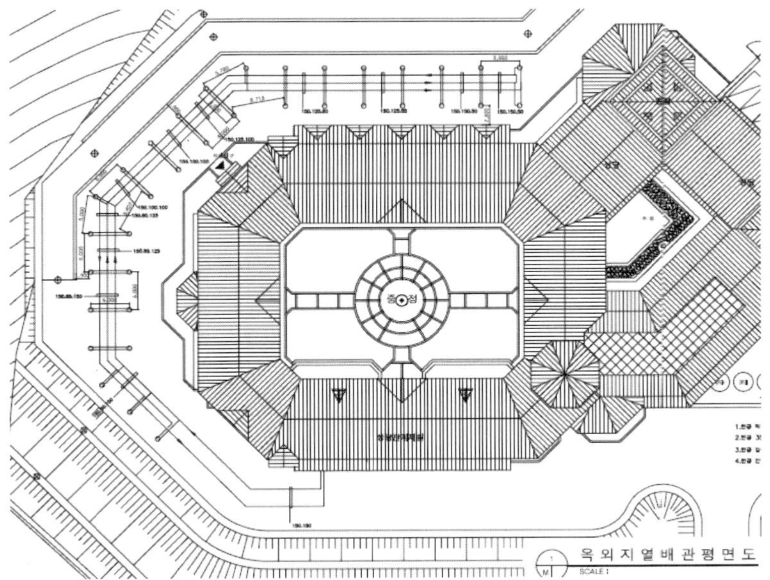

[그림 9-5]　트렌치 평면도

라. 기계실 장비배치 평면도

아래의 도면과 같이 지중 순환수 및 냉온수 배관 그리고 열펌프와 같은 각종 장비의 위치를 표기하는 매우 복잡한 도면이다. 또한 건축설비에 관련된 급수 배관 및 물탱크가 표기 되는 경우가 있어 한층 더 복잡해진다. 따라서 실제 시공에서는 상세 시공도면을 작성하여 정확한 시공이 필요하다.

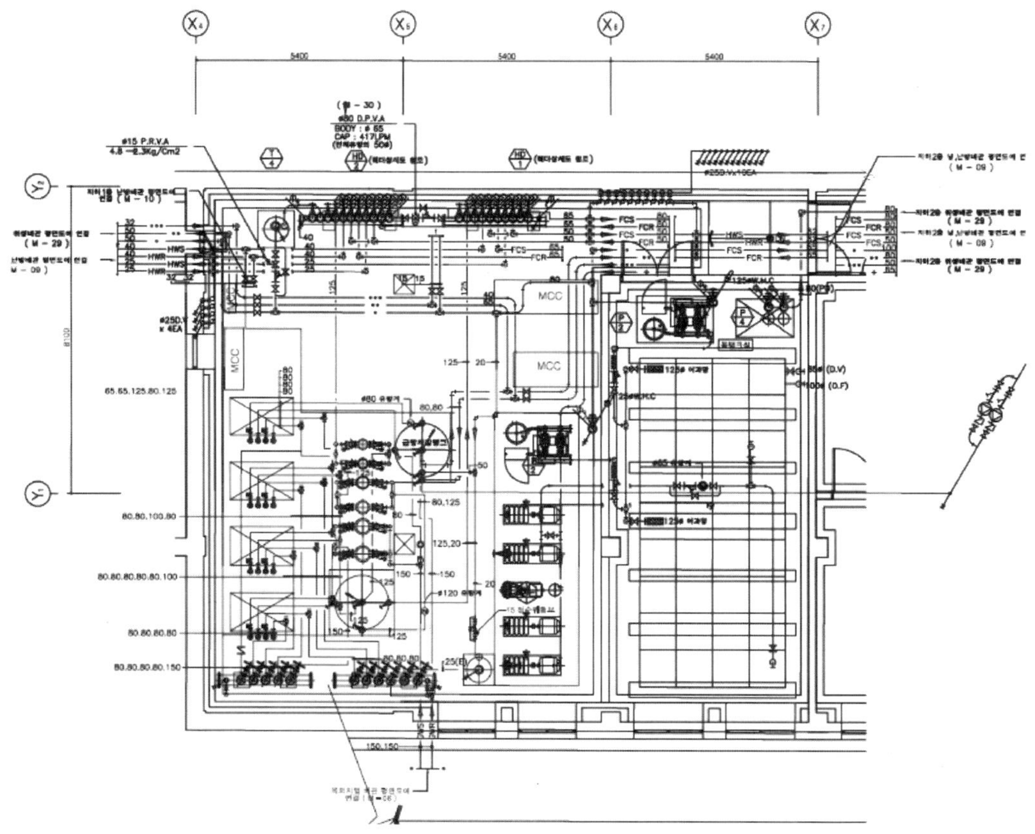

[그림 9-6] 기계실 장비 배치도 및 배관 흐름도

마. 지중 열교환기 상세도면 및 자동제어도면

지중 열교환기 상세도는 주로 보어홀에 대한 주요 재료의 상세재질과 케이싱 설치심도 그리고 트랜치 배관에서의 상세 단면도이며, 히트펌프의 배관연결이나, 지열헤더의 상세도, 등도 포함 할 수 있다.

에너지관리공단의 시공지침에서 현장 모니터링 시스템을 반드시 설치하도록 하고 있다. 따라서 자동제어 도면에서는 현장 모니터링 시스템 설치를 위한 부착 센서종류 및 설치위치가 표기되어야 한다.

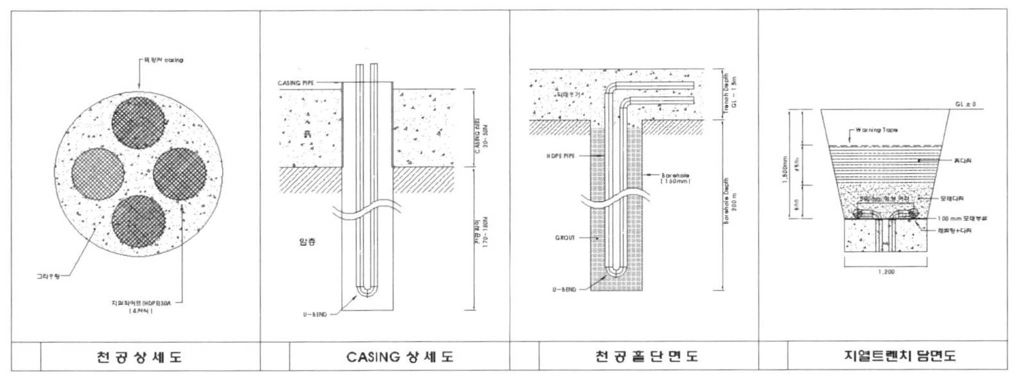

[그림 9-7] 지중 열교환기 상세도면

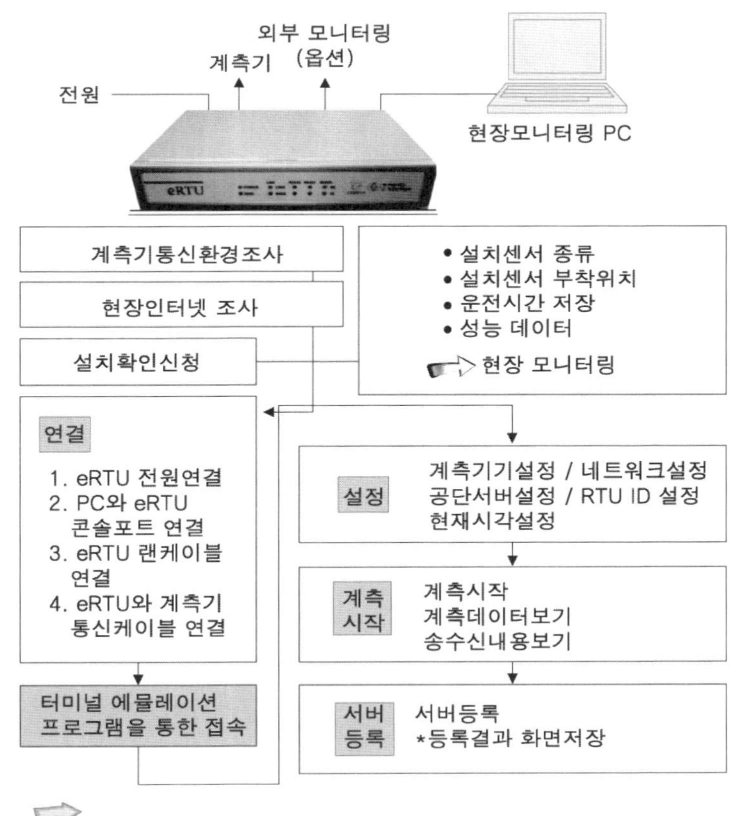

[그림 9-8] 모니터링 시스템 흐름도

9.2 시방서 이해

일반적으로 모든 공사에서 시방서는 도면과 동일하나, 상이한 경우가 있다. 만일 분쟁이 발생하였을 경우에 시방서를 우선으로 하고 있다. 또한 시방서는 도면에 표현하지 못하는 상세한 사항을 규정을 하는 서류로서 이러한 규정에 따라 시방서에 의해 공사를 하여야하는 법적 계약 행위이기 때문에 매우 중요하다.

아래의 사항은 지열공사에 관한 표준 시방서를 기준으로 설명하고자 한다. 먼저 시방서에 목차를 살펴보면 아래와 같이 일반 공통사항, 지열원 열펌프 설비공사, 지중 열교환기 공사 및 자동제어 설비 공사로 구분 할 수가 있다.

9.2.1 일반 공통사항

시방서의 일반 공통사항은 ① 일반사항, ② 현장관리, ③ 자재 및 품질관리, ④ 시공, ⑤ 시운전 및 준공에 대한 사항으로 구분할 수 있다.

가. 일반사항

적용범위, 용어의 정의 및 적용순서에 대한 것이 기술된다. 유의사항으로는 적용범위에 대한 것으로, 작업범위와 밀접한 관계가 있기 때문에 상이한 점이 있으면 계약 성립전에 미리 협의하여야 할 사항이다.

나. 현장관리

현장관계법규, 현장정리 및 청소, 사고 및 재해방지에 대한 것을 서술하고 있는데 지열공사에 현장관계법규에 관한 규정에서는 관할 관청에서 굴착신고 및 완료확인 서류행위 및 비용이 해당된다. 또한 사고 및 재해방지에 대한 것에서 건축물 주위에 매설물과 통행인에 대한 안전시설, 소음과 먼지 방지시설에 대한 규정을 하게 되는데 일반적인 지열시공업체에서 부담하기 어려운 부분이 많이 있다. 따라서 명확하게 정리할 필요가 있다.

다. 자재 및 품질관리

자재의 보관 및 관리에 대한 것과, 보증에 관한 것으로 일반적으로 장비제조업체에서 장비 보증기간을 2년으로 그 이상 경우에는 추가 비용을 요구하고 있다.

최근 신재생에너지 보급 사업에서 하자보증기간을 5년에서 3년으로 개정하였다.

라. 시공부분

현장에 제출되어야 할 서류인 공정표, 시공계획서, 시공도면 및 제작도, 공정보고서, 준공서류에 대한 것이 기술된다.

마. 시운전 및 준공

시운전 및 준공에 관한 내용으로 각종 기록사항, 운전자 교육, 완성도면, 사진 등에 관한것이 서술된다. 이때 유의사항으로는 운전교육 기간 및 인도사항을 자세히 살펴 준공시점에 불이익을 받는 것이 없도록 한다.

9.2.2 지열 히트펌프 설비공사

지열 히트펌프에 대해 일반사항, 기기 및 설치에 대한 부분으로 나누어 구성된다.

일반사항으로는 적용범위, 참조규격, 기준, 제출서류, 도서 그리고 품질보증기간에 대하여 언급 하는데 국제규격 및 기준은 ISO 13256-1, 2의 열펌프 성능평가에 대하여 규정 하고 있으나 국내에서는 신재생에너지센터 발급 인증서 및 공인기관 시험성적서를 이용하고 있다.

가. 수열원 물 대 물 열펌프(water source water-to-water heat pumps)

① 수열원 물 대 물 열펌프는 압축기, 4방향 밸브, 팽창장치, 2개의 냉매 대 물 열교환기 및 이들 요소기기를 연결하는 배관 등이 일체형으로 구성된 기기이다. 각 요소기기에 대한 상세 사항은 열펌프 제조사가 제공하는 기기 사양서 및 제작도 등을 따른다.

② 수열원 물 대 물 열펌프는 냉매(R-22 or 410A 등)가 완전히 충전된 상태로

조립되어 공장에서 성능시험을 거친 후, 현장에 반입되어야 한다. 이 때, KS B ISO 13256-2 기준에 의거하여 성능평가를 거친 제품이어야 한다.

③ 외부 케이싱 : 외부 케이싱 안쪽 면에 10mm 이상의 두께로 부착된 보온재는 단열 및 소음흡수의 역할을 수행할 수 있어야 한다.

④ 압축기 : 수열원 물 대 물 열펌프의 압축기로 왕복동식 또는 스크롤 압축기 등이 적용된다. 압축기 구동에 의해 발생되는 진동을 감쇄시키기 위해 압축기 하단부에 방진고무가 설치되어 있어야 한다.

⑤ 4방향 밸브 : 4방향 밸브는 파일럿 슬라이드형이며, 마그넷 코일이 캡슐에 쌓여 있어야 한다.

⑥ 냉매 대 물 열교환기 : 냉매 대 물 열교환기로 동으로 된 이중관형 고효율 열교환기(판형 열교환기)를 사용하여야 하며, 냉매와 물측 압력 모두 최대 25kg/cm^{2}의 압력에서 견딜 수 있어야 한다.

⑦ 전기배선 및 자동제어 : 전원은 단상 220V(60Hz) 또는 3상 380V(60Hz)이며, 주 전원을 차단하는 마그넷, 컨트롤 전원 변압기 및 락 아웃 릴레이가 장착되고, 모터 상태보고, 랜덤 운전 및 정지, 온도조절 등이 가능한 판넬이 공장 제작 시 장착되어 있어야 한다.

장비 설치의 경우 전원연결과 소음 및 진동방진에 응축수 드레인에 대한 사항이 언급이 되고 있다. 기타 사항으로는 제조사의 설치 매뉴얼의 지침서에 의하여 설치하도록 권장한다.

9.2.3 부동액 순환펌프 및 기타 펌프류

히트펌프와 같이 일반사항 및 설치에 대한 것으로 구분하여 살펴보면 다음과 같다.

가. 일반사항

일반사항은 적용범위, 참조규격 및 기준 그리고 제출서류로 구분할 수 있다.

적용범위에서 유의 사항으로는 지중 열교환기에 부동액을 사용하기 때문에 펌프의 씰(seal) 등이 적합한 것을 선정하여야 하고, 참조 규격 및 기준은 (1) KS B 7501 소형 벌류트 펌프 (2) KS B 7507 소형 다단식원심 펌프에 적용되고 있으며, 제출서류는 순환펌프 계산서, 성능표, 성능곡선 및 효율표를 제출하여야 한다.

1) 벌류트 펌프 및 원심 펌프

① 펌프는 KS규격에 적합한 제품 사용을 원칙으로 하며, 전문 제조업체(KS 규격 제품 생산업체)에서 제작된 제품으로 펌프의 구조, 치수, 부속품은 KS B 7501 및 KS B 7505에 준하여 제조된 제품이어야 한다.

② 순환펌프는 미케니컬 씰을 사용하여 누수가 없어야하며, 미케니컬 씰은 제작 공장에서 조립하고, 연결관을 움직이거나 펌프 케이싱을 재설치하는 일 없이 회전부분을 분해할 수 있도록 제작된 제품으로 한다.

③ 펌프에는 진동전달을 차단할 수 있고 전중량에 충분한 지지력이 있는 방진가대를 설치하여야 하며, 방진스프링 및 고무는 KS 규격에 적합한 제품을 사용하되 방진 스프링은 밀폐형으로 사용하여야 한다. 라인형 펌프는 제외한다.

④ 주요 부품의 재질

2) 인라인 순환펌프

① 펌프의 몸체에 모터가 부착되어 모터의 축과 펌프가 일체형 축의 구조로 되어 있는 펌프로서, 펌프와 모터의 탈착이 가능한 제품으로 한다.

② KS규격 또는 ISO규격 등에 합당한 제품으로 저소음, 고성능이 있으며, 이를 보증할 수 있는 제품으로 한다.

③ 제시된 사양을 충분히 만족 할 수 있는 내압, 내열, 내부식성의 재질 및 구조로 제작된 제품으로 한다.

④ 고온, 고압(온도 140℃, 압력 10 kg/cm^2 이상)에서 사용하여 누수가 없도록 미케니컬 씰을 사용한 제품으로 한다.

⑤ 주요재질
  - 케이싱 : GC 250 이상
  - 임펠러 : GC 250 이상
  - 주 축 : SM 45C 이상

- 모   터 : F종, 방진형(IP54) 이상

나. 시공부문

시공부문에서 순환펌프 기초공사는 지열업체의 작업범위에 대부분 속하지 않고 있으나, 펌프방진 공사에 대해서는 지열시공업체의 작업범위에 속하는 경우가 있다. 치에 대한 것은 아래의 사항이 검토되어야 한다.

1) 벌류트 펌프 및 원심펌프 설치

① 펌프를 설치할 장소의 작업조건을 면밀히 검토하고 부적당한 작업조건이 있을 때에는 즉시 시정하여 요구조건에 부합되도록 하고 제조업자의 설치지침서에 따라 지시된 곳에 설치한다.

② 펌프의 운전 및 보수를 위한 작업공간이 확보되어야 하되, 제조업자가 권장하는 공간보다 적어서는 안된다.

③ 수평형 또는 수직형은 기초지지대가 휘거나 처지지 않도록 주의하여 기초 윗면에 수평 또는 수직으로 고정하고, 기초볼트는 균등하게 조인다.

④ 펌프와 모터의 연결축은 정확히 직선이 되도록 조정한다.

⑤ 펌프에 밸브 및 관을 부착할 시에는 그 하중이 직접 펌프에 걸리지 않도록 충분히 지지된 상태에서 작업하여야 한다.

⑥ 펌프의 공급 횡주관에는 진동을 흡수할 수 있는 방진 행거를 설치하여야 한다.

⑦ 펌프의 토출 측에 충격완화용 체크밸브를 설치하여야 한다.

⑧ 펌프의 흡입 및 토출구에 플렉시블 조인트 또는 플렉시블 커넥터를 설치하여 배관으로의 진동 전달을 막아야 한다.

⑨ 펌프의 축 중심조절은 제조사 기술자 입회하에 실시하고, 시동 전에 윤활유를 주입한다.

2) 인라인 순환펌프 설치

① 펌프 설치는 배관의 직선구간에 펌프의 기초나 가대 없이도 설치가 가능하나, 유지관리가 용이하도록 콘크리트 기초 또는 앵글가대에 설치한다.

② 모터는 4극(1,750rpm) 모터를 사용한다.

③ 배관은 펌프에 하중이 전달되지 않도록 견고하게 지지해야 하며, 펌프설치 부위에는 진동이나 흔들림이 없도록 고정하여야 한다.

④ 펌프설치 최하단부에는 배관 내 물이 퇴수할 수 있도록 퇴수 밸브(드레인)를 설치하여야 한다.

9.2.4 부동액(Antifreeze Solution)

부동액 적용범위에는 지열원 열펌프 설비를 구성하는 지중 열교환기 내부에서 순환하는 유체의 종류, 특성, 혼합비 산정방법 및 기준 등에 적용돈다. 작동유체로 물을 사용할 수 있지만, 동절기 동파방지를 위해 일정 조건을 구비한 부동액(antifreeze solution)을 사용한다.

가. 부동액 조건

① 낮은 점도를 가질 것
② 우수한 열전달 성능을 위해 높은 열전도도를 가질 것
③ 열펌프의 냉매 대 물 열교환기 재질에 대한 내부식성이 우수할 것
④ 난연성이 우수할 것
⑤ 이물질이 없는 깨끗한 부동액을 사용할 것
⑥ 부식억제제를 첨가하였을 때, 부동액과 부식억제제 상호간의 화학적인 안정성이 우수할 것

나. 부동액 종류

① 알콜 계열(alcohols) 부동액

- 메틸 알콜(메탄올, methanol, CH_3OH)+물
- 에틸 알콜(에탄올, ethanol, C_2H_5OH)+물

② 글리콜 계열(glycols) 부동액

- 에틸렌글리콜(ethylene glycol, $HOCH_2CH_2OH$)+물
- 프로필렌글리콜(propylene glycol, $CH_3CHOHCH_2OH$)+물

③ 염류 계열(salts) 부동액

- 염화나트륨(sodium chloride, NaCl)+물
- 염화칼슘(calcium chloride, $CaCl_2$)+물

④ 칼륨 계열 부동액

- 아세트산칼륨(potassium acetate, CH_3CHOOK)+물
- 탄산칼륨(potassium carbonate, K_2CO_3)+물

다. 부동액 조성

부동액의 조성은 설치되는 지열원 열펌프 설비에 따라 상이하지만, 위에서 언급한 구비조건을 만족시키는 것을 사용해야 한다. 경우에 따라서는 부식방지제 등을 부동액에 첨가할 수 있다. 이러한 경우, 시공자는 발주자 또는 감리자와 협의 후 시행해야 한다. 시공시 부동액의 혼합비율을 산정하여 주입한다.

1) 부동액의 혼합비율 산정

시스템에 필요한 부동액을 적정비율로 혼합하기 위해 우선, 부동액(antifreeze)의 비율을 계산해야 한다. 이 때 물과 혼합되는 부동액의 질량비율 또는 체적비율은 다음의 절차로부터 계산된다.

① 먼저, 설계에 적용하고자 하는 부동액의 어는점(freezing point)을 결정한다.
② 동절기, 난방모드로 작동되는 지열 히트펌프 설비에서 지중 열교환기 파이프의 동파방지를 위해 부동액을 사용한다. 따라서 순환유체인 부동액의 평균온도보다 5.6℃(10℉)낮게 어는점을 설정한다. 여기서, 부동액의 평균온도는 열펌프의 증발기 입구와 출구의 평균온도를 의미하다.

2) 시스템에 필요한 부동액 양 계산

시스템에 소요되는 부동액의 양(체적)을 다음의 식을 이용하여 계산한다.

$$V_{AF} = \frac{V_{total}}{1 + \dfrac{\rho_{AF}}{\rho_{water}}\left(\dfrac{1}{W_{AF}/100} - 1\right)} \quad \cdots\cdots\cdots\cdots\cdots\cdots\cdots\cdots\cdots (9.1)$$

$$V_{AF} \quad : 부동액\ 체적(부피,\ gal)$$
$$V_{total} \quad : 시스템의\ 총\ 체적(gal)$$
$$\rho_{AF} \quad : 부동액의\ 밀도(lb/ft^3)$$
$$\rho_{water} \quad : 물의\ 밀도(lb/ft^3)$$
$$W_{AF} \quad : 혼합되는\ 질량\ 비율(weight\ \%)$$

3) 부동액 주입

① 독성을 가진 부동액 주입시, 작업자는 특별한 주의를 기울인다.

② 지열 히트펌프 설비에 부동액 주입밸브를 설치한 후, 부동액을 배관시스템에 주입한다. 이때 충전밸브에 명판(라벨)과 고유번호를 부착해야 한다. 명판은 영구적인 형태여야 하며, 다음 사항이 명시되어 있어야 한다.

  - 부동액의 종류와 혼합비

  - 충전일자

  - 제조사 이름

③ 시스템 내에서 모든 공기가 제거될 때까지 퍼징한 후 누수를 확인한다.

④ 열매체 보충탱크 내에 있는 물을 드레인시켜 필요한 부동액을 넣을 수 있도록 한다.

⑤ 지열루프 드레인을 열매체 보충탱크에 연결한다.

⑥ 열매체 보충탱크를 가동시켜 지열루프 내의 열매체를 순환시킨다.

⑦ 열매체 보충탱크 내로 소량씩 부동액을 주입하면서 적정 부동액의 농도를 맞춘다.

⑧ 부동액 주입과정에서 열매체 보충탱크의 수위가 높아질 경우에는 필요한 만큼 드레인 한 후 다시 부동액 주입작업을 반복한다.

⑨ 부동액 주입을 완료한 후 드레인 밸브를 닫고, 지열루프 내의 압력을 2.5 kgf/cm^{2}으로 유지한다.

9.2.5 배관지지 및 고정재료

이 절에서는 일반설비 공사 시방서의 배관지지 및 고정재료 항목과 특별한 차이가 없으나 고밀도 폴리에틸렌 파이프로 건물 내부 배관을 설치할 경우 일반강관에 비해 배관지지 간격이 짧아야 한다.

가. 강관

직경(mm)	20이하	20-40	50-80	100-150	200이상
최대간격(m)	1.8	2.0	3.0	4.0	5.0

나. 동관

직경(mm)	20이하	20-40	50-80	100-150	200이상
최대간격(m)	1.0	1.5	2.0	2.5	3.0

9.2.6 밸브 및 계기류

지열 시스템에 적용되는 밸브 및 계기류 항목도 일반건축 기계설비공사 시방서의 밸브 및 계기류와 특별한 차이가 없으나 외국에서는 히트펌프 제조사에서 제공하는 볼밸브와 후렉시블 조인트 등의 부품을 하나로 묶어 호스 키트(Hose kit)를 판매하고 있어 유지관리에 매우 편리한 점이 있다.

9.2.7 보온공사

지중에서 취득한 열을 손실없이 기계실에 위치한 열펌프 유니트까지 공급하고, 순환유체의 동파 및 결로 방지를 위해서 배관 보온공사는 지열 히트펌프 시스템에서 매우 중요한 공정 중에 하나다. 배관 결로의 주된 원인은 배관에 습한 공기가 접촉하였을때, 외기 온도가 노점온도 이하이면 결로가 생긴다. 따라서 보온은 배관과 공기가 접촉을 하지 않도록 방습이 되어야 한다. 이러한 곳에 효과가 있는 보온재료는 고무발포 보온재가 효과가 있다. 그리고 물-물 히트펌프에서 냉온수를 생산하여 팬코일과 같은 터미널 유니트 냉온수 배관에 대한 보온공사는 일반 건축 기계 설비공사 시방서를 따르도록 한다.

 **〈표 9-1〉 보온재료의 규격 및 조건**

종 류	규격 및 적요
암면 보온재	KS F 4701에 규정하는 보온판, 펠트, 보온통 보온대 및 블랭킷 으로서 보온판은 1호 및 2호, 보온대 및 블랭킷은 1호 또는 동등 이상으로 한다.
유리면 보온재	KS L 9102에 규정하는 것으로서 보온판, 펠트, 보온통 보온대 및 블랭킷 으로서 보온판 및 보온대는 2호 24K, 32K 및 40K 또는 동등 이상으로 한다.
발포 폴리스틸렌 보온재	KS M 3808에 규정하는 2종으로 내열난연 3등급 이상 또는 동등 이상으로 한다.
발포 폴리에틸렌 보온재	KS M 3862에 규정하는 보온통 2종은 길이방향에 따라 절개부를 넣어 염화비닐시트로 피복한 것 또는 동등 이상으로 한다.
경질 우레탄 폼 보온재	KS M 3809에 규정하는 보온판 및 보온통 또는 동등 이상으로 한다.
고무발포 보온재	국내에는 적당한 규격이 없음을 감안하여 ASTM C 534를 준용 하는 제품으로 한다.

9.2.8 지중 열교환기 설계

지중 열교환기 설계과정은 지중 열교환기 파이프 크기, 전체 소요길이, 보어홀의 깊이 및 개수 그리고 보어홀 간격 등 매우 다양한 변수들을 고려해야 하는 복잡한 과정이다. 이러한 과정은 다음 장에서 구체적으로 설명한다.

9.2.9 지중 열교환기 파이프

본 절에서는 지중에 매설되는 수직 또는 수평형 지중 열교환기의 파이프 재료 연결방법 및 플러싱/퍼징 등 배관 시스템 시공에 대한 내용이다.

배관 시스템 시공을 위해 제출되는 서류는 제조사의 기술적인 데이터 또는 연결지침서 및 품질보증서이다. 그리고 배관이 지중에 매설되기 때문에, 문제가 발생하였을 경우 보수를 하는데 많은 비용이 소요됨으로, 사전 검사가 철저히 진행되어야 한다.

가. 운반, 보관 및 취급

① 폴리에틸렌 파이프를 적절히 운송하기 위해 트럭베드에 자갈이나 기타 날카

롭거나 마모시키는 물질이 없는지를 확인하고 운반한다.

② 파이프가 현장까지 운송될 때, 움직임을 최소화하고 표면 손상을 막기 위해 배관 적재 시 나일론 끈이나 바인더를 사용하여 단단히 고정한다.

③ 사슬을 사용하지 않으며, 코일에 규정되지 않은 하중을 가하여 관에 흠집이나 침하가 발생하지 않도록 한다.

④ 날카로운 물체에 의해 가해질 수 있는 손상을 막기 위하여 관과의 접속부위나 상단부에 기구나 장치 등을 놓지 않는다.

⑤ 운반이나 보관중 관에 지나친 열이 가해지지 않도록 한다.

⑥ 파이프 하역 시, 포크형 기중기나 지게차를 사용하여 안전하게 하역해야 한다. 로프를 이용하여 하역할 때에는 직물로 된 폭이 넓은 로프를 사용해야 한다.

⑦ 소구경의 지관이나 가벼운 roll관은 손으로 하역할 수 있다.

⑧ 파이프 운반 및 보관시 이물질이 들어가지 않도록 파이프 끝단에 보호 캡을 씌운다.

⑨ 파이프를 지상에 보관할 경우, 돌이나 날카로운 물체를 제거하고 평탄하게 지면을 정리한 후 파이프를 적재한다.

나. 파이프 연결

① 폴리에틸렌 파이프를 다음과 같은 방법을 이용하여 연결한다.
- 열융착(heat fusion) 방법
- 플랜지(flange) 연결
- 피팅(fitting) 연결
- 기타 커플러(couplers) 등을 이용한 연결

② 폴리에틸렌 파이프는 제작자가 추천한 과정에 의해, butt, socket 및 sidewall 또는 전기융착 등에 의한 방법으로 연결한다.

③ 나사로 된 융착 연결구는 구리에 적용 할 때 사용한다. 나사나 돌기로 된 융착 연결구는 고강도 호스에 적용할 때 사용한다. 돌기로 된 연결구는 폴리에틸렌 파이프에 직접 연결하지 않는다.
단, stab형 연결구는 예외로 한다.

다. 열융착 방법 일반

① 파이프의 연결부위를 알콜로 닦아낸다.

② 히터를 장착한다. 이때 히터의 온도는 210℃~220℃로 한다.

③ 클램프를 전진시켜 일정한 압력으로 히터에 관을 밀착시켜 용융시킨다.

④ 일정한 비드가 형성되기 시작하면 압력이 없는 상태에서 가열을 유지한다.

⑤ 비드가 균일하게 나오는지 확인한다.

⑥ 가열유지가 끝난 후 클램프를 후진시켜 신속히 히터를 제거한다.

⑦ 즉시 적당한 압력으로 클램프를 전진시켜 용융면을 압착시킨다.

⑧ 가열유지 또는 압착공정에서 압력을 반복적으로 가해서는 안된다.

⑨ 압착후 일정시간 자연상태에서 냉각시키고 융착기에서 탈착시킨다.

⑩ 균일한 비드 형성 여부를 육안으로 확인한다.

⑪ 융착은 다음과 같은 방법 중 한 가지를 선택하여 사용한다.

    ㉠ 버트용착(butt fusion) : 관의 단면과 단면을 직접 접합하는 공법으로, 보통 50A 이상의 관경에 적용한다.

    ㉡ 소켓용착(socket fusion) : 소켓부의 내면과 관 말단의 외면을 일정기간 용융시켜 삽입하는 공법으로 50A 이하의 관경에 적용한다.

    ㉢ 새들용착(saddle fusion) : 관의 외면과 새들 인장 부분을 용융시켜 접합하는 공법이다.

라. 파이프 지지

① 폴리에틸렌 파이프는 다음의 <표 9-2>에 제시된 최대 지지간격 내에서 지지한다. 다만, 파이프 제조사에서 제공하는 지침이 있으면 그것을 따른다.

② 폴리에틸렌 파이프를 지지하기 위해 사용되는 행거(hanger)의 날카로운 부분 등을 깨끗하게 제거한다.

③ 파이프를 행거로 지지할 때 무리한 압력이 가해지지 않도록 주의한다.

④ 기계실 내 수직 파이프의 지지는 클램프를 이용한다.

〈표 9-2〉 파이프 직경에 따른 최대 지지간격

파이프 공칭 직경 mm(in)	최대 지지간격
30 (1 1/4)	0.84m (2ft 9in)
50 (2)	0.91m (3ft 0in)
75 (3)	1.07m (3ft 6in)
100 (4)	1.14m (3ft 9 in)

마. 현장 품질확인

현장에서 U자 관 폴리에틸렌 파이프에 대해 가압 및 누설 시험을 다음과 같이 실시한다.

① 현장 도착시
② U자 관을 보어홀에 삽입하기 전에 실시
③ U자 관을 분배 헤더에 연결하기 전에 실시
④ 모든 U자 관에 대해 실시

바. 파이프 압력시험

① 폴리에틸렌 파이프를 운송하는 과정에서 발생할 수 있는 손상으로 인해 누설이 있는지 압력시험을 통해 점검한다. 폴리에틸렌 파이프를 열융착 또는 피팅이나 플랜지 등을 이용하여 연결하였다면 연결된 부위에서 누설이 있는지 그 여부를 점검한다.

② 압력시험은 융착작업 후, 루프 삽입 후, 그라우팅 작업 및 헤더작업 완료 후로 구분하여 수행하며, 되메우기 작업 전에도 압력시험을 실시한다.

③ 융착작업 후에는 각 루프를 대상으로 $5\sim10\text{kg/cm}^2$의 압력을 가하여 60분 이상 실시한다. U자 관으로 성형된 지중 열교환기 파이프에 대해 현장에서 가압시험을 수행하여 이상이 발견되지 않을 때, 보어홀 내로 삽입한다.

④ 지중 열교환기 파이프 설계 압력의 150% 그리고 시스템 운전 압력의 300% 이내에서 가압 및 누설시험을 수행한다. 이 때 시험 시작 후 최소 30분간 누설이 발생하지 않아야 한다. 그리고 파이프 변형과 팽창으로 인한 감소는 실

험의 초기 2시간 동안 시험압력에서 10% 이상 감소하지 않도록 하며, 그 다음 2시간 동안의 팽창이 3% 이상의 압력변화를 일으키지 않아야 한다.

⑤ 시험시 기후조건이나 시험 수행자, 일시, 시험절차 및 시험 데이터 등을 기록하여 제출한다.

9.2.10 지중 열교환기 상부 헤더 및 수평 트렌치 파이프

본 절의 일반사항 및 품질에 관한 사항은 상부헤더 및 수평 트렌치 파이프 제작과 시공에 대하여 차이가 있고, 그 차이는 다음과 같다.

가. 지중 열교환기 상부 헤더 파이프

① 지중 열교환기 상부 헤더(header, 상부연결관)는 보어홀에 매설된 다수의 수직형 지중 열교환기 파이프와 연결되어, 지중 열교환기 순환유체인 부동액을 지중 열교환기 파이프 내부로 분배하여 공급하거나 또는 열펌프로 귀환할 수 있는 유로를 형성한다.

② 지열원 열펌프 설비의 운전에 필요한 유량으로 순환유체가 거치기 때문에 압력손실이 최소화되도록 설계한다. 또한 시공되는 지중 열교환기 파이프의 직경보다 큰 직경의 파이프를 사용해야 한다.

③ 시스템의 전체 압력손실 중, 지중 열교환기 상부 헤더 파이프에서 발생하는 손실이 30% 이상일 때, 역 귀환(reverse return)방식으로 헤더파이프와 수직 지중 열교환기 파이프들을 연결한다.

나. 수직 지중 열교환기 파이프와 수평 트렌치 파이프의 연결

① 보어홀에 매설된 수직 지중 열교환기 파이프는 터파기(trenching)후 수평 트렌치 파이프와 연결한다. 이 때, 수평 트렌치 파이프가 트렌치 바닥에 놓였을 때, 좌우 30cm 이상의 공간을 확보할 수 있도록 굴토작업을 수행한다.

② 지중 열교환기 파이프의 공급관(supply line)과 환수관(return line)은 최소 30cm의 거리를 유지해야 하며, 겹치는 부분이 최소가 되도록 배치하여 시공한다.

③ 지면으로 노출된 수직 지중 열교환기 파이프의 끝단과 수평 트렌치 파이프가 연결될 때, 연결 부위의 구부러짐을 방지하기 위해 곡률반경을 충분히 고려하여 굴토작업을 수행한다. 이 때 자갈이나 큰 돌멩이 등을 제거한다.

④ 굴토바닥은 모래기초 또는 0.5m 내외의 성토를 하여야 하며, 헤더를 사이에 두고 가는 모래를 45cm 이상 덮는다.

⑤ 지면으로부터 45cm 깊이에 수평 트렌치 파이프가 매설되었다는 경고 표식을 함께 매설한다.

⑥ 지중 열교환기 파이프와 수평 트렌치 파이프 그리고 분배헤더의 연결은 열융착 방법으로 적절하게 선택하여 시행한다.

9.2.11 플러싱과 퍼징(Flushing and Purging)

이 절은 지중 열교환기 시공 중에 남아 있는 이물질 등을 제거하고, 공기를 제거하여 시스템이 안정적인 상태에서 운전될 수 있도록 하고, 부동액을 주입하는 배관내부를 청소하는 작업사항으로 매우 중요하다.

일반적으로 100RT 이하의 소형은 플러싱 및 퍼징유니트를 이용하여 시스템을 순환시킬 수 있지만 중, 대형 시스템의 경우는 플러싱 퍼징유니트에 장착된 순환펌프가 유량이 적어 플러싱과 퍼징이 제대로 되지 않을 수 있다.

플러싱과 퍼징을 위해서는 배관 유속이 0.6 m/s 이상이 되어야 한다. 그러나 유속이 0.6m/s 이하면 플러싱과 퍼징이 되지 않는다.

따라서 플러싱과 퍼징을 할 수 있도록 시스템에 서비스 밸브를 설치하거나 구역(zone)을 분할하는 등 사전계획을 수립해야 한다. 현장에서 종종 플러싱과 퍼징이 끝나지 않은 상태에서 시운전하여 시스템이 멈추거나, 장비 고장과 같은 여러 문제가 발생된다.

가. 제출서류 및 설계도서

시공자는 다음 서류 및 설계도서의 견본을 발주자와 감리자에게 제출한다.

① 시스템 플러싱 또는 퍼징 방법 및 예상 수행 일정

② 시스템 플러싱 또는 퍼징에 사용되는 기기와 관련된 사항

③ 부동액 주입과 관련된 제반사항

④ 시스템 가압과 관련된 제반사항

나. 플러싱(퍼징) 유니트

① 지중 열교환기 파이프를 포함하여 배관 내부를 플러싱하거나 퍼징하기 위한 기기 및 시스템과의 연결은 지열 시공사 교재를 참고한다.

9.2.12 보어홀 그라우팅

그라우팅(grouting)은 수직 밀폐형 지중 열교환기를 설치할 때 천공홀과 지중 열교환기의 공간을 메우는 작업으로 지중 열교환기의 열전달을 좋게 하기 위한 것과 지표수의 오염물질이 지하수에 침투하는 것을 방지를 하기 위하여 실시한다. 따라서 우선 용어가 생소한 것이 있어서 이것에 대한 것과 재료, 그리고 시공 방법에 시방서를 살펴보기로 하자.

가. 그라우팅의 종류

① 순수 벤토나이트 그라우트

㉠ 벤토나이트와 물을 규정에 따라 혼합한 순수 벤토나이트 슬러리를 그라우팅 재료로 사용한다.

㉡ 지중 열교환기 보어홀 그라우트로서 순수 벤토나이트 그라우트는 나트륨(sodium)을 주성분으로 하는 벤토나이트와 첨가제(additives)를 물과 혼합하여 슬러리 형태로 만든다.

㉢ 이때 벤토나이트와 첨가제로 구성된 고체성분이 물과 혼합되는 과정에서 초기에는 점도가 낮은 상태로 있지만, 시간이 경과함에 따라 물의 흡수량이 증가하여 슬러리의 점도가 증가한다.

㉣ 현장에서 순수 벤토나이트 그라우트 슬러리를 보어홀 내로 주입할 때 작업 소요시간에 주의를 기울여야 한다.

② 벤토나이트/첨가제 혼합 그라우트

    ㉠ 순수 벤토나이트 슬러리의 열전도계수를 향상시킬 목적으로 가는 모래 (fine sands)나 규사(quartzite sands) 등과 같은 첨가제를 혼합할 수 있다.

    ㉡ 실리카 샌드(silical sands)의 첨가에 따른 열전도계수 증가는 규사를 첨가하였을 때와 동일한 결과를 보이며, 첨가제의 비율이 증가할수록 벤토나이트 그라우트의 열전도 계수는 증가한다. 또한 규사와 실리카 샌드를 첨가하였을 때 기타 첨가제를 사용했을 경우보다 열전도계수의 증가율이 크게 나타난다.

    ㉢ 순수 벤토나이트 슬러리에 가는 모래를 첨가하면 단위체적당 슬러리의 중량이 증가한다.

나. 시 공

① 일관되게 그라우팅이 진행 될 수 있도록 전문 인력이나 장비가 준비되어야 한다.

② 하나의 보어홀에 대해 보어홀 시추(drilling), 지중 열교환기 파이프 삽입, 그라우팅을 연속적으로 수행한 후, 다음 보어홀의 그라우팅을 시행한다.

③ 그라우트 이송펌프를 이용하여 그라우트 슬러리를 보어홀의 최하단부터 상향으로 채운다.

④ 그라우팅을 하기 전에 보어홀 내에 있는 파쇄물 또는 시추 시 사용된 벤토나이트 슬러리를 완전히 제거한다.

⑤ 그라우트 펌프에 적절한 크기의 흡입 및 배출호스를 연결한다. 일반적으로 흡입호스는 75~100mm 그리고 배출호스는 32~50mm 의 호스를 사용한다.

⑥ 그라우트 펌프를 이용하여 그라우트 슬러리를 혼합할 수 있다. 이때 그라우트 펌프의 정지 없이 그라우트 슬러리를 혼합하기 위해 방향전환 밸브를 설치한다.

⑦ 그라우트 펌프의 배출라인에 압력계를 부착하여 그라우팅 중 압력변화를 확인한다.

⑧ 그라우트 펌프에 사용되는 흡입호스 및 배출호스는 속결형 연결부(quick connect style coupling)를 이용하여 연결한다.

⑨ 그라우트 펌프의 압축기, 호스 및 각종 연결부 등을 세심하게 관리하고, 사용 후 깨끗하게 세척한다.

⑩ 그라우팅에서 사용되는 물은 음용수 수준으로 하고, 항상 충분한 수량이 공급될 수 있도록 한다.

다. 그라우트 슬러리 혼합

① 그라우트를 보어홀 내로 쉽게 주입할 수 있고, 시공이 완료된 후에는 열전달이 원활하게 발생 할 수 있도록 슬러리는 고체성분을 충분히 유지하고 있어야 한다.

② 시추용 슬러리를 혼합하는 방법은 이용할 수 없다.

③ 패들 혼합기(paddle mixer)를 이용해 그라우트 슬러리를 혼합한다. 이때, 30~40 rpm의 속도로 패들을 회전시킨다.

④ 현장에서 그라우트 슬러리를 혼합하기 위해 패들 혼합기, 펌프, 그라우트 주입파이프 등의 요소가 일체형으로 구성된 그라우트 혼합/이송 유니트를 사용할 수 있다. 이 일체형 기기의 장점은 다음과 같다.

    ㉠ 그라우트 슬러리의 혼합 및 보어홀 내로의 주입을 동시에 수행할 수 있다.

    ㉡ 그라우트 혼합기, 주입펌프, 주입파이프(트레미 파이프), 동력장치 그리고 일련의 호스 및 연결부 등이 한 대의 장치에 구성된다.

    ㉢ 차량에 연결할 수 있어 이동이 편리하다.

    ㉣ 한 사람의 작업자가 작동할 수 있다.

9.2.13 트렌치 파기 및 되메움

이 절은 U자관 지중 열교환기 파이프와 연결되는 수평 분배헤더(header)의 매설을 위한 트렌치 파기 및 되메우기 등에 적용된다.

가. 흙 파기

① 지중 매설물은 사전에 충분히 조사하여 급수관, 가스관 및 지중 배선 등이

작업 시 굴착장비와의 접촉 및 지반 침하에 따른 영향 등의 우려가 있을 경우에는 이것들이 손상되지 않도록 주의하고 필요에 따라 응급조치를 하고, 감리자 및 관계자와 협의하여 처리한다.

② 흙 파기는 주변의 상황, 토질 및 지하수의 상태 등에 적합한 공법으로서 토사가 붕괴되지 않도록 적절한 경사를 주거나 흙막이를 설치하여 굴착면이 안정된 형상으로 유지되도록 한다.

③ 바닥면이 고르도록 흙파기를 하고, 지중 배관을 위한 줄 터파기(trench excavation)는 기울기 등을 정확히 유지하고 흙 파기를 한 바닥을 잘 다진다. 이 때, 현장여건 및 토질의 상태를 고려한 후 굴토 폭을 가능한 좁게 한다.

④ 굴토 폭은 파이프 주위에 적절히 흙을 채울 수 있어야 하며, 공급과 환수용 트렌치는 1.5m 이상의 거리를 두어야 한다.

⑤ 굴토 바닥은 단단하지 않으며, 암석이 없어야 한다. 또한 파이프에 하중을 가할 수 있는 바위, 표석이나 커다란 돌들을 제거하고, 파이프 및 이음관 주위에 고운 모래 등의 기초재료를 메워 놓아야 한다.

⑥ 바닥면을 손상할 우려가 있는 우수, 침출수 및 용수에 대해서는 적절한 조치를 강구한다.

⑦ 흙 파기를 한 부근에 붕괴 또는 파손의 우려가 있는 공작물 등이 있는 경우에는 특히 작업에 주의하고 손상을 입혀서는 안 된다.

⑧ 동절기의 흙 파기는 바닥 지반의 표면이 동결되지 않도록 하고 동결한 경우에는 동결토는 제거하고 양질의 흙으로 교환하는 등, 자연 지반과 동등 이상의 지내력을 갖도록 조치한다.

⑨ 굴착장비를 투입 할 경우 장비의 전도, 전락을 막기 위하여 작업지반을 견고히 다진 다음 충분한 점검을 실시하고 작업대를 사용할 경우 구조 및 안정성 확보를 확인토록 한다.

나. 되메우기

① 지중 열교환기 및 수평 헤더의 가압 및 누설시험이 완료 된 후, 이들에 손상을 주지 않도록 주의를 기울이면서 되메우기를 실시한다.

② 되메우기 흙은 석재, 벽돌, 목재 및 유기물 등이 섞이지 않은 양질의 모래를

사용하고 충분히 다져야 한다.

③ 성토의 재료는 양질의 흙을 사용하고 다짐공구 또는 롤러를 이용하여 균일한 상태로 단단히 다진다.

④ 되메우기 성토에는 동결된 흙을 사용하여서는 안된다.

⑤ HDPE Pipe는 강관에 비해 유연성이 뛰어나 다소 부등침하가 있는 연약지반에 설치하여도 탄력적으로 반응하여 파괴되거나 이탈될 염려는 없으나, 연약지반의 경우 모래 또는 쇄석 등으로 치환한 후 설치한다.

⑥ 1차 되메우기 재료로는 가능한 모래를 사용하도록 하고, 파이프 중간 높이 혹은 그보다 약간 높게 한 후 충분히 다진다.

⑦ 1차 되메우기가 끝난 후에는 파이프 매설 구간임을 표시하기 위한 경고 표식을 지표면으로부터 45cm 깊이에 매설한다.

⑧ 2차 되메우기에서는 파이프 위로 15~30cm 되기까지 잘 다진다. 교통량이 빈번한 지역에서는 최소 90~95% 정도의 다짐을 실시하고, 그 외의 지역은 85% 이상의 다짐을 실시한다.

⑨ 보통의 경우 기초는 다음의 [그림 9-9]와 같이 한다.

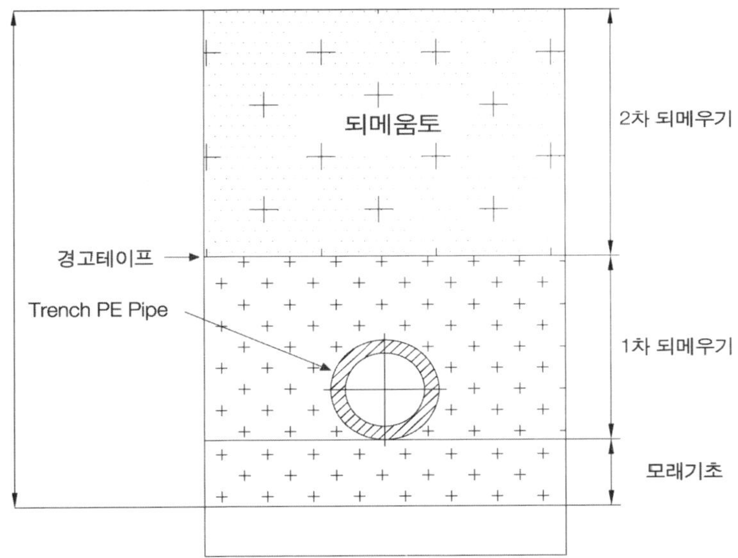

[그림 9-9] 폴리에틸렌 파이프의 트렌치 내 수평 매설

다. 잔토 처분

① 잔토는 시공현장 내 지정된 장소가 있는 경우 이외에는 공사장 외로 운반하여 적절히 처리한다.

② 잔토를 운반하는 트럭은 과적을 피하고 운반 중 흙이 넘쳐흐르지 않도록 하고 덮개를 씌워 운반하며, 타이어 등에 붙은 흙이 도로를 더럽히지 않도록 한다.

라. 다지기

① 잡석, 호박돌 다지기

  ㉠ 잡석과 호박돌은 경질의 것으로 하고, 잡석으로는 깬 호박돌을 사용할 수가 있다.

  ㉡ 틈막이 및 면고르기는 쇄석을 포함한 틈막이 자갈로 한다.

  ㉢ 잡석과 호박돌을 한 켜로 깔되 큰 틈이 없도록 세워서 틈막이 자갈을 충전한 후 램머(rammer) 및 소일 콤팩터(soil compactor) 등으로 밑면이 흐트러지지 않을 정도로 다진다.

② 자갈 다지기

  ㉠ 자갈의 크기는 45mm 이내의 자갈 또는 부순 돌로 한다.

  ㉡ 부순 돌은 풀이나 초목뿌리, 목재, 기타 유기물질을 포함하지 않고, 흙 및 점토 5% 이하, 모래 30% 정도, 자갈의 입도 2mm 이상 50mm 이하의 것이 적당히 혼합된 것으로 한다.

  ㉢ 바닥면에 자갈을 소정의 두께로 깔고 램머 및 소일 콤팩터 등으로 밑면이 흐트러지지 않을 정도로 다진다.

③ 일반 흙 다지기

  ㉠ 되메우기 흙의 재료는 공사 시방서에 따른다.

  ㉡ 공사 시방서에 그 내용이 없는 경우에는 감리자의 승인을 얻어 사질토 또는 굴착된 흙 중에 잡석이나 다짐에 방해되는 이물질을 제거한 흙을 사용한다.

ⓒ 모래로 되메우기 할 경우, 충분한 물다짐을 실시하고, 일반 흙으로 되메우기 할 경우에는 두께 약 30cm마다 다짐 밀도의 규정 또는 공사 시방에서 요구하는 다짐밀도로 다진다. 다짐밀도의 규정 또는 특기 시방서에 명기되어 있지 않을 경우에는 다짐밀도 95% 이상으로 다진다.

ⓔ 되메우기 시 다지기를 충분히 하여 건물 완공 후 건물 주위의 흙이 묻혀 있는 가스관, 상하수도관, 전기통신설비 등에 영향이 없도록 한다.

ⓜ 연약 지반에 성토를 할 경우, 지반공학 전문가의 자문에 따라 적절한 지반개량공법을 선택하여 지반개량을 실시한 후 성토를 한다.

9.3 현장 공정관리 이해

9.3.1 공정관리 개념

공정관리란 한 프로젝트를 주어진 공기와 내에 완성하기 위하여
- 공사에 관련된 정보(계약서, 설계도, 시방서, 현장여건, 날씨 등)를 분석한 후
- 시공방법(공법)을 결정하고
- 일정계획을 수립하며(수순계획 - 시공시간 - 견적 - 공기산정)
- 이에 따른 장비, 자재, 인원, 외주계획 등을 수립하고(자원 할당)
- 이러한 요소들의 최적화를 취하고(공기조정)

공사가 진척되어 감에 따라 공기지연 및 조기완공 등 계획변경 사항 등에 대한
- 공사기간의 영향을 분석하고
- 설계변경에 따른 재계획을 함으로써

결과적으로 생산성 증대 및 품질향상, 공기지연 요소를 감소시키는 총체적인 과정을 말한다. 그런데 건설공사는 각 공사마다 작업조건 및 시공방법이 다르므로 각각의 공사마다 프로젝트적인 성격을 갖게 된다.

9.3.2 공정관리기법의 발전

가. 간트 도표(Gantt Chart)

1900년대 초 테일러(F. W. Taylor)에 의하여 표준시간설정 등의 과학적 사고에 의한 공정관리 사상이 도입된 후에 1차 세계대전 중 미육군 프랑크포드(Frankford) 병기청의 컨설턴트였던 간트(H. L. Gantt)에 의하여 고안된 간트 도표에 의한 계획기법이 도입되었다.

① 운영방법 종축에 프로젝트를 구성하는 작업명(Activity)를 나열하고 횡축에 각 작업(Activity)의 진척율을 나타내는 방법
② 장점 : 프로젝트를 구성하는 각 작업의 진척율을 일목요연하게 파악할 수 있다.
③ 단점 : 각 작업간의 연관관계를 알 수 없다.(영향을 파악할 수 없다.)
　　　　　각 작업의 공기를 알 수가 없다.(잔여작업일 파악불능)

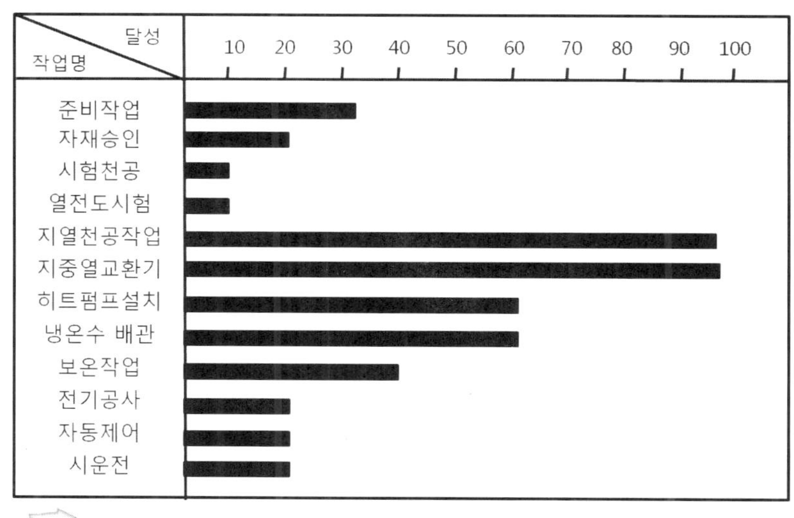

[그림 9-10] Gantt chart

나. BAR CHART기법

Gantt Chart를 개량한 기법으로서 [그림 9-11]을 보면 각 작업의 소요일수를 알 수 있고, 또 작업이 왼쪽에서 오른쪽으로 진행되어 막연하지만 작업간의 관련을 파악할 수 있다.

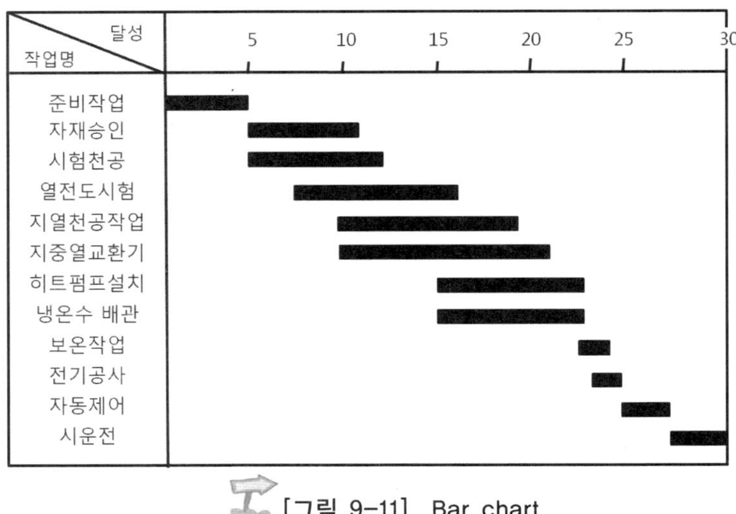

[그림 9-11] Bar chart

① 운영방법 : Gantt Chart와 동일하나 횡축에 진척율 대신 공사기간를 나타냄

② 장점 : 프로젝트를 구성하는 각 요소를 개괄적으로 파악할 수 있다.

③ 단점 : 각 작업의 연관관계 및 전체공기에 영향을 주는 작업이 무엇인지 파악하기 곤란하다.

다. PERT/CPM기법

1957년부터 1958년까지 약 3년에 걸쳐서 개발된 공사 관리기법들은 그 사용 목적이나 개발 모델측면에서 차이가 있었지만, 네트워크의 기본원리는 대체로 같은 것이었다.

연구 개발업무는 전혀 새롭게 시작하는 것이 대부분이므로 확률적인 추정치를 기초로 하여 Event중심의 확률적 시스템을 전개함으로써 최단 기간에 목표를 달성하고자 의도하는 것이 PERT 기법이다.

CPM기법은 공장건설 등에 관한 과거의 실적자료나 경험 등을 기초로 하여 작업(Acitivity)중심의 확정적 시스템으로 전개하여 목표기일의 단축과 비용의 최소화를 의도한 것이었다.

그러나 PERT기법의 확률적인 모델이나 CPM기법의 확정적인 모델은 어느 것이나 양쪽 기법(PERT와 CPM)에 모두 적용시킬 수 있는 것이다. 뿐만 아니라 비용을 고려한 PERT/COST가 개발됨으로써 당초 다른 목적으로 개발된 PERT기법과

CPM기법은 서로 접근경향을 띄게 되었으며, 근래에는 이들 양자를 총괄하여 PERT/CPM기법이라 한다.

9.3.3 공정계획

가. 공정계획 관리의 필요성

① 공사계획의 합리화와 과학적인 의사 결정 필요
② 예상되는 문제점의 사전관리의 필요성 대두
③ 목표관리의 방향제시와 원활한 의사소통
④ 공기와 연계된 자원, 원가, 자재
⑤ 신공법 개발 및 생산성 향상

나. PERT/CPM기법의 적용단계

건설공사의 진행과정은 견적 → 계약 → 시공 → 인도의 단계를 거치며, 시공단계를 다시 세분해 보면 다음과 같이 나눌 수 있다.

① 공사계획 단계(Planning)

  ㉠ 공사전체의 내용을 파악하여 전반적인 공사계획을 수립하는 단계
  ㉡ 각종 공사정보 분석(공기, 기술적인 제약조건, 시공자의 의무파악 등)
  ㉢ 공사의 요소작업 분할, 물량산출, 공기추정, 개략적인 예산수립
  ㉣ 작업(Activity)간 선, 후 관계를 고려하여 시공계획 수립

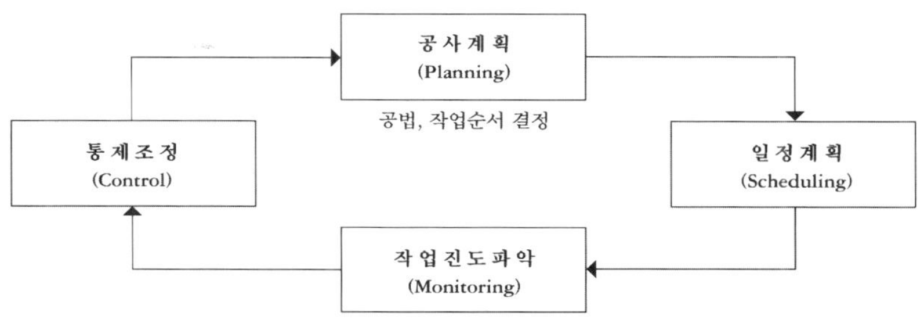

[그림 9-12] 공정관리의 진행과정

② 일정계획 단계(Scheduling)

- ㉠ 공사계획 단계에서 수립된 계획에 의해 보다 세분화 된 작업계획을 수립하는 단계
- ㉡ 공사계획 단계에서 수립된 시공계획, 인원, 장비투입계획 및 자재조달계획을 검토하여 보다 세분화되고 현실적인 일정계획을 수립

③ 작업진도 파악단계(Monitoring)

- ㉠ 수립된 계획에 의거 일정기간 공사를 수행하고 난 후 작업의 진도를 파악
- ㉡ 진도분석을 위하여 작업물량, 자재조달현황, 장비 투입현황 등에 관한 실적자료 취합

④ 통제조정 단계(Control)

- ㉠ 계획과 실적을 비교하여 차이 분석
- ㉡ 분석결과를 향후 진행되어야 할 공사계획에 반영하여 필요시 계획 재조정
- ㉢ 필요한 대책을 강구, 경영층에 보고 시행(정)될 수 있도록 유도

01 다음 용어에 대하여 정리하시오.
  가) 장비 일람표
  나) 장비 스케줄
  다) 지열시스템 계통도
  라) 평면도
  마) 자동제어도면
  바) Gant 챠트
  사) Pert 기법

02 지열시스템 시방서에 포함되는 내용을 간단히 설명하라.

03 수직밀폐형 지중 열교환기의 시공순서를 쓰시오. (계획수립, 천공작업, 압력테스트, 지열루프(U파이프) 설치, 그라우팅, 압력테스트, 트렌치작업, 히트펌프 및 실내설비 설치, 시스템 매칭 및 시운전, 정상운전)

04 건설공사의 진행과정의 4단계를 쓰라.

05 건설공사의 진행과정중의 하나인 시공단계를 세분하여 4단계로 쓰라.

CHAPTER 10

하이브리드 시스템 및 성능평가

10.1 지열 하이브리드 시스템

10.2 성능평가 방안

10.3 시운전

10.4 히트펌프 성능점검
(Heat Pump Performance Checkout)

핵심요약

하이브리드 지열 히트펌프 시스템은 전체 건물 내부에너지 중에서 일부를 지중 열과 히트펌프를 이용하여 냉난방 하는 시스템이다.

다양한 건물에서 다양한 냉난방 에너지 이용방식이 존재하는 것과 같이, 냉방과 난방 에너지의 차이도 시스템 마다 크게 다르다. 지열히트펌프 시스템의 효과적인 적용을 위해서는 지열에너지와 더불어 손쉽게 얻을 수 있는 다른 에너지와 연계하여 하이브리드로 적용하는 것이 중요해진다.

이 장에서는 하이브리드 지열히트펌프 시스템에 대하여 다루며, 하이브리드 시스템을 포함한 지열히트펌프 시스템의 성능 평가 방안과 시운전 그리고 히트펌프 시스템의 성능점검에 대하여 다룬다.

10.1 지열 하이브리드 시스템

지열 히트펌프 시스템은 냉방운전을 수행할 때에 건물 내부의 에너지를 지중에 방열하고, 난방운전을 수행할 때에는 지중에 저장된 열을 추출하여 건물에서 이용하는 사이클을 반복하게 된다.

지열 히트펌프 시스템은 냉방운전을 수행할시 건물 내부에서 추출한 에너지와 히트펌프 유니트의 압축기가 소비하는 에너지가 지중에 저장하게 된다. 건물에서 냉방열량 1kWh를 생산하기 위해서 지중에 약 1.3kWh의 열량이 저장된다. 반면에 난방에서는 난방열량 1kWh를 생산하기 위해서는 지중에서 약 0.7kWh의 열량을 추출하고, 나머지 0.3kWh는 압축기가 소비한 에너지에서 추출한다.(냉방과 난방 COP를 3.33으로 가정)

난방시 지중에서 추출하는 열량보다, 냉방시 지중에 저장하는 열량은 거의 두 배에 달한다. 이러한 두 배라는 수치가 정확하지 않고 냉방과 난방 COP에 따라 달라지나, 쉽게 설명하는 데에는 충분히 정확한 개념이므로, 냉방시 지중에 저장하는 에너지가 난방시 지중에서 이용하는 에너지의 약 2배라는 개념을 계속 사용하고자 한다.

건물 부하에서 난방에너지가 냉방에너지 보다 두 배 정도 많은 경우에, 지중에서는 저장하는 열량과 추출하는 열량이 균형을 이룬다는 것은 더 이상 설명이 필요하지 않다. 지중 열교환기 측면에서 냉난방 에너지의 균형은 건물 부하에서 냉난방 에너지의 균형을 의미하지 않는다. 건물에서 난방에너지 사용량이 냉방에너지 사용량의 2배 정도에 달할 때 지중 열교환기에서 균형이 이뤄진다. 건물 냉방

에너지와 난방에너지가 균형을 이루는 경우에는 지중열교환기에서 냉방운전시 저장하는 에너지양이 난방운전시 이용하는 에너지양의 2배가 되므로, 지중열교환기의 균형과 거리가 멀다.

지중 열교환기에서 냉난방 운전시에 사용하는 에너지의 균형은 지중 열교환기의 길이를 짧게 한다. 이는 초기 투자비용을 적게 하면서 원활한 운전을 수행할 수 있도록 할 수 있으므로, 지열 히트펌프의 경제성을 높일 수 있다. 이러한 배경에서 냉방보다 난방이 많은 주택에서 지열이 유리하다는 것도 상당히 정확한 표현이다. 냉방이 전혀 없거나 거의 없는 극한랭 지역을 제외하고, 난방이 주도하는 국내 주거시설의 지열히트펌프 시스템에 해당된다.

그러나 상업용 건물에서는 위치에 큰 관계없이 전 세계 대부분 지역에서 냉방이 주를 이루고 있다. 냉방 에너지사용량이 많을 뿐만 아니라 냉방 피크부하가 난방 피크부하의 크기보다 훨씬 큰 경우가 대부분이다. 이는 창과 벽을 통해 유입되는 일사량과 더불어, 내부에 근무하는 사람과 조명 그리고 내부기기의 발열 등에 기인한다. 상업용 및 사무용 건물에서 냉방부하를 담당하는 지열 히트펌프 시스템을 설계하는 경우에는 냉방주도(cooling dominated) 지열시스템이 되며, 지중 열교환기의 길이가 더욱 길어지게 된다.

지열 히트펌프 시스템이 지중 열교환기에서 냉난방 에너지의 균형을 이루는 경우에만 적용될 수 있다는 것을 의미하지 않는다. 지중 에너지 저장에서 균형이 이루어지는 경우, 더욱 경제적임을 의미한다.

그러나 지중 열교환기의 길이와 설치 공간을 확보하면, 냉방 전용 시스템이나 난방 전용 시스템도 다른 시스템에 비하여 효율이 높고 경제적이며, 널리 사용되고 있다. 저장과 이용의 균형에 의존하지 않는 지중열교환기 시스템도 충분히 경쟁력이 있으며, 추운 지역에서는 난방만 수행하는 지열히트펌프 시스템도 캐나다 및 북유럽에서 널리 사용되고 있다. 또한 미국 남부와 같이 냉방이 주를 이루는 더운 지역에서도 지열히트펌프가 널리 보급되고 있다.

냉방 주도의 상업용 건물에서는 냉방 부하의 일부를 다른 방식으로 활용하고, 난방 에너지와 어느 정도 균형을 맞춰 지열 히트펌프 시스템을 구축하는 것이 매우 효율적이다. [그림 10-1]과 같이 상업용 건물에서는 냉각탑을 연계하는 하이브리드 지열시스템이 널리 이용되고 있다.

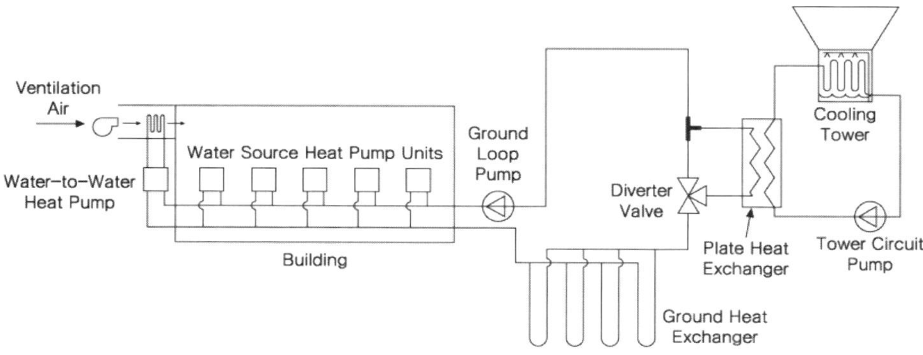

[그림 10-1] 하이브리드 지열 히트펌프 다이어그램

냉방 주도 상업용 건물에 냉각탑+지열 시스템의 하이브리드 사례 <표 10-1>에 대하여 살펴보자. 미국 텍사스주 휴스턴시에 소재한 연면적 14,025ft^{2}의 상업용 건물에 지열 시스템을 적용한다. 난방 도일(degree days)은 1,434이고, 냉방 도일은 2,889이며, 연간 난방부하(에너지)는 7,500,000Btu, 연간 냉방부하는 181,600,000 Btu인 경우에 적용을 검토하였다.

냉각탑을 같이 적용하는 경우에 지중 열교환기는 지열 전용에 비하여 1/3로 줄일 수 있다고 분석되었다. 적절한 방식으로 냉각탑을 운전하면, 전체적인 운영비용도 지열 전용에 비하여 크게 증가하지 않음을 보여주고 있다.

〈표 10-1〉 하이브리드 지열히트펌프 시스템의 사례 요약

	Base case – no cooling tower	Hybrid case 1[1]	Hybrid case 2[2]	Hybrid case 3[3]
Number of boreholes in ground heat exchanger	36@ 250ft	12@ 250ft	12@ 250ft	12@ 250ft
Cost of ground heat exchanger[4]	$54,000	$18,000	$18,000	$18,000
Maximum fluid temperature entering heat pumps in 20-year period(°F)	96.6	96.3	80.5	96.0
Minimum fluid temperature entering heat pumps in 20-year period(°F)	71.3	67.3	40.5	54.1
Design capacity of cooling tower(tons)	22.5	11.5	8.5	
Cost of cooling tower and plateheat exchanger including controls and auxiliary equipment[5]		$8,662	$4,427	$3,272
Total cost of ground heat exchanger and cooling tower equipment	$54,000	$26,662	$22,427	$21,272

Present value of 20 years of electricity cost[6]	$19,611	$19,413	$16,011	$20,573
Present value of total costs	$73,611	$46,075	$38,438	$41,845
Annual energy use(kWh)				
Heat pumps	24,425	23,877	17,792	24,453
Cooling tower fan	-	260	1,847	1,006
Cooling tower pump	-	42	302	164
Total system	24,425	24,179	19,941	25,623

* From Air Force Manual AFM 88-29. "Engineering Weather Data," July 1978.

1. Set point control to limit fluid temperature exiting heat pumps to 96.5°F or less.
2. Differential temperature control activates tower when difference between heat pump exiting fluid temperature and air wet-bulb temperature exceeds 3.6°F and turns tower off when this difference falls below 2.7°F.
3. Tower operated between midnight and 6a.m year-round to cool ground heat exchanger field(attempt to balance heating and cooling loads on ground); secondary set point control to limit fluid temperature entering heat pumps to 96.5°F or less.
4. Estimated at $6.00/ft of borehole, including horizontal runs and connections(Kavanaugh and Rafferty 1997).
5. Estimated at $385/ton of tower design capacity based on data from Means(1999).
6. Assumes $0.07 per kWh cost of electricity, no price escalation rate assumed, A 6% discount rate is used for present value computation.

10.2 성능평가 방안

지열원 열펌프 냉난방시스템 공사가 완료된 후에는 공사 내용이 수요자의 요구에 부합되는 지의 여부가 객관적으로 평가되어야 한다. 즉, 발주자와 시공자간의 상충된 이해관계를 객관적으로 판단하는 것이 성능평가의 목적이다. 따라서 사업과 이해관계 없이 객관적으로 시공의 적정성을 평가할 수 있는 포괄적인 측정방법과 검증절차가 있어야 한다. 이에 대해서는 일반 기계설비 공사에서 거의 필수적으로 실시되고 있는 TAB에 준하는 과정이 필요하다. 즉, TAB는 설계도에 준하여 시공되었는지 여부와 수요자의 요구에 부합하는 성능을 확보하고 있는지 여부를 시운전을 통해 측정하고, 각 요소기기를 조정하고 평가하는 일련의 작업이다.

다음 [그림 10-2]는 (사)대한설비시험조정평가협회에서 제시하고 있는 일련의 TAB절차를 나타낸다.

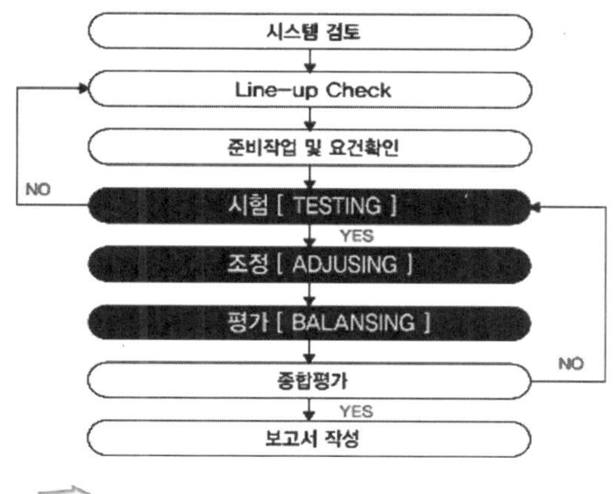

[그림 10-2] TAB 수행절차 및 단계

커미셔닝은 건물이나 시스템의 설계 단계에서 공사완료에 이르기까지 발주자나 건물주가 요구하는 사항을 설계 시방서와 같은 성능을 유지하고 운영요원을 확보하며, 입주후 유지관리에 관한 요구사항을 충족시킬 수 있도록 건물이나 시스템이 작동하는 것을 검증하고 문서화하는 체계적인 공정을 말한다.

커미셔닝에 있어 가장 중요한 것은 객관적인 측정을 통해 시스템의 검증이 합리적으로 이루어져야 한다는 점이다. 즉, 이해관계가 상충되는 시공자와 수요자 사이에서 시스템의 적정성에 대한 객관적인 평가 자료를 구축하는 것은 매우 주요한 의미를 가지고 있다. 따라서, 표준 절차서를 작성하고, 그 절차에 따라 커미셔닝을 진행한다.

Options A&B vs. Options C&D

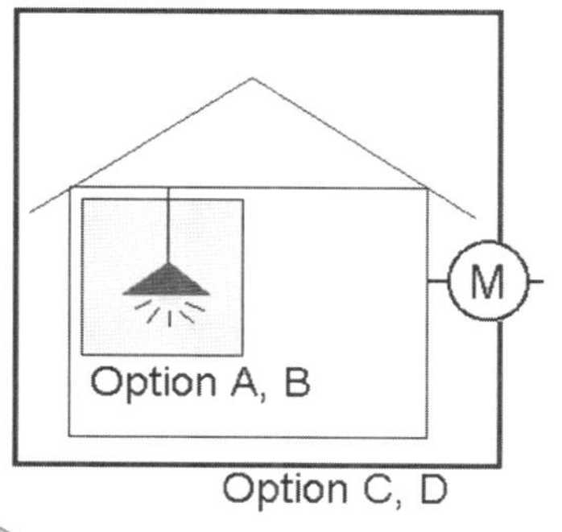

[그림 10-3] IPMVP에 의한 성능평가 등급 구분 개념도

미국 DOE에서 제정하고 국제적으로 통용되는 프로토콜(IPMVP : International Performance Measurement and Verification protocols)에서는 업무의 종류를 4등급으로 분류하고 있다. 이들에 대한 분류의 개념과 세부적인 내용은 [그림 10-3]과 <표 10-2>와 같다.

최종평가보고서에는 정해진 절차에 따라 객관적인 방법으로 측정이 이루어지고, 종합적으로 분석이 되었는지 여부를 확인한다.

TAB와 커미셔닝은 유사한 측면이 많으며, 이로 인해 혼란이 발생하기 한다. TAB는 시스템을 운전하여 설계 의도나 시공 계약에 적합하도록 작동하는지를 기록하는 과정을 통칭하며, 주로 시공의 마지막 단계에서 이루어진다.

〈표 10-2〉 IPMVP에 의한 성능평가 구분

내 용	에너지 절약량 계산	비 고
option 1 : 단위기기의 효율 및 측정 자료 - 지열시스템 설비가 단순히 공사시방에 의해 설치되었는지 여부 검증 - 최초 계획서(또는 사업계약서) 상의 에너지 절약량을 보증할 수 있는지 여부를 단기간에 현장에서 직접 측정 - COP 등 설비의 효율은 현장에서 단기간 또는 순간측정으로 결정되고 운전인자(예 : 연간 에너지 소비량 등)는 제조사가 제공하는 성능데이터 등을 이용하여 계산	- 절약량 계산에 필요한 데이터를 순간 또는 단기간에 걸쳐 측정 - 측정된 자료를 이용하여 공학적 계산이나 간단한 컴퓨터 시뮬레이션을 수행	단기간 측정
option 2 : 연속측정자료 이용 - 지열시스템 설비가 계획서(또는 사업계약서)에서 제시한 에너지 절약량의 보증여부를 단기간 또는 장기간에 걸쳐 현장에서 직접 측정 - 측정기간은 계약서에 명시되며, 성능 및 운전인자를 모두 측정 - 성능검증에 필요한 데이터를 장기간에 걸쳐 측정하므로 방안 1과 비교했을 때 비용이 많이 소요된다.	- 최초 예상한 에너지 절약량과 실제 측정에 의한 에너지 절약량을 공학적인 계산으로 비교 - 기존 설비에 대한 자료가 없을 경우 컴퓨터 시뮬레이션 모델 이용	단기간 측정
option 3 : 부과된 요금자료 분석 - 에너지 절약량은 설비 설치 후, 당해 연도와 과년도의 에너지 사용요금 등의 자료를 이용하여 계산 - 설비를 포함한 전체 건물이 성능검증 대상임(방안 1과 방안 2는 검증대상이 설치된 설비에 한정)	- 단순비교로부터 통계에 의한 다중변수 회귀분석에 이르는 다양한 기법들을 적용하여 에너지 사용요금(계량기 요금)등을 분석	측정기간 : 1년 이상
option 4: 시스템의 실측자료 및 컴퓨터 모사 - 에너지 절약량을 대체설비를 포함한 전체 건물(또는 시설)을 대상으로 함 - 컴퓨터 시뮬레이션 모델을 적용하여 계산	- 기존 또는 대체설비에 대한 성능 또는 운전인자들을 입력값으로 하여 에너지 소비량을 계산하고, 그 결과를 비교	측정기간 : 1년 이상

일반적으로 TAB는 정상적인 운전상태에서 수행되지 않고, TAB를 위한 특별한 운전상태에서 수행된다. 이에 비해 커미셔닝은 초기설계에서부터 운영단계까지 넓은 범위를 포함한다. 발주자의 의도나 요구사항이 설계에 반영되는지 설계 검토에서, 시공업체의 제출서류검토, TAB 보고서 검토 그리고 정상운전 후의 운영과 유지보수 단계에 이르기까지 매우 광범위한 범위가 구축된다.

TAB는 커미셔닝 계약의 일부로 포함될 수 있으나, 미국 친환경건축물 인증제도인 LEED(Leadership in Energy and Environmental Design)에서는 설계나 시공은 물론 TAB와도 독립된 제3자를 커미셔닝 주체로 선임하는 것을 의무화하기도 한다.

TAB를 성공적으로 수행하고 보고서를 제대로 작성하는 것은 커미셔닝 단계에서 시스템 성능 시험을 수행하기 위해서는 필수적인 작업이다. 성능시험을 수행하기 전에 커미셔닝 담당자는 TAB계획서를 검토하고 데이터를 점검한다.

TAB와 커미셔닝의 관계는 다음의 세 가지로 나눌 수 있다.

첫 번째로, 발주자가 TAB공정을 잘 알 경우 TAB보고서를 커미셔닝 주체에게 검토하도록 하는 것이다.

두 번째로 발주자가 TAB결과에 회의적인 경우에는 제3자로 하여금 TAB보고서와 그 절차를 검토하게 하는 경우가 있다. 이는 TAB 보고서의 데이터에 대한 신뢰도를 높일 수 있는 방안이나 발주자가 별도의 경비를 지불해야 한다. 이 방법에서는 커미셔닝 주체가 TAB보고서를 검토한 후 몇 개 데이터에 대해 무작위로 검증 시험을 수행하는 방법이 포함된다. 현장 측정이 필요한 경우에는 TAB시험 결과를 확인하는 것은 매우 중요하다.

마지막으로 TAB를 커미셔닝 프로젝트에 포함시키는 방법으로, 별로 활용되지 않는다.

지열 히트펌프 시스템의 성능에 대한 측정 및 검증방법은 사업의 규모, 중요도, 비용 등을 감안하여 결정하지만, 어떠한 경우에도 객관적인 절차와 방법에 의해 작성된 보고서를 근거로 이루어지게 된다. 이들 보고서 종류는 다음과 같다.

가. 사전 보고서

시공하고자 하는 지열원 열펌프 시스템의 개요, 구성 장비 목록, 예상되는 에너지 절감량, 현장 조건을 감안한 성능측정 및 검증 계획, 측정 일정 및 적용 방법 등의 내용을 포함한 보고서를 말하며, 시공에 앞서 시공자에게 작성토록 하여 검토하여야 한다.

나. 설치 후 보고서

전체 사업에 대한 개요, 실제 설치 장비 목록, 계산된 에너지 절감량, 현장 성능측정 결과, 측정된 데이터(raw data) 등이 포함된 보고서로서 이를 접수하여 검토하여야 한다.

다. 성능측정 및 검증 계획(서)

에너지 절감량 계산 방법, 성능측정 및 검증방법, 측정에 필요한 계측장비, 측정 일정, 측정 및 검증결과의 보고양식 등이 포함된 계획서로서 향후 사업자 입장에서는 시공의 적정성 여부를 판단하는 자료가 되므로 이를 객관적으로 작성하도록 하여야 한다.

성능평가를 착수하기 전에 지열시스템 시공업체와 성능측정을 의뢰 받은 측정기관은 다음의 사항들이 포함된 계획서를 작성하여 사업 발주자에게 제출해야 한다.

① 사업개요 및 추진 일정
② 지열원 열펌프 설비 설치 전, 기존 설비 조사내용
③ 예상되는 에너지 절약량 계산 결과
④ 전체 사업 및 성능검증에 소요되는 비용
⑤ 성능측정 및 검증 계획(서)
⑥ 대상 건물의 냉·난방부하 계산 결과
⑦ 지중 열교환기 설계 결과 및 설계도
⑧ 현장 열응답 시험 결과
⑨ 지하수 이용 시스템인 경우,
  - 해당 지역 지하수 탐사 보고서
  - 지하수 영향조사 보고서(지하수 이용 가능량 산정 결과, 대수성시험 결과, 양수시험 결과, 수위 회복시험 결과, 적정 취수량 및 영향범위 산정 결과, 수질시험 결과 등을 모두 포함)
⑩ 시스템에 적용된 열펌프 유니트의 표준용량 및 성능 시험 데이터

시공업체는 사업 종료 후, 성능검증 결과를 포함한 최종 보고서를 제출하고, 지열시스템 설치 당해 연도에 예상되는 에너지 절감량을 계산하여 그 결과를 제시하며, 최종보고서에는 측정을 통해 분석된 에너지 절감량 계산결과가 포함되어 있어야 한다.

10.3 시운전

지열 히트펌프 시스템을 설치 완료하고 플러싱과 퍼징등 배관 시스템을 점검하면, 시스템 시운전을 통해 각종 성능을 점검 할 수 있다.

지열원 열펌프 시스템 성능은 제조사에서 제공된 운전 방식별 성능 데이터와 비교하여 점검되어야 한다.

10.3.1 난방운전(Heating Mode Operation)

난방 사이클 동안, 열펌프 용량은 지중으로부터 흡수한 열과 압축기의 동력 등 다른 전기동력을 추가하거나, 아래의 식에 의해 측정함으로써 점검할 수 있다.

$$\text{히트펌프 용량} = \text{지표로부터 흡수된 열} + \text{투입 전력} \quad\cdots\cdots\cdots\cdots (10.1)$$

지중 열교환기로부터 흡수된 열량은 히트펌프의 입/출구에서 측정된 온도와 유량을 측정함으로써 계산할 수 있다.

다음의 식 (10.2)는 지중 열교환기로부터 흡수한 열량을 나타낸다.

$$\text{흡수 열(kcal/hr)} = (Q) \times (\Delta T) \times (K) \times 60 \quad\cdots\cdots\cdots\cdots\cdots\cdots\cdots (10.2)$$

Q : 유량 LPM(Liters per minute)
ΔT : 히트펌프의 입구와 출구에서의 온도 차(℃)
K : 유체 상수(밀도×비열)
60 : 단위변환(분을 시간으로 변환)

[예제 10-1]

유량 20lpm, 온도차 5℃일 때, 흡수열량을 kcal/hr단위와 kW단위로 구하라.

【해설】

$$흡수\ 열(kcal/hr) = 20 \times 5 \times 1 \times 60$$
$$= 6,000\ kcal/hr$$
$$흡수\ 열(kW) = 6,000 / 860$$
$$= 6.98\ kW$$

만일 유량계가 순환루프 상에 설치된다면 히트펌프를 통과하는 유량을 직접 측정할 수 있다. 그러나 유량계는 특수한 경우를 제외하고는 설치되지 않기 때문에, 열교환기를 지나는 순환유체의 압력강하를 측정하는 것이 필요하다. 그리고 열펌프 제조사의 성능 데이터에서 이 압력저하 값과 비교한다.

식 (10.3)은 제조사 데이터를 압력손실에 따른 수두(water pressure drop, wpd)로 전환시킬 수

$$수두(wpd,\ 단위\ m) = 압력\ 손실(kPa) \times 0.1 \quad\cdots\cdots\cdots\cdots\cdots (10.3)$$
$$수두(wpd,\ 단위\ ft) = 압력\ 손실(PSI) \times 2.31$$
$$수두(wpd,\ 단위\ m) = 압력\ 손실(PSI) \times 0.69$$

온도차(ΔT)는 히트펌프의 입/출구의 온도를 측정함으로써 결정된다. 합리적인 히트펌프의 성능을 점검하기 위해서는 측정된 온도 값은 0.05℃(0.1℉) 오차 범위 내에서 측정하는 것이 필요하다. 입/출구의 온도 양쪽을 측정하기 위해 같은 온도계가 적용되어야 한다. 성능이 다른 온도계 이용으로 발생되는 온도 측정에 오류를 감소시킬 수 있다.

히트펌프에 투입되는 전력은 전력계 또는 전압 및 전류를 측정하여 식 (10.4)로 계산될 수 있다.

$$전력\ (watts) = (역률) \times (전압) \times (전류) \quad\cdots\cdots\cdots\cdots\cdots\cdots (10.4)$$
$$역률= Power\ Factor로서\ 0.85를\ 사용하기도\ 함$$

전기에너지 (watts)에서 열에너지(kcal/hr 또는 Btu/hr)로의 전환은 방정식 (10.5)에 의해 주어진다.

$$\text{열에너지 (kcal/hr)} = 860 \times \text{kilowatts(kW)} \quad\cdots\cdots (10.5)$$
$$\text{열에너지 (Btu/hr)} = 3{,}412 \times \text{kilowatts(kW)}$$

히트펌프를 통과하는 유량, 온도 그리고 투입전력을 측정하면 한다면, 식 (10.1)의 열펌프 용량을 계산할 수 있다. 열펌프 용량은 측정된 운전조건에 맞춰 제조사의 성능데이터 시트 상의 그래프 또는 표로 구성된 히트펌프의 용량과 동일해야 한다. 만약 시스템이 정상적으로 가동된다면, 측정 데이터는 제조사의 데이터와 일치한다.

열펌프 성능 예상값은 히트펌프 유니트 제조업체가 제공한 데이터를 활용해 해당 운전조건에서의 히트펌프 유니트 난방 용량의 값에 근접하여야 한다.

10.3.2 냉방 운전(Cooling Mode Operation)

식 (10.6)은 냉방운전시 히트펌프 유니트에서 지중 열교환기와 소비전력을 포함한 에너지보존 관계를 표현한 것이다.

$$\text{히트펌프 냉방용량} = \text{지중 열교환기 부하} - \text{소비 전력} \quad\cdots\cdots (10.6)$$

지중 열교환기 부하는 히트펌프 유니트의 지중 열교환기 순환수에서 측정된 데이터를 사용함으로써 계산할 수 있다. 난방시 측정한 데이터와 동일한 방식으로 측정된 데이터를 이용함으로서 식 (10.6)을 검증할 수 있다. 냉방운전에서 소비 전력은 히트펌프 유니트가 얻는 냉방용량에 해당하는 열과 합산되어 지중 열교환기로 열을 방출한다.

예상 냉방 값은 히트펌프 유니트 제조업체가 제공하는 데이터를 활용하여 해당 운전조건에서의 히트펌프 냉방 용량의 값에 근접하여야 한다. 냉방 운전에서 10RT(35.2kW)급 히트펌프의 지중부하 용량 보통의 냉방수준 건물에서 대략 49kW정도이다.

10.4　히트펌프 성능점검(Heat Pump Performance Checkout)

지열 히트펌프의 성능 데이터는 제조사로부터 얻을 수 있다. 데이터는 지중 순환수 유입온도와 부하측 순환수(공기)온도로 구분되며, 각각의 전기 데이터 및 성능계수 등으로 표현된다. [그림 10-4]는 일반적인 제조사의 데이터로 특정의 제품을 평가하는데 사용된다.

10.4.1 난방 능력점검(Heating Performance Check)

난방 운전시 물-물 히트펌프에서 온도와 압력손실 및 소비전력을 측정하여 얻어진 것이다.(표 10-3)

〈표 10-3〉　난방 성능 측정 데이터

1. 지중 열교환기 압력손실	: 40 kPa
WPD(m)	: 4 m
제작사의 데이터로부터 얻어진 유량　4.02m	: 284 LPM
2. 히트펌프로 들어가는 지중순환수 온도(EWT)	: 4℃
3. 히트펌프에서 나오는 지중순환수 온도(LWT)	: 1.7℃
4. 히트펌프로의 투입전력	: 27.5 kW
5. 히트펌프로 들어가는 부하측 순환수 온도(ELT)	: 43℃
6. 히트펌프에서 나오는 부하측 순환수 온도(LLT)	: 48℃

지중루프의 순환수 측에 있어, 주어진 유량과 소비 전력으로 비추어볼 때, 히트펌프에서 나오는 열량은 다음과 같이 분석할 수 있다.

① 지중으로부터 흡수된 열 : 284LPM×(4-1.7)×1×60÷860 = 61.62kW
② 투입 전력으로부터의 열 : 27.5kW
③ 위의 조건에서 유니트 용량 : 히트펌프 용량＝89.12kW＝76,642kcal/hr

제작사의 성능 데이터 [그림 10-4]는 위의 조건하에서 70,997 kcal/hr라는 값을 나타낸다. 이것은 76,642 kcal/hr이라는 계산된 수치에 근접한다. COP를 구하기 위해 난방능력인 89.12 kW를 소비전력 27.5 kW로 나누면 3.24를 얻을 수 있다. 따라서 히트펌프가 정상적으로 작동되고 있음을 알 수 있다.

일반적으로 물-물 히트펌프 유니트에서는 부하측 순환수 루프에서 온도를 측정하여 난방부하를 구하는 것이 용이하다.

그러나, 물-공기 히트펌프의 경우 투입 공기 온도와 기류 측정 수치의 정확성은 성능 데이터와 제작사의 데이터를 비교할 때 매우 중요하다. 공기 측보다는 물 측에서 히트펌프를 점검하는 것이 더 수월하고 정확하다.

공기 측의 수치를 재는 것은 어렵고, 공기의 속성을 측정하는 데에는 큰 주의가 따라야만 한다.

10.4.2 냉방 능력점검(Cooling Performance Check)

냉방 사이클 과정에서, 다음 <표 10-4>에 측정 데이터가 제시되었다.

〈표 10-4〉 냉방 성능 측정 데이터

1. 수압저하(water pressure drop)	: 40 kPa
손실수두(wpd)	: 4m
2. 지중루프에서 유입되는 물의 온도(EST)	: 29.0℃
3. 지중루프로 방출되는 물의 온도(LST)	: 34.0℃
4. 소비 전력	: 19.5 KW
5. 부하루프에서 토출되는 물의 온도(EWT)	: 8.1℃
6. 부하루프로 방출되는 물의 온도(LWT)	: 12.5℃

앞에서와 같이 40 kPa의 압력손실, 유량은 284 LPM이다. 그러므로, 지중 열교환기에서 방출되는 열량은 다음과 같이 구할 수 있다.

$$284\text{LPM} \times (34\text{-}29)℃ \times 1 \times 60 \div 860 = 99.07\text{kWh}$$

전력 투입은 19.5kW이므로, 계산된 냉방 능력은 79.53kW이다.

이를 환산하면 68,430kcal/hr가 된다.

히트펌프 유니트 제조업체가 제공하는 성능표에서 측정 데이터 기준 값을 확인하면 66,343 kcal/hr이며, 이는 측정치와 성능표의 값이 수치적으로 근접한 것을 확인할 수 있으므로 정상운전되고 있다고 결론을 내릴 수 있다.

열원			부하				용량	흡수열량	소비전력	열원
EWT	LPM	WPD(m)	EWT	LPM	LWT	WPD(m)	kcal/hr	kcal/hr	kW	LWT
-1.1	237	2.91	32.2	237	36.7	2.91	62,717	44,275	21.45	-3.7
				284	35.9	4.02	62,735	44,421	21.30	-3.7
			37.8	237	42.2	2.91	62,348	41,866	23.82	-3.6
				284	41.4	4.02	62,377	42,033	23.66	-3.6
			43.3	237	47.7	2.91	61,836	39,142	26.39	-3.4
				284	46.9	4.02	61,872	39,327	26.22	-3.4
	284	4.02	32.2	237	36.7	2.91	63,117	44,659	21.46	-3.3
				284	35.9	4.02	63,137	44,808	21.31	-3.3
			37.8	237	42.2	2.91	62,720	42,219	23.84	-3.2
				284	41.4	4.02	62,751	42,389	23.68	-3.2
			43.3	237	47.7	2.91	62,180	39,463	26.42	-3.1
				284	47.0	4.02	62,219	39,651	26.24	-3.1
4.4	237	2.91	32.2	237	37.3	2.91	71,715	52,966	21.80	1.3
				284	36.4	4.02	71,751	53,154	21.63	1.3
			37.8	237	42.8	2.91	71,173	50,295	24.28	1.5
				284	41.9	4.02	71,216	50,504	24.09	1.5
			43.3	237	48.3	2.91	70,549	47,346	26.98	1.7
				284	47.5	4.02	70,597	47,572	26.78	1.7
	284	4.02	32.2	237	37.3	2.91	72,238	53,474	21.82	1.8
				284	36.4	4.02	72,278	53,667	21.64	1.8
			37.8	237	42.8	2.91	71,658	50,762	24.30	1.9
				284	42.0	4.02	71,705	50,976	24.11	1.9
			43.3	237	48.3	2.91	70,997	47,772	27.01	2.1
				284	47.5	4.02	71,046	48,003	26.80	2.1

[그림 10-4] 히트펌프 유니트의 난방 성능표

열원			부하				용량	방출열량	소비전력	열원
EWT	LPM	WPD(m)	EWT	LPM	LWT	WPD(m)	kcal/hr	kcal/hr	kW	LWT
21.1	237	2.91	10.0	237	5.3	2.91	65,951	80,555	16.98	26.8
				284	6.1	4.02	66,846	81,436	17.02	26.8
			12.8	237	7.8	2.91	70,976	85,733	17.22	27.2
				284	8.6	4.02	71,982	86,830	17.27	27.2
			15.6	237	10.2	2.91	76,213	91,234	17.47	27.6
				284	11.0	4.02	77,337	92,406	17.52	27.6
	284	4.02	10.0	237	5.3	2.91	66,248	80,656	16.76	25.8
				284	6.1	4.02	67,154	81,597	16.80	25.9
			12.8	237	7.7	2.91	71,314	85,913	16.98	26.2
				284	8.5	4.02	72,333	86,971	17.02	26.2
			15.6	237	10.2	2.91	76,596	91,397	17.21	26.5
				284	11.0	4.02	77,737	92,582	17.26	26.6
29.4	237	2.91	10.0	237	5.7	2.91	61,268	77,910	19.35	34.9
				284	6.3	4.02	62,062	78,738	19.39	35.0
			12.8	237	8.1	2.91	65,976	82,817	19.58	35.3
				284	8.8	4.02	66,868	83,747	19.63	35.3
			15.6	237	10.6	2.91	70,879	87,930	19.83	35.7
				284	11.3	4.02	71,877	88,971	19.88	35.7
	284	4.02	10.0	237	5.7	2.91	61,594	78,003	19.08	34.1
				284	6.3	4.02	62,399	78,840	19.12	34.1
			12.8	237	8.1	2.91	66,343	82,937	19.30	34.3
				284	8.8	4.02	67,248	83,878	19.34	34.4
			15.6	237	10.5	2.91	71,292	88,081	19.52	34.6
				284	11.3	4.02	72,305	89,134	19.57	34.7

[그림 10-5] 히트펌프 유니트의 냉방 성능표

01 다음 용어에 대하여 정리하시오.
　가) 히트펌프 유니트의 난방능력
　나) 히트펌프 유니트의 냉방능력
　다) 수두(Head)
　라) 히트펌프 유니트의 소비전력
　바) 현장열전도 시험
　사) 데이터 로거
　아) 열전대(Thermocouple)
　자) RTD센서
　차) 감리
　카) 히트펌프 유니트 시험 규격

02 난방주도 지열 히트펌프 시스템에서 복합열원 방식을 채택하는 경우에 적용하는 보조열원을 쓰시오.

03 냉방주도 지열 히트펌프 시스템에서 복합열원 방식을 채택하는 경우에 적용하는 보조열원 또는 장치를 쓰시오

04 난방운전에서 지중에서 추출하여 이용하는 부하는 히트펌프 유니트의 용량에서 소비전력을 뺀 값이다.

05 냉방운전에서 지중에 저장하는 부하는 히트펌프 유니트의 용량에 소비전력을 더한 값이다.

06 물을 통한 열교환에서 얻어지는 열량은 순환유량에 입출구의 온도차를 곱한

값이다. 물의 비열과 밀도는 각각 1을 가정하여 얻어진 결과이다. 물이 아닌 경우에는 밀도 또는/그리고 비열을 곱하여 열량을 구한다.

07 소비전력은 전압과 전류를 곱하고 여기에 역률을 곱한다. 단상 전력(kW)은 전압(V), 전류(A) 그리고 역률을 곱한 후에 이를 1000으로 나눈다. 역률은 일반적으로 0.7~0.95의 범위이다. 3상은 여기에 $\sqrt{3}$ 을 곱한다.

08 전열기에서 손실을 무시하면, 전력 1 kW(e) 또는 kWe는 열량으로 변환하면 1kW(t) 또는 kWt가 된다. 이를 kcal/hr의 단위로 바꾸면 860이다. 히트펌프에서는 전력 1kW(e)는 COPh kW(t)로 변환된다. 예를 들면, 히트펌프에서는 10kW(e)의 전력을 소비하여 35kW(t)의 열량을 생산한다.

09 냉방 운전모드에서Entering Water Temperature(EWT)가 낮아지면, 히트펌프 유니트의 냉방능력이 증가하고, 냉방 COP가 향상된다. 반면에 EWT가 높아지면, 히트펌프 유니트의 냉방능력이 감소하고, 냉방 COP가 낮아진다.

10 난방 운전모드에서 Entering Water Temperature(EWT)가 낮아지면, 히트펌프 유니트의 난방능력이 감소하고, 난방 COP도 낮아진다. 반면에 EWT가 높아지면, 히트펌프 유니트의 난방능력이 증가하고, 난방 COP가 향상된다.

11 제한된 장소에서 적합한 밀폐형 지중 열교환기는 어떤 방식인가? 수직형인가 아니면 수평형인가?

12 지중 열교환기 설계는 최소의 비용으로 가장 높은 성능을 유지할 수 있는 지중 열교환기의 종류와 형상을 결정하는 것이다. (O, X)

13 지열 히트펌프의 지중 열교환기의 설계는 정해진 깊이에 도달하는 것이 아니라, 정해진 길이의 지중 열교환기에 폴리에틸렌 파이프를 설치하는 것이다. (O, X)

14 Entering Water Temperature(EWT)는 지열 히트펌프 시스템의 전체 수명기간 동안에 일정한 범위 내에서만 변동하도록 결정된다. 여름철 냉방 운전시에도 EWTMAX보다 낮은 온도를 유지하며, 동절기 난방 운전시에는 EWTMIN보다 높

은 온도를 유지하도록 EWTMAX와 EWTMIN을 설정한다. (O, X)

15 TAB(Testing, Adjusting and Balancing)란 무엇인가?

16 어떤 시스템의 측정과 검증에서 국제적으로 통용되는 프로토콜은 무엇이라 하는가?

17 IPMVP에서 정한 성능평가 방법(Options)을 쓰고 간단히 설명하라.

18 지중 열교환기의 현장 열전도율 측정을 위하여 주위와 열평형이 이루어진 후에 최소한 몇 시간 동안 시험을 실시하는가?

CHAPTER 11

지열 히트펌프 시스템의 효과 분석

 **핵심요약**

　건물 분야는 온실가스의 배출감축 잠재량이 가장 높은 분야로서 에너지 절약 및 온실가스 배출감축에 대한 관심이 매우 높다. 지열 히트펌프 시스템은 가장 효율이 높고 친환경적인 냉난방 시스템으로, 건물분야에서 이용 잠재량이 가장 높은 신재생에너지원으로 인식되고 있다.

　이 장에서는 지열 히트펌프 시스템의 냉난방 에너지 생산 분석과 수명주기 비용 분석, 그리고 이를 포함한 프로젝트의 경제성 분석을 다룬다. 주택에서의 에너지 비용절감효과와 더불어, 지열 히트펌프 시스템의 친환경건축물이나 에너지 효율등급 인증 관련한 지열 히트펌프 시스템의 활용, 신재생에너지 사용량과 온실가스 배출 저감량에 관한 내용을 다룬다.

지열 히트펌프 시스템의 효과 분석

전 세계적인 온실가스 저감 잠재량 중에서 건축물이 차지하는 비율이 다른 부문에 비하여 가장 높다고 IPCC 4차 보고서에서 지적하고 있다.

국내에서도 건축물부분이 산업등과 같은 다른 분야에 비하여 온실가스 배출에 관한 관심이 낮으며, 에너지사용 최적화에 대한 관심도 낮다. 또한, 기존 건물의 고효율화 개선사업에서도 투자수익에 대한 적절한 고려보다, 단기적인 투자회수기간 만을 기준으로 검토하는 관행으로 인해 경제성이 우수한 에너지 절약 및 온실가스 절감방안에 대한 평가가 제대로 수행되지 못하고 있는 것이 현실이다.

건물의 온실가스 배출에서 냉방, 난방 그리고 급탕부분이 전체 온실가스 배출의 가장 큰 부분을 차지하고 있으며 이를 절감하기 위해 다양한 연구가 이뤄지고 있다. 특히 지열 히트펌프 시스템은 기타 타 열원 시스템에 비해 에너지 사용량이 가장 낮고, 온실가스 감축효과가 가장 우수한 것을 알 수 있다. 지열 히트펌프는 다른 냉난방 방식에 비해 가장 효율이 높은 냉방과 난방 그리고 급탕 방식으로 인식되고 있으며, 최근 화석 에너지의 가격 급등과 가스 에너지의 지속적인 가격 상승으로 인해 지열 히트펌프에 대한 관심은 더욱 높아지고 있다.

최근에 친환경건축물 그리고 건축물 에너지효율등급제 등의 시행으로 건축물에서 에너지 절약이 큰 이슈로 등장하고 있다.

11.1 단순한 지열 히트펌프 에너지 생산 비용

지열 히트펌프의 에너지비용 절감효과는 매우 높다. 특히 난방에서 지열 히트펌프의 에너지비용 절감효과는 더욱 크다.

난방 운전시 지열 히트펌프와 도시가스 보일러의 에너지 생산원가를 비교하여 보자. 도시가스 보일러와 지열 히트펌프를 비교하는 경우에 1원당 43kcal의 열을 생산할 수 있는 지열 히트펌프는 11.16kcal를 생산할 수 있는 보일러에 비해 동일한 에너지비용을 투입하여 3.9배의 열량을 생산할 수 있는 것이다.

에너지 비용절감 측면에서도 지열 히트펌프는 매우 우수하다. 도시가스 보일러는 1Mcal(1,000kcal)를 생산하는데 89.6원이 소요되는데 비하여, 지열 히트펌프는 1Mcal를 생산하는데 23.3원이 소요되며, 66.3원을 절감할 수 있다. 이는 에너지생산 비용에서 약 23% 소요되는 것을 의미하며, 74%의 에너지비용을 절감한다. (<표 11-1> 참조)

〈표 11-1〉 지열 히트펌프 및 도시가스 보일러 원가 비교표

	도시가스보일러	지열 히트펌프
에너지공급 단위	Nm^3	kWh
에너지 단가	770원/Nm^3	70원/kWh
저위발열량	9550kcal/Nm^3	860kcal/kWh
평균효율	90%	3.5
원당 열생산량	11.16kcal/원	43.0kcal/원
1,000kcal당 원가	89.6원/Mcal	23.3원/Mcal

[예제 11-1]

도시가스를 이용하는 보일러의 에너지 가격은 800원/Nm^3이다. 보일러 효율이 85%이고, 도시가스의 저위발열량이 9,550kcal/Nm^3일 때, 보일러가 1원당 생산하는 열량(kcal)은 얼마인가?

【해설】
- 도시가스 1 Nm^3 소비할 때 생산 열량
  $9,550 \times 0.85 = 8117.5$ kcal/Nm^3
- 도시가스 1 Nm^3당 가격 : 800원/Nm^3
  1원당 생산 열량(kcal/원)
  $8,117.5 \div 800 = 10.15$kcal/원

지열 히트펌프 냉방 운전시 에너지 절감효과도 매우 우수하다. 일반적으로 에어컨, 공기열원 히트펌프 그리고 소형 냉동기에 비하여 30%이상의 에너지를 절감한다. 흡수식 냉동기와 공기열원 히트펌프는 1원을 소비하여 각각 26.3kcal, 28.7kcal

의 냉열을 생산한다. 1Mcal 냉열을 생산하는 원가로 비교하면 흡수식은 40원이 소비되고, 공기열원 히트펌프는 34.9원이 소비되는데 비해, 지열 히트펌프는 23.3 원이 소비된다. 이는 지열히트펌프는 1Mcal의 냉열을 생산할 때, 공기열원 히트펌프에 비하여 11.6원을 절감하며, 이는 공기열원 히트펌프에 비하여 33.2%의 에너지 절약을 나타낸다.(<표 11-2> 참조)

〈표 11-2〉 지열 히트펌프와 타열원 시스템의 냉방 에너지 생산 원가 비교표

	흡수식 냉동기	공기열 히트펌프	지열 히트펌프
에너지공급 단위	Nm^3	kWh	kWh
에너지 단가	435 원/Nm^3	90 원/kWh	90 원/kWh
저위발열량	9550 kcal/Nm^3	860 kcal/kWh	860 kcal/kWh
COP	1.2	3	4.5
원당 냉열생산량	26.3 kcal/원	28.7 kcal/원	43.0 kcal/원
1000kcal당 원가	40.0 원/Mcal	34.9 원/Mcal	23.3 원/Mcal

위 표에서 냉/난방시 지열 히트펌프의 원당 열 생산량이 동일한 것은 에너지단가와 COP의 비율이 하절기와 동절기에 동일함에서 비롯된 것이다. 여름철 전력공급가격과 겨울철 전력공급가격이 변동하는 경우에는 달라진다. 여기서 7~8월 여름철 공급가격 93.5 원/kWh, 6월 및 9월 중간기 공급가격 62.3 원/kWh를 고려하여 90원으로 계산하였다. 실제로 계산을 수행할 때에는 월별 가동시간을 반영하여 가중 평균으로 계산하는 것이 필요하다.(<표 11-3> 참조)

〈표 11-3〉 2009년6월27일 이후 적용 일반용 저압전력 가격표

구분	기본요금 (원/kW)	전력량 요금(원/kWh)		
		여름철(7~8월)	봄, 가을철(3~6, 9~10월)	겨울철(11~2월)
저압전력	5,280	93.50	62.30	69.50

[예제 11-2]

지열 히트펌프가 사용하는 전력 요금이 100원/kWh이다. 냉방운전을 수행할 때, 지열 히트펌프의 COP가 4.5이고, 전력 1kWh의 열량이 860kcal일 때, 냉열 1Mcal를 생산하는데 소요되는 비용은 얼마인가?

【해설】

지열 히트펌프가 1 kWh를 소비할 때, 냉열 생산
860 kcal × 4.5 = 3870 kcal/kWh
1 Mcal생산에 소요되는 지열 히트펌프 소비 전력량
1,000 ÷ 3,870 = 0.258 kWh/Mcal
1 kWh당 가격 : 100원
1 Mcal당 생산 원가 : 25.8원/Nm^3

지열 히트펌프 시스템, 도시가스 보일러 그리고 공기열원 히트펌프를 채택한 시스템에서 소비하는 에너지를 비교하자. 지열 히트펌프 시스템은 A, 도시가스 보일러는 B 그리고 공기열원 히트펌프 시스템은 C로 정하자.

검토 대상으로는 냉방부하 1MW, 난방부하 0.9MW인 건물이 있다.(1MW는 1,000kW로서 860,000kcal이고 284.4USRT이다.) 냉방 가동시간은 700시간이고, 난방 가동시간은 700시간이고 에너지비용은 위의 <표 11-1>과 <표 11-2>와 동일하다.

이 시스템의 운전비용을 정리하면 다음 <표 11-4>와 같다. 1kWh당의 난방에너지 생산 원가는 A(지열 히트펌프 시스템)는 20원/kWh, B(도시가스 보일러)는 77.4원/kWh이다. 냉방에너지 1kWh당 단가는 A(지열 히트펌프 시스템)는 20원/kWh인데 비해 C(공기열원 히트펌프)는 30원/kWh에 달한다.

난방운전으로 630MWh의 에너지가 소비되는데, 이는 전력과 도시가스로 표시한다. 에너지 소비량은 연간에너지를 효율과 COP로 나눈 값이 되며, 여기서는 계산되지 않았다. B시스템의 경우에 에너지 소비량을 저위발열량으로 나누어 공급 연료단위(Nm^3)로 변환할 수 있다. 냉방시 A 시스템은 12,600,000원, B 시스템은 48,538,000원이 소요되어, 지열 히트펌프는 35,938,000원을 절감한다. 반면 냉방에서는 지열 히트펌프가 7,000,000원을 절감하게 된다. 따라서 냉방과 난방을 합하여 42,938,000원이 절감된다.

이러한 절감금액은 시스템의 효율과 더불어 가동시간에 비례하게 된다. 정확한 가동시간이나 사용에너지는 내부부하 및 운전 스케줄 등을 고려한 에너지 모델링이 필요하다.

〈표 11-4〉 지열 히트펌프 시스템과 기존시스템의 에너지비용 비교

난방 시스템		냉방 및 난방 종류	냉방시스템	
A	B	시스템 비교	A	C
0.9	0.9	난방/냉방부하(MW)	1	1
kWh	Nm3	공급 에너지 단위	kWh	kWh
860	9550	저위 발열량(kcal/단위)	860	860
1	11.10	저위 발열량(kWh/단위)	1	1
70	770	단위 가격(원/단위)	90	90
3.5	90%	효율 및 COP	4.5	3
20.00	77.04	1kWh당 가격	20.00	30.00
700	700	가동시간(시간)	700	700
630	630	연간에너지(MWh)	700	700
12,600	48,538	연간비용(천원)	14,000	21,000
35,938		절감금액(천원)	7,000	

11.2 수명주기비용분석

　수명주기비용은 어떤 제품이나 시스템 그리고 서비스의 전체 사용 수명기간동안에 소비되는 전체 비용을 말하는 것으로서, 초기 개발비용과 구입비용 그리고 사용 중에 발생하는 비용 그리고 제품 사용 완료후 처리에 필요한 모든 비용을 합한다. 이러한 수명주기분석은 시스템이나 서비스의 구입가격에 의하여 의사결정을 내리지 않고 수명기간 동안에 발생하는 전체 비용에 의거하여 결정은 내리게 하므로 그 효과가 매우 높다.

　다음 [그림 11-1]은 설계 단계에서 수명주기비용의 대부분이 결정되는 것을 보여준다.

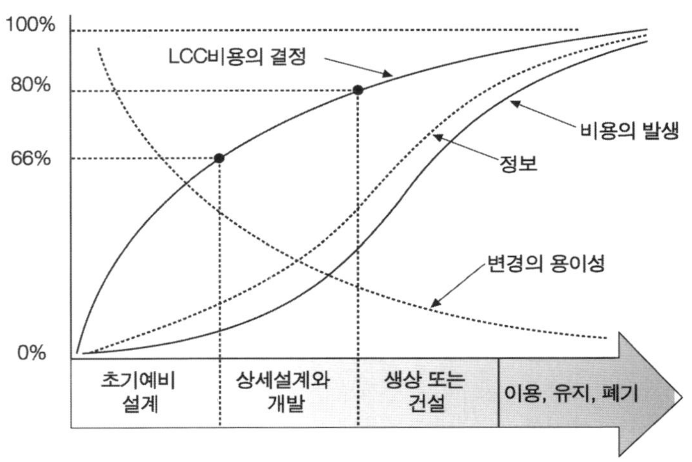

[그림 11-1] 프로젝트 단계별 LC비용 변화

최근 새로운 건물 프로젝트에서 법률적인 의무적용 사항이 증가하고 있으며, 다양한 제품과 기술의 등장하고 있는데 반하여 예산규모는 제한되어 있다. 또한 최근에 원유가격 폭등 및 천연가스 가격 상승 등으로 인한 운영비용에 대한 인식이 증가하고 있으며, 친환경 저에너지 건물에 대하여 다양한 인센티브가 제공되고 있는 상황에서 프로젝트에서 수명주기 분석은 필수적인 것이다. 다음 [그림 11-2]는 수명주기비용의 산정에 필요한 인자를 나타내고 있다.

〈표 11-5〉 수명주기분석과 관련 주요 인자

초기 구매비용	대체비용
보수비용	운용비용
에너지비용	판매세
재산세	소득세
보험비용	부채와 이자비용
잔존가치	폐기비용

또한 기존 건물에서도 새로운 시스템의 도입으로 인한 취득비용이 발생하는 것과 더불어, 기존 시스템을 운영하고 유지하는데 소요되는 비용 또한 급격히 증가하고 있다. 에너지 비용 증가 및 인플레이션과 더불어 다음 요인에도 기인한다.

① 현재 사용 중인 시스템이나 서비스의 저효율 및 저품질로 인한 비용 발생

② 시스템이나 서비스의 증설이나 성능향상으로 발생하는 비용 증가

③ 지원 및 운영 시스템의 변경으로 인한 비용 증가

④ 초기 설계의 부정확과 시공절차 변경에 따른 비용증가

⑤ 예측하지 못한 문제의 발생으로 인한 비용증가

그동안 프로젝트에서 새로운 설비나 시스템을 채택하여 운영하는 금액은 감소하고 있다. 인플레이션 및 비용증가를 고려하면, 이용 가능한 재정은 더욱 급격하게 감소하고 있다.

시스템이 다양해지고 복잡하지면서 전체 비용을 파악하는 것이 매우 어렵다. 시스템을 구입하거나 도입하는데 소요되는 비용은 전체 수명주기에서는 [그림 11-2] 같이 빙산의 일각으로 비유될 수 있으며, 이외에 고려해야 하는 비용이 대단히 많다.

그러나 비용을 분석하는 과정에 영향을 미치는 요소들에 대해 부정확하거나 부적절하게 적용되는 경우가 많이 발생한다. 따라서 적절한 분석 및 적용이 필요하다.

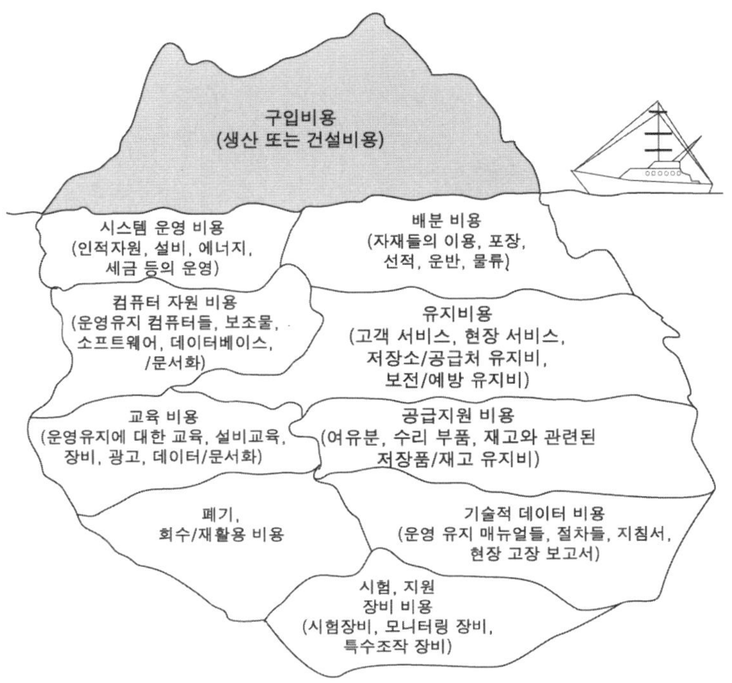

[그림 11-2] 수명주기분석에 관련된 인자

11.2.1 수명주기비용 분석

여러 가지 대안 중에서 어느 안을 채택할지 의사 결정에 있어 분석대상을 정의
하고, 분석 방법을 선정하고, 평가모델을 선택하고, 각 대안 별로 정보를 수집하
고, 대안들을 비교 평가하며, 올바른 대안을 선정하는 순으로 진행된다. 수명주기
비용분석절차를 정리하면 [그림 11-3]과 같다.

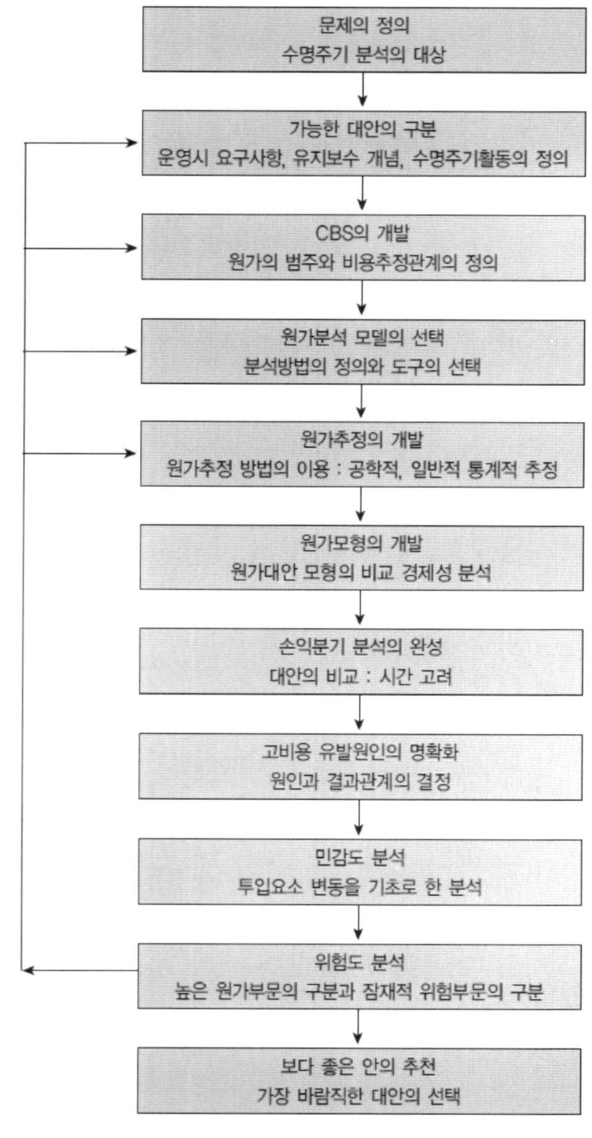

[그림 11-3] 수명주기분석의 절차

11.2.2 수명주기비용분석 방법

수명주기 분석의 가장 큰 문제는 검토하여야 하는 비용의 범위가 넓어 검토 항목이 매우 많다는 것이고, 현재에 발생하지 않는 미래의 비용을 측정하여야 한다는 것이다.

수명주기비용을 구성하는 요소를 광범위하고 상세하게 분석하여야 누락되는 요소가 없고 또한 중복되는 요소를 줄일 수 있다. 이를 위해 비용분석구조(Cost Breakdown Structure, CBS)가 도입되었다. 이는 복잡한 원가를 분석하는데 필요한 체계적인 분석과 평가를 가능하게 한다. CBS 개발을 위해 필요한 요소는 다음과 같다.

① 시스템이나 서비스의 수명주기 비용 평가에 필요한 정보
② 비용을 많이 발생시키는 요인
③ 원인과 결과 관계의 결정
④ 다양한 비용변수와 인과관계 분석

11.2.3 지열시스템의 수명주기비용분석

수명주기비용을 상업용 건물에 적용한 지열 히트펌프 시스템에 적용하기 위해서는 검토해야 할 인자가 많다. 지열 히트펌프 시스템의 용량은 건물의 크기, 기후, 용도 및 적용 시스템의 효율 등의 영향을 받는다.

지열시스템의 용량 증가에 따라 지열시스템을 포함한 전체 시스템의 비용에 수명주기비용을 분석하면 다음과 같다. 여기서 최소 수명주기비용을 나타내는 지열 히트펌프 시스템의 용량이 수명주기비용으로 최적화된 용량이 된다.

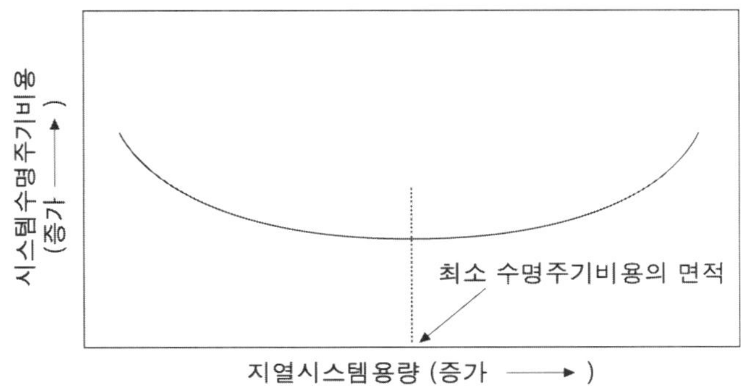

[그림 11-4] 지열 히트펌프 시스템의 용량 최적화

지열 히트펌프 시스템에서 수명주기분석을 위하여 검토가 필요한 비용에 관련된 요소들을 정리하면 다음 <표 11-6>과 같다.

〈표 11-6〉 지열 히트펌프 시스템의 주요 수명주기분석 관련 요소

구분번호	비용요소	내역
1	시스템 총비용	아래의 비용요소의 합으로 이뤄짐
2	초기비용	구입, 운반, 설치, 재배치, 시운전 등 초기에 발생한 모든 비용
3	건물개조비	시스템에서 요구하는 구조개선과 관리에 필요한 비용
4	대체 및 수리비	연간 시스템에 대한 수리와 대체비용으로 할인과 인플레 고려
5	유지비	연간 시스템 유지에 사용된 비용, 때마다 상승되거나 할인됨
6	재래연료비	일 년간 시스템 운용에 필요한 재래연료와 에너지 비용
7	재산세	장비의 평가가치에 기인해 지불된 세금
8	세금공제	국가 장려에 따른 투자비와 운영비에 대한 세금 공제
9	감가상각	세금공제 혜택, 인플레의 영향이 없음
10	지출감소	재래연료의 사용감소로 인한 지출감소, 즉 수입증가
11	보험비용	시스템에 대한 보험비용
12	잔존가치	수명의 말기에 기대되는 값으로 할인됨
13	상환대부금	초기대부자금에 대한 연간 대부지출 금액으로 매년 이자 계산
14	대부이자공제	이자에 대한 크기에 대하여 소득세가 공제됨

수명주기비용에는 여러 가지 비용이 포함되어 있어 복합적인 계산에 비용분석구조(CBS)를 활용한다. 비용 요소는 낮은 수준에 속하는 하위요소들로부터 비용이 계산되어 높은 수준에 있는 비용에 합하여진다.

지열 히트펌프 시스템에서는 [그림 11-5]와 같이 수준 1이 최상위 블록으로 지열시스템의 전체 수명비용을 나타내며, 2단계 수준인 수준 2에는 초기비용에서 대부이자공제에 이르기까지 수준 1 지열시스템의 전체 수명비용을 구성하는 7개의 하위비용요소로 구성되어 있으며, 1.1에서 1.7까지로 표시한다. 다음 단계인 수준 3에서는 수준 2에 대하여 세부적인 비용요소로 구성된다. 예를 들어 초기비용에는 지중 열교환기, 히트펌프 유니트, 이와 관련된 배관 및 제어 등의 구입 및 운반 등을 포함한 설치 및 시공 그리고 시운전 등이 포함되어 있다. 수준 2의 초기 비용을 구성하는 수준 3에 7개 요소를 추가하고 1.1.1~1.1.7로 번호를 붙인다. 수준 3에는 지중 열교환기, 히트펌프 유니트, 지중배관, 기계실 배관, 제어시스템, 시운전등을 포함한다.

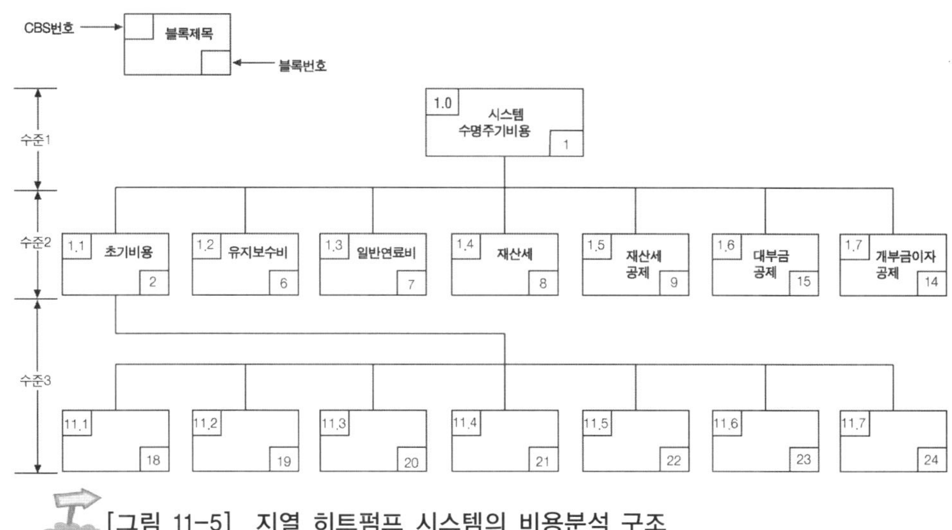

[그림 11-5] 지열 히트펌프 시스템의 비용분석 구조

지열 히트펌프 시스템의 분석에 필요한 추가요소 중에서 몇 가지만 더 정리하면 다음과 같다.

〈표 11-7〉 지열 히트펌프 시스템 수명주기분석 추가요소

지중 열교환기 비용	전체 건물 용량
할인율	수명 주기
인플레이션율	시작 년도
계약금 비율	건물의 전체부하
소득세율	건물의 에너지비용

11.3 프로젝트의 경제성 분석

경제성 분석에는 정량적인 측면을 분석하는 좁은 의미의 경제성과 정성적인 측면까지도 포함하는 넓은 의미의 경제성 분석으로 나눌 수 있다.

정량적인 경제적 분석을 위해 사용되는 기법은 비용편익분석(cost-benefit analysis)이다. 비용편익분석은 비용과 편익이 모두 화폐단위로 측정할 수 있는 경우에 적용될 수 있으며, 구체적인 분석 기법으로는 순현재가치(NPV: Net Present Value),

비용편익비율(BCR: Benefit Cost Ratio), 원금회수기간(Payback Period), 내부수익률(IRR: Internal Rate of Return) 등이 있다.

11.3.1 순현재가치

순현재가치란 투자사업의 전기간에 걸쳐 발생하는 순편익의 합계를 현재가치로 환산한 값을 의미한다. 이 방법을 통해 사업을 추진하는 여러 대안들이 있을 경우 미래에 발생하는 모든 비용과 편익을 현재가치로 환산하여 순편익, 즉 편익의 순현재가치에서 비용의 순현재가치를 감한 차액이 가장 큰 대안을 선정하거나 혹은 단위사업의 경우 최종적인 순현재가치가 양이냐 음이냐에 따라 그 사업이 경제적 관점에서 합당한지가 결정된다.

$$NPV = \sum_{t=0}^{n} \frac{I_t}{(1+K)^t} - \sum_{t=0}^{n} \frac{O_t}{(1+k)^t} \quad\quad\quad\quad (11.1)$$

I_t : 기간(t)안의 현금유입
O_t : 기간(t)안의 현금유출
t : 기간
k : 할인율(자본코스트)

[예제 11-3]

현재 1,000만원의 투자자금이 소요되는 새로운 투자안을 고려하고 있다. 그리고, 이 투자로 인해 기대되는 현금흐름은 다음 표와 같다. 이 투자안의 자본비용 할인율은 10%로 가정한다.

연 도	현금흐름(만원)
0	−1,000
1	+500
2	+400
3	+300

【해설】

투자안의 NPV를 구하면 다음과 같다.
NPV = 현금유입의 현가 − 현금유출의 현가
= $500/(1+0.1) + 400/(1+0.1)^2 + 300/(1+0.1)^3 - 1,000 = 79$(만원)
이 투자안의 NPV가 0보다 크기 때문에 채택할 수 있다.

11.3.2 비용편익비율

비용편익비율은 편익의 현재가치를 비용의 현재가치로 나눠 투자의 경제적 타당성을 측정하는 방법이다. 현금 유입 현재가치를 현금 유출 현재가치로 나누는 비율로 정의하여 수익성지수라고도 부른다. 가장 높은 비용편익의 비율을 선택함으로써 가장 높은 수익을 창출하는 사업을 시행할 수 있다.

이 방법은 편익과 비용의 실제적 차이가 아닌 양자의 비율로서 계산되기 때문에 비용편익비율이 높은 소규모 사업과 비용편익비율이 낮은 대규모 사업 중 하나를 선택해야 하는 경우 뚜렷한 기준을 제시해주지 못한다. 비율이 낮을지라도 절대액수는 더 클 수 있기 때문이다. 이러한 단점에도 불구하고 공공사업의 타당성을 분석하는 데에 비용편익비율이 사용되는 이유는 공공부문에 있어서는 사업으로 인한 이윤추구가 종국적인 목적이 아니다. 따라서 순편익의 화폐적 가치의 크기 자체만으로 사업을 선정하고 추진하지 않기 때문에 순현재가치를 고집할 필요성이 없다. 이러한 이유로 비용편익비율은 정보화사업을 포함한 공공사업의 경제성분석에서 일반적으로 사용하고 있다.

$$\text{PI} = \text{현금유입의 현가} \;/\; \text{현금유출의 현가}$$
$$= \sum C_t / (1+r)^t / C_o \quad\cdots\cdots\cdots\cdots\cdots\cdots\cdots\cdots\cdots (11.2)$$

만일 투자안 L와 K를 평가할 경우 PI법은 NPV법과 상반된 결과를 가져올 수 있다. 예를 들어 다음의 표에서처럼 최초의 투자액이 다른 두 투자안 L와 K를 검토해보자.

 〈표 11-8〉 투자안 비교표

투자안	현금흐름(t=0)	현금흐름(t=1)	PI(r=10%)	NPV(r=10%)
L	-10,000	+15,000	1.36	3,636
K	-100	+200	1.82	82
L-K	-9,900	+14,800	1.36	3,554

<표 11-8>에서 자본비용 할인율이 10%라고 가정할 때, NPV법에 의하면 투자안 L이 우월하지만, PI법에 의하면 투자안 K가 우월하다.

11.3.3 회수기간법

회수기간법은 투자지출을 회복하는 데에 걸리는 시간을 추산함으로써 사업의 수익가치를 측정한다. 이 비율은 특정 사업에 대한 투자가 사업의 수명주기 내에서 회수될 것인가에 대한 대략적인 분석을 하게 해주지만, 이 비율 역시 사업의 전체 수명에 대한 면밀한 검토가 부족하고 연간 운영수익이 지속적일 것이라고 가정한다는 점과 원금회수 이후의 수익에 대해서는 고려할 수 없다는 단점을 가지고 있다.

$$\sum_{n=0}^{I} X_n = 0 \quad\text{..}\quad (11.3)$$

X_n : n년도의 순현금 출납(투자액의 부호는 $-$이고, 시작은 0년도다.)
I : 자본회수 기간, 년

[예제 11-4]

다음 투자안의 투자회수기간을 비교하여라. 투자회수기간의 이익을 고려하는가?

연 도	투자안 A	투자안 B	투자안 C
0	-5,000	-5,000	-5,000
1	3,000	1,000	3,000
2	1,000	1,000	2,000
3	1,000	3,000	0
4	2,000	2,000	0
5	2,000	1,000	0

11.3.4 내부수익률

내부수익률은 투자사업이 원만히 진행된다는 전제하에서 기대되는 예상수익률로서, 투자사업 전기간에 걸쳐 발생하는 편익의 현재가치와 비용의 현재가치를 일치시켜서 사업의 순현재가치가 영(0)이 되도록 하는 할인율을 가리킨다.

내부수익률은 정부사업의 성장률이라고도 할 수 있는데, 이러한 이유로 특정 사업의 내부수익률이 그 사업의 기회비용(혹은 사회적 할인율) 보다 크면 그 사업의 순편익이 크게 된다. 즉, 내부수익률이 통상적으로 사용되는 사회적 할인율보다 크면 그 투자사업은 타당성과 경제성이 있는 것으로 평가된다.

$$\sum_{t=0}^{n} \frac{CO_t}{(1+r/100)t} = \sum_{t=0} \frac{CI_t}{(1+r/100)t} \quad \cdots\cdots\cdots (11.4)$$

CO_t : 현금유출

CI_t : 현금유입

t　　: 기간

프로젝트의 경제성분석 방법에 대한 특징과 장단점에 대해서는 <표 11-9>에 정리하였으며, 경제성분석의 절차에 대해서는 [그림 11-6]에 정리하였다.

〈표 11-9〉 경제성 분석 방법의 장단점 비교

방법	특징 및 장점	단점
순현재가치	· 적용이 용이 · 각 방법의 경제성 분석결과가 다를 경우 우선적으로 사용	· 투자사업의 규모가 클수록 크게 나타남 · 자본투자의 효율성 비고려
편익·비용비율	· 적용이 용이 · 결과나 규모가 유사한 대안을 평가할 때 이용	· 사업규모의 비교가 힘듦 · 편익이 늦게 발생하는 사업의 경우 낮게 나타남
내부수익률	· 예상수익률 판단가능 · NPV나 B/C 적용시 할인율이 불분명할 경우 이용	· 짧은 사업의 수익성이 과장되기 쉬움 · 편익발생이 늦은 사업의 경우 불리한 결과 발생
회수기간법	· 회수기간의 장기간에 따른 위험과 불확실성의 감소 방지 가능	· 투자의 효율성을 비고려 · 장기 사업의 분석에 부적합

[예제 11-5]

현재 200만원을 투자하면, 다음 3년 동안 매년 말 100만원씩을 얻을 수 있는 투자안의 내부수익률을 계산하라. 이 투자안의 현금흐름을 나타내면 다음과 같다.

연 도 (t)	0	1	2	3
현금흐름(Ct)	-200	+100	+100	+100

【해설】

투자안의 내부수익률은 다음과 같은 식에 의해서 구한다.

$$NPV = 100/(1+IRR) + 100/(1+IRR)^2 + 100/(1+IRR)^3 - 200 = 0$$

위의 함수식의 실제 계산은 투자안의 내용연수에 따라서 매우 복잡해질 수 있으나, Microsoft Excel과 같은 스프레드시트 프로그램을 사용하고, 내부수익률(IRR) 함수를 적용하면 쉽게 구할 수 있다. 그러므로 NPV를 0으로 단드는 할인율 IRR은 23.37%이다.

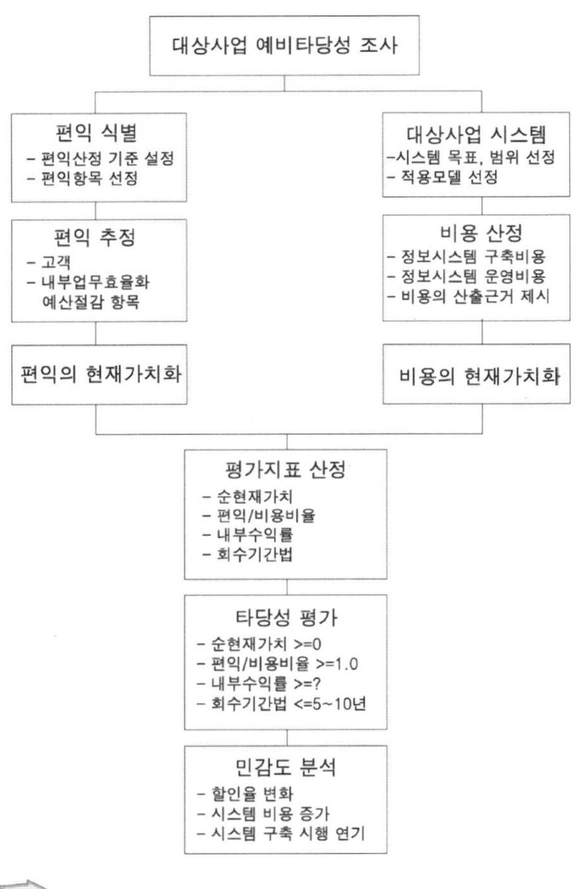

[그림 11-6] 경제성 분석의 절차

11.4 친환경건축물에서 지열 히트펌프

신재생에너지 이용 시스템은 일반적으로 건물에서 필요한 에너지양과 무관하게 생산되는 경우가 많은데, 태양에너지는 낮에만 이용할 수 있으며, 풍력에너지의 이용도 현장의 풍속에 의존한다. 이와 같이 이용에 제약이 많은 다른 신재생에너지 방식에 비해 지열 히트펌프는 건물에 필요한 부하에 따라 냉난방에 필요한 에너지를 얻을 수 있도록 설계 및 시공이 이뤄지고 있다.

친환경 건축물은 "지속 가능한 개발의 실현을 목표로 인간과 자연이 서로 친화하며 공생할 수 있도록 계획 설계되고 에너지와 자원 절약 등을 통하여 환경오염 부하를 최소화함으로서 쾌적하고 건강한 주거환경을 실현한 건축물을 말한다."라고 국내의 친환경 건축물 인증제도 시행지침에서 정의하고 있다.

국내를 비롯하여 많은 국가는 친환경 건축물의 인증제도를 시행하고 있다. 그 중에서도 USGBC(United States Green Building Council)의 LEED(Leadership in Energy and Environmental Design)는 가장 빠르게 성장하고 있는 친환경 건축물 인증 프로그램으로서 국내에서도 미군주둔 관련시설 그리고 인천 송도의 국제신도시 사업에서 활발하게 적용되고 있다.

친환경건축물은 지속가능한 개발을 목표로 하고 있다. 지열 히트펌프와 친환경 건축물은 지속가능성(Sustainability)을 공동 목표로 공유하고 있다. 지열 히트펌프는 시공이 복잡한 점과 비용이 추가로 소비되는 점에도 불구하고 에너지를 가장 크게 절약할 수 있는 수단으로 인식되어 왔으며, 친환경 건축물의 인증제도 내에서도 인증을 획득하는데 가장 크게 기여하고 있다.

건물은 냉난방, 공조, 조명등에 에너지를 소비한다. 건물이 소비하는 에너지 사용량을 설계 단계에서 예측하기 위해 에너지 시뮬레이션 소프트웨어를 사용한다. 친환경건축물 인증을 위해, 건축물의 구성요소가 소비하는 에너지 사용량 계산 시뮬레이션 프로그램은 ASHRAE Standard 90.1 2004 Appendix G Performance Rating Method에 정의된 규정을 따르는 것이 일반적이다. 여기에는 에너지 시뮬레이션 프로그램이 갖추어야 하는 여러 가지 기능과 조건이 설명 되어 있다.

특정 건물의 연간 에너지 소비를 계산하기 위해 온, 습도, 풍속등 해당지역의 기후데이터를 사용하여 1시간 또는 1시간 이내의 시간 간격으로 에너지 소비량 계산을 수행한다.

<표 11-10>에 제시된 사양의 대상 건물의 에너지 소비량을 검토한 후에 지열 히트펌프의 적용이 전체 에너지 소비량에 미치는 영향을 검토하기로 한다. 지열 히트펌프를 적용하지 않은 대상 건물의 에너지 소비량을 정리하면 <표 11-11>과 같다.

〈표 11-10〉 검토 대상 건물 개요

항 목	수 치
총 면적	36,000 m^2
주거 면적	20,000 m^2
공용 면적	16,000 m^2
냉난방 방식	냉동기/보일러
냉난방 연료	전기/난방유
위치	서울
건물 목적	주거용
기타	지하주차장

〈표 11-11〉 대상건물의 기존 에너지 소비량

	단위	수치
연간 에너지소비량	kWh	5,826,290
연간 전기 소비량	kWh	4,788,715
연간 난방유 소비량	kWh	1,037,575
연간 에너지 비용	천원	455,332
단위 면적당 에너지 소비량	kWh/m^2	165.0
단위 면적당 에너지 비용	천원/m^2	12.9

대상 건물이 냉난방을 비롯한 실내 및 외부 조명, 공조 설비, 급탕 등에 소비한 에너지량을 계산한 결과는 다음의 <표 11-12>와 같다.

기존의 냉동기/팬코일 그리고 보일러가 냉수 또는 온수를 생산하여 공급하는 것을 지열 히트펌프 시스템이 대신하게 된다. <표 11-13>에서 냉방과 난방 그리고 급탕에서 사용되는 전기와 난방유는 <표 11-14>에 표시된 것과 같이 히트펌프가 사용하는 전기에너지로 대체될 수 있다.

〈표 11-12〉 대상건물의 냉난방 및 급탕 에너지 소비량

	단위	수치
냉방과 급탕	kWh	541,484
급탕	kWh	94,527

〈표 11-13〉 대상건물의 에너지 사용량

	전기	난방유
냉방 (kWh)	575,780	
난방 (kWh)	56,964	759,556
급탕 (kWh)		278,019
공조 (kWh)	427,772	
조명 (kWh)	1.352,280	
지하주차장 (kWh)	416,047	
기타 (kWh)	1,759,872	
합계 (kWh)	4,788,715	1,037,575
	5,826,290 (전체)	

상업용 건물이 소비하는 에너지의 시험 및 성능 기준을 제시 표준은 ASHRAE 90.1을 이용한다. ASHRAE 90.1은 최저치 또는 허용 가능한 성능 수준을 제시하는데 사용하고 있으나, 설계 가이드를 제시하지는 않는다.

냉동기와 보일러를 사용하는 대상 건물의 시뮬레이션 결과를 베이스라인이라 부르고 지열 히트펌프를 적용한 결과를 지열 히트펌프라고 표시하여 결과를 정리한 결과가 <표 11-14>이다.

〈표 11-14〉 지열 히트펌프 에너지 사용량 비교

	베이스라인	지열 히트펌프
냉방 (kWh)	575,780	541,484
난방 (kWh)	56,964 759,556(난방유)	
급탕 (kWh)	278,019(난방유)	94,527
공조 (kWh)	427,772	422,788
조명 (kWh)	1,352,280	1,352,280
지하주차장 (kWh)	416,047	416,047
기타 (kWh)	1,759,872	1,759,872
합계 (kWh)	5,826,290 4,788,715(전력) 1,037,575(난방유)	4,786,998

USGBC가 운영하는 LEED는 세계 22개 국가에서 적용되고 있다. 신축이나 재건축에 적용하는 LEED NC(New Construction) 버전 2.2는 6개의 항목에서 69점의 점수로 구성되어 있다. 여기서 에너지에 관한 항목은 17점이고 Innovation 항목에 할당된 4점은 에너지에 관하여 추가로 얻을 수 있게 구성되어 있으므로, 총점 69점에서 21점이 에너지와 관련한 점수로 약 30%에 해당한다.

LEED NC 2.2에서는 현장에 적용하는 신재생에너지 항목에서 3점까지 얻을 수 있도록 되어 있다. 종전에는 5, 10, 15%를 초과시 1점씩 얻을 수 있도록 구성되어 있었으나, 최근 버전에서는 2.5, 7.5, 12.5%를 초과할 때 마다 1점씩 얻도록 구성되었다. 그리고 녹색 전력 항목이 있으며 건물의 전력소비 중에서 35%를 2년 동안 또는 그 이상 녹색 전력으로 구입하도록 계약을 체결하는 경우 1점을 얻을 수 있도록 되어있다.

여기서 지열 히트펌프는 LEED NC에서 정한 신재생에너지 항목에는 포함되지 않는다. 지열 히트펌프는 Optimize Energy Performance 항목에서 에너지 성능개선에 기여하는 만큼 점수를 획득한다. 이 항목은 단일 항목에서 10점까지 <표 10-15>에 정해진 규정에 따라서 점수를 획득할 수 있으며, 이는 LEED NC에서 가장 배점이 높다.

LEED NC에서는 에너지 비용 절감에 따라 점수가 정해진다. 최소 10.5% 절감으로 1점을 얻을 수 있도록 정해져 있었으나, 2007년 6월부터 Optimize Energy Performance항목에서 14% 이상 절감시 2점 이상을 얻도록 의무화 되었다.

소형 건물에서는 관행적으로 규정 이행 여부에 따라 간편하게 얻을 수 있는 선택을 할 수 있었으나, 이러한 선택의 폭이 줄어들어서 LEED NC의 인증을 얻기 위해서는 대부분의 경우에 에너지 시뮬레이션 프로그램 적용이 필요하다.

위에서 검토한 대상 건물에 적용된 지열 히트펌프는 <표 11-14>와 같이 에너지를 절감할 수 있으며, 이를 에너지 비용 절감으로 변환하면 다음 <표 11-16>과 같으며, 에너지 비용 절감은 냉/난방 및 급탕에서 약 31%에 달한다.

이 결과를 <표 11-15>에 적용하면 Optimize Energy Performance 항목에서 6점을 얻을 수 있다. 여기에 HFC냉매를 이용하는 히트펌프 유니트를 적용할 경우에는 친환경 냉매항목에서추가로 1점을 더 얻을 수 있으며, 설계에서 혁신성을 가미하여 Innovation에서 1점을 추가로 얻을 수도 있다.

〈표 11–15〉 LEED에서 에너지 성능개선으로 인한 배점

신규건축물	기존 건축물 재개발	점수
10.5%	3.5%	1
14%	7%	2
17.5%	10.5%	3
21%	14%	4
24.5%	17.5%	5
28%	21%	6
31.5%	24.5%	7
35%	28%	8
38.5%	31.5%	9
42%	35%	10

〈표 11–16〉 지열 히트펌프의 에너지 비용 절감

	전력	난방유	합계
베이스라인	313,151	142,181	455,332
지열 히트펌프	313.347	-	313.347

LEED NC 2.2가 LEED2009 버전으로 개정되어 2009년 6월부터 적용되고 있다. 친환경 건축물의 이산화탄소 배출절감에 초점이 맞춰지고, 코어 분야 총점이 100점으로 변경되었으며, 에너지 분야는 35점에 달한다. 코어 분야에 별도로 Innovation과 현지화를 합하여 총10점이 별도로 배당되어서 코어분야 점수 100점과 합하여 총 가능 점수는 110점이다. 에너지 비중이 증가한 LEED 2009에서도 지열 히트펌프는 더욱 중요한 역할을 수행하고 있다.

친환경건축물과 지열 히트펌프는 지속가능성이라는 공통의 목표를 추구하며, 에너지 절약과 오염물질 배출 저감과 같은 목표달성에 크게 기여할 수 있다.

지열 히트펌프를 적용하는 경우 LEED인증에서 일반적으로 7~8점을 얻을 수 있으며, 이는 LEED NC의 총점수인 69점에서 상당히 큰 부분을 차지한다. 높은 등급의 LEED NC인증을 획득하고자 하는 경우 지열 히트펌프는 가장 확실한 선택사항이다. 지열 히트펌프 적용으로 LEED NC에서 가장 낮은 단계인 Certified레벨에서 Gold레벨까지 등급을 2단계까지도 올릴 수도 있다.

11.5 주택용 전력요금

2009년 상반기 이전까지는 일반주택에 지열 히트펌프 적용이 어려웠었다. 그러나 그해 5월 지열 히트펌프 시스템을 이용하는 경우에 전기 누진제 적용 대상에서 제외한 후, 주택에 지열 히트펌프 설치가 점차 확대되고 있는 추세이다. 주택용 누진제 전력요금은 사용량이 증가할수록 추가되는 전력요금 단가가 더욱 크게 적용되는 체계다. 월간전력 사용량에 대하여 적용되는 전력요금 체계(2009년 9월 이후 적용)는 〈표 11-17〉과 같다.

〈표 11-17〉 주택용 전력요금 체계

소비전력	단가(원/kWh)
0~100	55.1
100~200	113.8
200~300	168.3
300~400	248.6
400~500	366.4
500~	643.9

※ 부가세 및 전력기반기금 제외

이에 비해 상업용 건물에 적용되는 일반 전기는 사용량이 증가함에 따라 전력요금 단가가 증가하지 않고 일정하게 유지하는 요금체계를 적용받는다. 일반용 저압전력의 전력요금표는 <표 11-18>과 같다.

〈표 11-18〉 일반용 저압요금 체계

구분	기본요금	전력량 요금(원/kWh)		
	(원/kW)	여름철(7~8월)	봄, 가을철(3~6, 9~10월)	겨울철(11~2월)
저압전력	5,280	93.5	62.3	69.5

일반 전력요금은 계절별로 다른 요금을 적용받고 있으며, 사용량과 무관하게 기본요금을 납부하는 체계를 가지고 있다. 일반용 전력요금은 연간 평균요금은 69.9원/kWh이며, 이는 500kWh를 넘는 가정용 전력요금인 643.9원/kWh에 비하여 1/9에 불과하다.

월간 전력사용량을 100kWh구간으로 1000kWh까지 주택용 전력요금과 일반용 전력요금을 계산하여 비교하면 <표 11-19>, [그림 11-7]과 같다.

한 달에 200kWh이내를 소비하는 경우에는 기본요금을 포함한 일반용 전력요금이 주택용 전력요금에 비하여 비싼 것을 알 수 있다. 200kWh를 넘으면 일반용 전력요금이 주택용보다 저렴해진다. 월간 소비량이 500kWh에서는 주택용 전력요금이 2.4배에 달하며, 월간 소비량이 1000kWh가 되는 경우에는 5.5배에 달한다. 이를 표로 나타내면 <표 11-19>와 같다.

〈표 11-19〉 일반용 저압과 주택용 전기요금 비교

소비전력(kWh/월)	주택용비용(원)	일반용비용(원)	가격비(일반용/주택용)
100	5,510	12,270	2.23
200	16,890	19,260	1.14
300	33,720	26,250	0.78
400	58,580	33,240	0.57
500	95,220	40,230	0.42
600	159,610	47,220	0.30
700	224,000	54,210	0.24
800	288,390	61,200	0.21
900	352,780	68,190	0.19
1,000	417,170	75,180	0.18

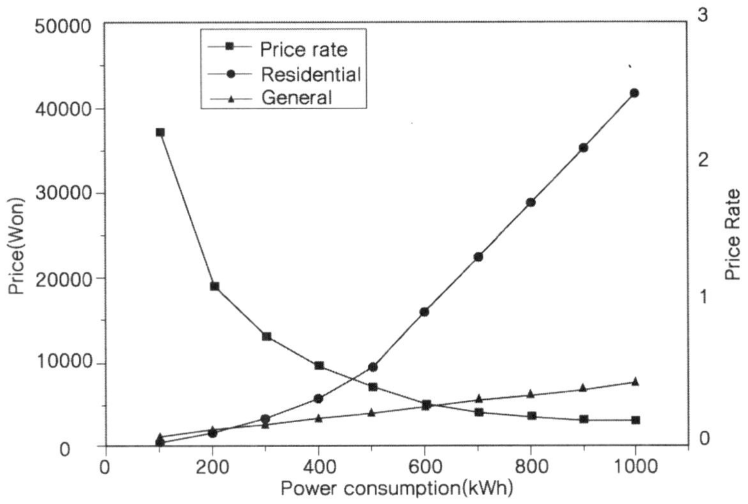

[그림 11-7] 주택용 전력요금과 일반용 전력요금의 비교

월간 사용량이 200kWh를 넘어서면 일반용 전력요금과 주택용 전력요금이 비슷해지며, 사용량이 증가할수록 그 차이는 커지게 된다. 500kWh가 되면 주택용 요금은 일반용의 2.4배가 되며, 1000kWh가 되면 5.5배가 된다. 사용량이 증가하면 가격비는 계속 증가하게 된다.

이 그래프에서도 x축인 월간 전력사용량이 500kWh일 때는 0.422이고, 1000kWh가 되면 0.180이 되며, 월간 사용량이 계속 증가하면 0.109로 수렴하게 된다.

11.6 지열 히트펌프의 온실가스 저감량

온실가스 배출 저감량을 계산하기 위해서는 IPCC 탄소배출계수 <표 11-21>를 활용한다. 전력부분의 탄소배출계수는 국가별, 에너지원에 따라 다르다.

국내 발전에 사용되는 에너지를 종합하여 사용하는 국가평균 전력배출계수를 이용하여 지열 히트펌프가 발생하는 탄소량과 온실가스량을 구한다.

2003년부터 0.424 TCO_2/MWh를 이용하다가, 2004년부터 매년 발표되고 있으며, 최근에는 전력거래소가 발표한 값을 활용하는 것이 일반적이다.

자가 발전이나 특정한 전력을 사용하는 경우에는 특정 전력의 배출계수를 이용하여야 한다. 한국전력의 전력을 사용하는 경우에는 0.4473(2004년), 0.4354(2005년), 0.4470(2006년), 0.4448(2007년) (TCO_2/MWh)를 사용한다. 이를 탄소배출계수로 변환하면 0.1213(tC/MWh)가 되고 tC/toe로 변환하면 0.5642가 된다. 앞에서 구한 1차 에너지 환산량을 사용하여 탄소배출량을 구하면 다음 <표 11-20>과 같다.

〈표 11-20〉 이산화탄소 배출량 계산

	지열 히트펌프	도시가스보일러
연간난방에너지(MWh)	630	630
연간1차에너지(TOE)	38.7	54.2
탄소배출계수(Ton C/toe)	0.5642	0.637
탄소배출량(Ton C)	21.8	34.5
이산화탄소배출량(ton CO_2)	80.1	126.6

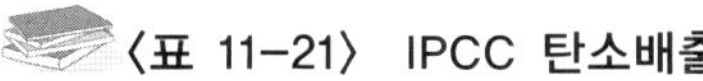 〈표 11-21〉 IPCC 탄소배출계수

| 연 료 구 분 | | | 탄소배출계수 | | |
			kg C/GJ	*(ton C/toe)	(TJ/10^{3}TON)
액체 화석 연료	1차 연료	원유	20.00	0.829	-
		천연액화가스(NGL)	17.20	0.630	-
	2차 연료	휘발유	18.90	0.783	44.80
		항공가솔린	18.90	0.783	44.59
		등 유	19.60	0.812	44.75
		항공유	19.50	0.808	-
		경 유	20.20	0.837	43.33
		중 유	21.10	0.875	40.19
		LPG	17.20	0.713	47.31
		납 사	(20.00)(a)	0.829	45.01
		아스팔트(Bitumen)	22.00	0.912	40.19
		윤활유	(20.00)(a)	0.829	40.19
		Petroleum Coke	27.50	1.140	31.0
		Refinery Feedstock	(20.00)(a)	0.829	44.80
고체 화석 연료	1차 연료	무연탄	26.80	1.100	
		원료탄	25.80	1.059	
		연료탄	25.80	1.059	
		갈 탄	27.60	1.132	
		Peat	28.90	1.186	
	2차 연료	BKB & Patent Fuel	(25.80)(a)	1.059	
		Coke Oven/Gas Coke	29.50	1.210	
		Coke Oven Gas	13.0(b)		
		Blast Furnace Gas	66.0(b)		
기체화석연료		LNG(dry)	15.30	0.637	
바이오매스 (CO$_2$배출량 계산 시 불 포함)		고체바이오매스	29.90	1.252	
		액체바이오매스	(20.00)(a)	0.837	
		기체바이오매스	(30.60)(a)	1.281	

주) 41,868 TJ/10^6 toe 적용하여 계수환산

지열 히트펌프는 38.7TOE의 1차 에너지를 소비하고, 이 값에 탄소배출계수를 곱하여 탄소배출량을 구하면 21.8톤의 탄소가 배출된다. 반면에 도시가스 보일러는 1차 에너지 54.2TOE를 사용하고 여기에 배출계수 0.637을 곱하면 탄소배출량

은 34.5톤이 된다. 따라서 지열 히트펌프는 도시가스에 비해 탄소배출량 37%를 절감한다. 도시가스는 화석연료 중에서는 탄소배출계수가 가장 적은 연료로서 비교적 청정한 연료로 취급되고 있다.

　탄소배출량을 이산화탄소 배출량으로 환산하기 위해서는 이산화탄소의 분자량을 탄소분자량으로 나눈 값을 곱하며, 지열 히트펌프는 80.1톤의 이산화탄소를 배출하고 도시가스보일러는 126.6톤의 이산화탄소를 배출한다.

01 다음 용어에 대하여 정리하시오.
　가) 저위발열량
　나) 수명주기분석
　다) 경제성 분석
　라) 비용편익 분석
　마) 순현재가치
　바) 탄소배출계수
　사) TOE

02 경제성 분석 방법 중에서 4가지를 쓰라.

03 투자가 사업의 수명주기 내에서 회수될 것인가에 대한 대략적인 분석을 하지만, 원금회수 이후의 수익에 대하여 고려할 수 없는 경제성 분석방법은 무엇인가?

04 보일러 등유를 사용하는 보일러 시스템이 10 TOE의 1차 에너지를 소비할 때, 탄소 배출량을 구하라.

05 위의 문제에서 보일러 시스템의 이산화탄소 배출량을 구하라.

06 도시가스를 이용하는 보일러의 에너지 가격은 800 원/Nm^3이다. 보일러 효율이 85%이고, 도시가스 저위발열량이 9,550 kcal/Nm^3일 때, 보일러가 1000원당 생산하는 열량(kWh)은 얼마인가?

07 지열 히트펌프가 사용하는 전력요금이 100 원/kWh이라고 가정하자. 냉방운전을 수행할 때, 지열 히트펌프의 COP가 4.5일 때, 냉열 1 kWh를 생산하는데, 소요되는 비용은 얼마인가?

부록

용어 설명

- **가동 시간(Run Time)** : 정해진 기간 동안에 지열펌프 시스템이 냉난방 또는 급탕을 위하여 가동하는 시간(가동시간은 히트펌프 유니트의 운전시간이 아니라, 정격부하로 환산된 시간을 이용하는 것이 일반적임.)

- **가동율(Run Fraction, Run Time Fraction)** : 정해진 기간 동안에 지열펌프 시스템이 냉난방 또는 급탕을 위하여 가동하는 시간의 비율로서 0~1사이의 소수로 표현함.

- **개방형 수열원 열펌프(Open Loop Water Source Heat Pump)** : 지하수나 지표수를 물-냉매 열교환기를 통하여 순환시키는 개방시스템. 수열원에서 열을 연속적으로 추출하거나 방출

- **개방 루프 시스템(Open Loop System)** : 열교환기가 밀폐된 회로를 구성하지 않고, 대기, 지중 및 지하수등 주변 환경에 노출된 지열펌프 시스템

- **게이지 압력(Pressure - Guage)** : 주변 대기압력과 대상과의 압력 차로서 압력계(**Guage**)를 사용하여 측정

- **공기열원 열펌프(Air Source Heat Pump)** : 열원인 대기와 열교환을 수행하기 위하여 공기-냉매 열교환기를 사용하는 열펌프

- **고온 기체 바이패스(Hot Gas Bypass)** : 냉방 운전 모드에서 저부하로 운전하는 경우에, 압축기 흡입 압력이 낮아지는 것을 방지하기 위하여 적용되는 장치. 압축기에서 토출되는 고온의 기체중 일부를 압축기 흡입구로 우회시켜, 히트펌프의 운전 범위를 넓게 하지만 효율이 낮아짐.

● 과열 저감기(Desuperheater) : 압축기에서 토출되는 과열된 기체 냉매로부터 열을 회수하기 위하여 냉매 과열부분의 열을 회수하는 장치. 냉방 운전 모드에서 과열저감기는 응축기를 통하여 공기중이나 지중으로 보내지는 열을 이용하므로 온수 생산에 비용이 전혀 소요되지 않음.

● 그라우트 재료(Grout Materials) : 지중 열교환기 파이프와 지중암반 사이의 빈 공간을 메우는 재료. 보어홀의 수리적 밀폐제로서, 지중과 U자관 사이에서 열교환을 원활하게 유지하기 위해 사용. 벤토나이트 계열 그라우트 재료가 널리 사용되며, 시멘트 계열 벤토나이트도 사용

● 그라우팅(Grouting) : 보어홀에 수리적 밀봉을 형성하여 지중 환경을 보존하고 지중과 지중 열교환기 파이프 사이에서 열교환을 원활하게 하기 위해서 수행하는 작업. 지중 열교환기의 그라우팅은 트레미 파이프를 사용하여 바닥에서부터 상부로 가압하여 수행하는 것이 원칙

● 그릴(Grille) : 공기가 유동하는 입구나 출구에 설치된 장치로서, 루버 형태나 격자 형태로 제작되는 것이 일반적임.

● 난류 유동 영역(Turbulent Flow Regime) : 유체의 유동 상태가 난류가 되는 유동 조건을 뜻함. 난류 유동으로 인한 혼합효과는 밀폐형 지중 열교환기의 내부를 흐르는 유체와 파이프 벽의 열전달을 최대화하는 반면에 층류에 비하여 시스템의 펌핑 압력이 증가

● 냉동톤(Tone of Refrigeration) : RT나 톤(ton)으로도 불리며, 24시간 동안에 얼음 1톤을 생산하는 열량을 부르는 단위. 지열펌프에서는 USRT가 많이 사용되며, 미국의 톤 단위인 Short Ton을 사용. 1 (US)RT = 3.516kW = 3,024kcal/hr = 12,000 Btu/hr

● 냉매(Refrigerant) : 냉동 사이클에서 기체와 액체 상태로 상변화 하면서 열교환기에서 열을 흡수하고 방출하는 유체. 증발기에서는 낮은 온도에서 증발하면서 열을 흡수하고, 응축기에서는 높은 온도에서 응축하면서 열을 방출

● 댐퍼(Damper) : 입구, 출구 및 덕트를 통하여 흐르는 공기 유량을 조절하는 장치

- 도일(Degree Days) : 정해진 온도를 기준으로 외기 온도와의 차이를 통해 외기의 덥고 추운 정도와 기간을 표시하는 단위. 여름철이나 겨울철에 건물이 냉방이나 난방 요구량을 구하거나, 연료 소비량을 구하는데 이용. 난방 도일(HDD, Heating Degree Days), 냉방 도일(CDD, Cooling Degree Days)로 구분

- 동절기 설계 온도(Design Temperature – Winter) : 건물의 난방 부하를 산정하는데 사용되는 온도. 동절기 설계 온도는 일반적으로 연중 가장 낮은 온도에서 99% 또는 99.6%를 포함하는 온도로 정하는 것이 일반적임.

- 되메움(Backfilling) : 보어홀에서 되메움은 시추작업에서 발생되는 암편이나 슬러리 등을 이용하여 보어홀을 채우는 작업. 그라우팅과 달리 수리적 밀봉을 형성하고 열교환을 보장하는 것을 주요한 목적으로 삼지 않음. 트렌치에서는 파이프를 배치한 후에 트렌치 작업에서 발생된 흙 등으로 트렌치를 원상 복원하고 단단하게 다지는 작업

- 디퓨저(Diffuser) : 공기를 여러 방향이나 여러 가지 유형을 바꾸어 주는 공급 공기 배출장치. 정해진 공간에 공급 공기와 공간 내부의 공기를 적절하게 섞어주는 역할을 수행

- 로터리 압축기(Rotary Compressor) : 용적식 압축기중의 하나로서, 구름 피스톤이나 미끄럼 베인의 회전으로 압축실의 내부 용적이 변화하는 압축기. 소용량에서 널리 사용되어 왔으나, 최근에는 스크롤 압축기보다 작은 용량 범위에서 널리 사용

- 루프(Loop) : 배관으로 이루어진 밀폐 회로. 지열 열펌프 시스템은 기본적으로 지중 루프, 냉매 루프, 공기 루프로 구성되며, 그 외에 순환수 루프, 급탕 루프 등이 추가될 수 있음.

- 맞대기 열융착부(Butt-Fused Joint) : 연결되는 두 개의 파이프의 단면을 가하여 연결된 부분

- 물 대 공기 열펌프(Water to Air Heat Pump) : 물 형태의 열원이나 히트싱크로부터 열을 추출하거나 방출하기 위하여 물-냉매 열교환기를 사용하는 열펌프. 냉난방을 위하여 차갑거나 더운 공기를 생산하기 위하여 공기-냉매 열교환기를 사용

- 물 대 물 열펌프(Water to Water Heat Pump) : 물 형태의 열원이나 히트싱크로부터 열을 추출하거나 방출하기 위하여 물-냉매 열교환기를 사용하는 열펌프. 냉난방을 위하여 냉수나 온수를 생산하기 위하여 물-냉매 열교환기를 사용

- 밀폐 루프 시스템(Closed Loop System) : 지중 열교환기가 대기나 주변환경에 노출되지 않은 지열펌프 시스템. 일반적으로 지중 열교환기, 순환펌프 및 히트펌프 유니트로 구성

- 밀폐 루프 수열원 열펌프(Closed Loop Water Source Heat Pump) : 부동액을 포함하는 순환유체를 순환하는 밀폐시스템. 지중이나 물 형태의 열원이나 히트싱크로부터 열을 연속적으로 추출하거나 방출

- 방출 열(Heat of Rejection) : 냉방 모드에서 지중 열교환기를 통하여 방출되어 지중에 저장되는 열. 방출 열은 냉방 열량에 비하여 항상 더 크며, 냉방 열량에 압축기 소비전력을 더한 값과 같다. 냉동기-냉각탑 시스템에서는 냉각탑을 통하여 공기 중으로 방출되는 열을 의미

- 벤토나이트(Bentonite) : 벤토나이트는 물과 반응하여 팽윤성이 높고, 가소성이 매우 높은 광물로서, 화산 폭발 활동과 함께 화산재가 바다속 등에 퇴적되어 생선된 점토질 광물로 몬모릴로나이트로 불림. 벤토나이트에는 크게 소디움(Na계), 칼슘(Ca계)의 2가지로 구분되는데 지중 열교환기나 방수 목적으로는 소디움계가 사용

- 병렬 시스템(Parallel System) : 밀폐 루프 회로에서 유체의 흐름이 가능한 유로가 2개 이상으로 구성된 시스템

- 보어홀(Borehole) : 지중에 천공한 깊은 좁은 공간을 가리키는 일반적인 용어로서, 지중 열교환기를 비롯하여 천연가스 또는 석유 시추나 지질 탐사등 여러 가지 용도로 사용. 지열 히트펌프에서는 수직밀폐형 지중 열교환기를 설치를 위해 천공된 상태 또는 그라우팅 등을 수행하여 지중 열교환기로 준비된 상태를 의미

- 보어홀 실제 길이(Active Borehole Length) : 지중 열교환기의 보어홀 깊이 중에서 고밀도 폴리에틸렌 U자관의 길이. 천공 깊이 중에서 파이프가 설치되지 않

은 부분을 제외

● **분사(Throw)** : 공기의 공급 출구를 통하여 배출되어, 그 속도가 0.25m/s이하로 떨어지는 지점까지의 거리

● **분산 펌핑 시스템(Distributed Pumping System)** : 지열 히트펌프 시스템에 포함 각각의 히트펌프 유니트마다 필요한 유량을 제어할 수 있는 적은 용량의 펌프를 설치하는 시스템

● **블록 부하(Block Load)** : 블록을 구성하는 존 부하의 합으로 정의. 중앙 냉난방 시스템에 연계된 여러 개의 존으로 구성된 건물에서 블록 부하를 계산

● **빈(Bin)** : 정해진 지역의 외기 온도 일정한 간격으로 나누는 온도차로서, 주로 5°F나 3℃가 널리 사용. 빈은 정해진 지역에서 시간별, 월별, 연간 외기온도의 발생 주기 분포를 표시하는데 사용

● **사방변(Reversing Valve, Four-Way Valve)** : 일체형 히트펌프의 주요한 구성 요소의 하나로서, 하나의 장비로 냉방과 난방을 겸용으로 사용하는 것을 가능하게 함. 사방변을 조작하여 부하측과 지중측 열교환기의 역할을 응축기와 증발기로 서로 교대할 수 있도록 함으로서, 냉방과 난방을 전환

● **새들 열융착(Saddle-Fused Joint)** : 연결되는 파이프의 곡면 부위에 연결되는 파이프 면을 가열하여 압력을 가하여 연결된 부분

● **생애 주기 비용(Life Cycle Cost)** : 검토 대상 시스템을 소유하여 발생하는 주요한 비용을 포함하여 시스템 비용을 분석하는 방법. 금전의 시간적 가치, 초기 투자비용, 그리고 제품 수명 기간 동안의 에너지 비용과 유지비용 등을 포함한 주요 비용이 해당

● **설계 부하(Design Load)** : 적용 대상 시스템에 관련된 장비(히트펌프 유니트 등)를 선정하고 공기 분배 시스템(디퓨저, 그릴 및 덕트 시스템 등)을 설계하는 데 사용하는 피크 냉방 및 난방 부하. 주어진 지역에 대하여 표준 조건이나 허용되는 조건을 기반으로 설계 부하를 산정

● **성능 인자(Performance Factor)** : 해당 시스템에서 나오는 출력용량과 이를 얻기

위하여 투입된 입력의 비율. 시스템의 용량과 입력을 나타내는 단위는 다양하게 적용되며, 다양한 이름으로 불림.

- 성적 계수(Coefficient of Performance) : 히트펌프 장비의 난방 효율의 척도로 널리 사용되며, 난방 에너지를 난방을 위해 공급되는 전기 에너지로 나눈 값. 난방 에너지와 전기 에너지는 동일한 에너지 단위를 사용

- 소켓 열융착부(Socket-Fused Joint) : 연결되는 두 개의 파이프의 단면을 연결하기 위해 그 사이에 소켓을 이용하며, 소켓의 안쪽면과 파이프 외부를 각각 가열하고 압력을 가하여 융착을 수행하는데, 소켓을 포함한 부분

- 송풍기(Blower) : 온도를 조절하는 목적으로 열교환기에 공기를 공급하는 팬을 의미. 물-공기열펌프 유니트에서는 실내 부하측 열교환기에 송풍기가 장착

- 수열원 열펌프(Water Source Heat Pump) : 물 형태의 열원과 열교환을 수행하기 위하여 물-냉매 열교환기를 사용하는 열펌프

- 순환 펌프(Circulation Pump) : 밀폐 배관으로 구성된 루프에서 작동유체를 순환시키는 펌프

- 스크롤 압축기(Scroll Compressor) : 회전하는 스크롤과 고정된 스크롤, 두 개의 스크롤이 설치되어 있으며, 스크롤의 회전에 따라서 스크롤 사이의 공간 내부에 들어있는 기체의 압축을 수행. 압축기의 냉방용량 기준으로 2 ~ 30 RT 범위에서 널리 사용되며, 이 범위에서 성능이 높고 내구성도 우수하여, 지열 히트펌프 및 기타 히트펌프에서 널리 사용. 냉매 압축기 이외에도 공기 압축기, 팽창기 및 진공펌프 분야에서도 사용

- 스크류 압축기(Screw Compressor) : 로터리 스크류 또는 헬리컬 압축기 등으로도 불리며, 일반적으로 한 쌍의 로터(암 로터와 숫 로터)가 같은 방향으로 회전하면서 로터 사이의 공간 내부에 들어 있는 기체의 압축을 수행. 압축기 냉방용량 기준으로 50~200RT 범위에서 널리 사용되며, 이 범위에서는 성능이 가장 높고 내구성이 우수하며, 히트펌프 및 냉동기에서 널리 사용. 냉매를 적용하는 경우 이외에도, 공기 압축기 등 다양한 산업분야에서 널리 사용

● 스케일(Scale) : 순환수나 물에 포함된 불순물이 열교환기의 내면에 쌓이는 현상. 스케일은 물의 경도나 알칼리성이 주요한 인자이며, 주로 개방형에서 문제가 되며, 열교환기에서 fouling이 발생하여, 종합적인 효율성과 성능이 감소

● 슬링키(Slinky) : 수평 트렌치나 폰드 루프에 사용되는 지중 열교환기의 일종으로, 지중 열교환기의 파이프를 슬링키의 형태로 연속적으로 감은 형태. 지중 열교환기의 시공에 필요한 면적을 줄이기 위한 방법

● 시멘트(Cement) : 가장 일반적인 결합재로서 석회석과 점토가 대부분이고 약간의 산화철이 첨가됨. 지중 열교환기 그라우팅에서 벤토나이트 대신에 사용되기도 함.

● 써모스탯(Thermostat) : 온도 변화에 대응하는 계기로서 냉난방 시스템의 작동으로 실내 온도를 직접 또는 간접적으로 제어하는 목적으로 사용

● 썸(Therm) : 에너지의 단위로서 100,000Btu만큼의 에너지양. 주로 미국에서 천연가스 에너지의 양을 나타내는데 사용. 1 Therm = 100,000 Btu = 2,520 kcal = 29.3 kWh

● 압축기(Compressor) : 열펌프 시스템의 냉매 루프에서 가장 핵심이 되는 요소로서, 압축기로 유입되는 기체냉매를 가압하며, 이때 고온의 과열된 상태로 토출시킴. 이 때 기체 냉매의 체적은 감소하고, 압축기가 가하는 동력으로 냉매가 냉매 루프를 순환시킴.

● 암편(Drilling Cuttings) : 천공 작업에서 발생하는 암석의 조각

● 에너지 부하(Energy Load) : 월간, 계간, 그리고 연간 등 정해진 기간 동안에 시스템을 운전하는데 소요되는 에너지를 예측하기 위해 계산된 부하. 계산 방법은 설계 부하의 계산 방법과 유사하지만, 설계 조건 대신에 실제 운전 조건이나 기상 데이터를 사용하는 것에서 큰 차이가 있음.

● 연간 지중 부하(Annual Ground Load) : 냉방 모드에서 지중 열교환기를 통하여 지중에 저장된 에너지량과 난방 모드에서 지중에서 추출하여 이용한 에너지량

● 열관류율(Thermal Transmittance) : "U-value" 또는 "U-factor"으로도 불리우며,

구조물의 단위 면적당 온도 1도 차이가 발생하는 열전달량. SI단위에서는 W/m^2K의 단위로 표시되며, IP단위에서는 $btu/ft^2°F$로 표시. 구조물의 열관류율은 해당 구조물의 열저항값(R값)의 역수로 표시

● 열교환기(Heat Exchanger) : 두 가지 다른 온도의 유체가 직접 접촉하지 않고 분리된 상태에서 열을 교환할 수 있도록 제작된 장치로서, 미국에서는 코일(Coil)으로도 널리 불림.

● 열융착(Heat Fusion) : 맞대어 연결되는 부품의 면을 가열하여 압력을 가하여 연결하여, 하나의 파이프로 만드는 과정. HDPE파이프를 연결하는 열융착 부위는 다른 부분에 비하여 높은 강도를 가지므로, 제대로 수행된 열융착 부위에서 누설이 발생할 가능성이 매우 낮음.

● 열원(Heat Source) : 히트펌프가 열을 받는 매체로서 공기, 물, 지중을 비롯하여, 배기가스 및 폐열도 포함됨.

● 열저항(Thermal Resistance) : 구조물의 열전달을 방지하는 능력을 수치화한 값으로서, 양 면의 온도차를 열전달율로 나눈 값. 열저항값의 단위는 일반적으로 $(K \cdot m^2)/W$으로 표시되며, 구조물의 두께 또는 거리를 열전도율로 나눈 값으로도 표시되며, 열관류율의 역수로도 표시

● 열전달계수(Heat Transfer Coefficient) : 유체와 고체 사이에서 대류 현상에 의한 열전달을 계산하기 위하여 사용되는 계수로서 $W/K \cdot m^2$의 단위로 표시

● 열전도율(Thermal Conductivity) : 어떤 물질의 열을 전도하는 능력을 나타내는 특성(Fourier의 열전도 법칙에서 정의). 단위는 $W/K \cdot m$로 표시

● 왕복동 압축기(Reciprocating Compressor) : 실린더와 헤드부 사이에 밀폐된 공간에서 피스톤의 상하 운동에 따라 압축과 팽창을 반복. 피스톤의 왕복운동에 따라 내부 공간의 체적이 감소하여 압축되며, 가장 오래된 형식의 압축기로서 아주 소량에서 산업용으로 비교적 큰 용량에 이르기까지 매우 넓은 폭을 가지고 있음. 효율이 낮은 편이고, 밸브 등의 부품에서 손상이 발생하기 쉬운 단점

● 외피 부하(Envelop Load) : 건물 내부의 냉난방 공간을 구성하는 건축 구성요소

를 통하여 전달되는 총 냉방 부하와 난방 부하를 가리킴. 창호(fenestration)와 침기(infiltration)로 인한 부하도 포함.

- 용적식 펌프(Positive Displacement Pump) : 입구 측에는 넓은 틈이 있고, 출구 측에는 좁아지는 틈을 가지고 있는 펌프. 구동 축의 회전에 따라서 유체를 전송하며, 고형질이 높은 그라우팅 작업에서는 용적식 펌프가 이용됨.

- 원심식 압축기(Centrifugal Compressor) : 국내에서는 터보 압축기로 널리 불리며, 래디얼(Radial)압축기로도 불리며, 용적식 압축기가 아닌 동적 방식(Dynamic)의 압축기로 분류. 임펠러 회전을 통하여 운동에너지가 증가하고, 디퓨저와 볼류트를 통과하면서 운동에너지가 압력으로 전환되는 과정을 거치면서 통과하는 기체가 압축. 300RT급 이상에 적용이 가능하며, 주로 500RT이상에서 우수한 경제성을 보여 대용량 냉동기에 널리 이용되고 있다. 최근에는 대용량의 히트 펌프에 적용되고 있음.

- 원심식 펌프(Centrifugal Pump) : 회전 임펠러를 사용하여 유체의 압력을 상승시키며, 배관 시스템에서 작동유체를 순환시키는데 널리 사용

- 유동 영역(Flow Regime) : 유체의 유동 상태를 나타내는 용어로서, 층류 유동(Laminar Flow), 천이 유동(Transitional Flow), 난류 유동(Turbulent Flow)로 구분

- 응축기(Condenser) : 냉동사이클의 주요한 구성요소로서, 기체 상태의 냉매가 액체 상태의 냉매로 상변환이 발생하는 열교환기. 기체 냉매가 액체로 상변환을 수행하면서 주변(물, 공기 그리고 지중)에 열을 방출.

- 일체형 열펌프(Unitary Heat Pump) : 공장에서 완성 조립된 히트펌프 유니트

- 잠열 냉방 부하(Latent Cooling Load) : 실내 공간에서 정해진 습도 조건을 유지하기 위하여 수분을 제거하는데 관련된 부하

- 절대 압력(Pressure Absolute) : 절대 제로 압력을 기준으로 측정된 압력으로, 대기 압력과 게이지 압력의 합으로 표시

- 제상 사이클(Defrosting Cycle) : 공기열원 히트펌프의 실외측 열교환기에 누적되는 성애나 얼음을 제거하기 위하여 수행하는 제어 공정

- 존 부하(Zone Load) : 정해진 존의 피크 부하를 만족시키기 위하여 시스템이 공급하는 냉방 또는 난방 부하. 일반적으로 해당 존에 한 개의 써모스탯을 이용하여 에너지의 공급을 제어

- 중앙 펌핑 시스템(Centralized Pumping System) : 지열 히트펌프 시스템에 포함된 모든 히트펌프 유니트에 필요한 유량을 중앙에서 공급하는 펌프 시스템

- 증발기(Evaporator) : 냉동사이클의 주요한 구성요소로서, 액체 또는 거의 액체 상태의 냉매가 기체 상태로 상변환이 발생하는 열교환기. 이 때 물, 공기, 또는 지중과 같은 주변으로부터 열을 흡수

- 지열원 열펌프(Ground Source Heat Pump) : 지중을 열원으로 그리고 히트 싱크로 사용하는 열펌프이다. 일반적으로 밀폐형 지중 열교환기에 의해 지중과 연결된 열펌프. 일반적으로 밀폐형 지중 열교환기에는 수평형, 수직형이 있으며, 냉매를 직접 지중루프에 순환시키는 직접 팽창형(Direct Expansion Type)도 사용

- 지중 루프(Ground Loop) : 지중 열교환기 내부의 작동 유체가 순환하는 회로. 지중 열교환기에서 히트펌프 유니트의 지중 측 열교환기까지의 범위에 지중 순환펌프도 포함.

- 지중 부하(Ground Load) : 지열펌프 시스템에 관련된 부하로서, 지중 열교환기의 설계에 연관되어 있음. 건물의 냉방과 난방에 관련된 에너지부하와 비슷한 개념으로서, 냉방모드에서 지중 부하는 지중에 지중 열교환기를 통하여 열을 저장하며, 난방모드에서는 지중에 저장된 에너지를 이용(추출)

- 지중 열교환기(Ground Heat Exchanger ; GHX) : 지중을 열원이나 히트 싱크로 사용하기 위하여 지중에 설치된 열교환기. 밀폐형과 개방형으로 구분할 수 있으며, 또한 수직형과 수평형 등으로 구분할 수 있음.

- 직렬 시스템(Serial System) : 밀폐 루프 회로에서 유체의 흐름이 가능한 유로가 오직 1개로 구성된 시스템

- 직접 팽창 지중 열교환기(Direct Expansion Ground Heat Exchanger) : 지중에 설

치된 지중 열교환기 배관 내부를 냉매가 순환하면서, 지중을 열원이나 히트 싱크로 사용하는 열교환기

● 천공(Drilling / Boring) : 수직밀폐형 지중 열교환기의 보어홀을 파는 작업. 천공, 시추, 보링, 착정 등의 여러 가지 이름이 사용되기도 함.

● 추출 열(Heat of Extraction) : 난방 모드에서 지중 열교환기를 통해 지중에서 추출되는 열. 추출 열은 난방 용량에 비하여 항상 작으며, 난방 열량에서 압축기 소비전력을 제외한 값과 같음.

● 층류 유동 영역(Laminar Flow Regime) : 유체가 유선(Streamline)을 따라 매끈하게 유동하는 유동 상태

● 치수비(Dimension Ratio) : 폴리에틸렌을 포함한 플라스틱 파이프에서 파이프의 평균 두께에 대한 평균 외경의 비

● 코일(Coil) : 어떤 열원에서 다른 열원으로 열을 전달하는 열교환기를 가리킴. 지열 히트펌프 시스템에서는 물-냉매 코일과 냉매-공기 코일이 사용되며, 미국에서 널리 사용되는 용어

● 트레미 파이프(Tremie Pipe) : 그라우트 재료를 보어홀 바닥에서부터 시작하여 상부까지 주입하는데 사용하는 파이프. 일반적으로 보어홀 길이가 짧은 미국에서는 25~30mm의 파이프를 주로 사용

● 트렌치(Trench) : 지중에 좁고 길게 파낸 구조. 수평형 지중 열교환기에서 파이프를 시공하기 위하여 설치한 후에 되메우기를 수행하며, 또한 수직밀폐형 지중 열교환기 보어홀을 연결하는 헤더배관을 설치하고 배관을 열펌프 유니트에 연결하기 위한 배관을 설치하기 위하여 설치

● 팬 코일(Fan Coil) : 냉방이나 난방을 위한 열교환기와 팬으로 구성된 단순한 장치. 일반적으로 덕트에 연결하지 않고, 공간의 온도를 조절을 위하여 사용

● 퍼징(Purging) : 밀폐형 루프에서 배관 접합부등에 갇힌 공기를 제거하는 공정. 배관 내부에서 순환 유체의 속도가 0.6m/s 이상이 되면, 관 내부에 갇힌 공기가 용이하게 제거되므로, 퍼징 과정에서는 고유량 펌프를 사용

● 펌프(Pump) : 순환 루프에서 배관이나 부품에서 발생하는 압력손실을 극복하고 필요한 유량을 공급하는 장치. 펌프의 데이터는 제조업체가 공급하며, 유량 변화에 따른 양정의 변화를 그래프로 표시하는 것이 일반적임.

● 폰드 루프 (Pond Loop) : 흐르는 지표수나 고인 지표수의 열을 이용하기 위해 호수 바닥에 HDPE파이프 등으로 구성된 열교환기를 뜻함.

● 플러시 카트 (Flush Cart) : 이동상의 편의와 운전상의 편의를 위하여 퍼징용 펌프와 밸브, 연결 호스, 전기 배선, 필터, 저장 탱크를 하나의 카트에 결합한 시스템. 주거용이나 소용량 상업용으로 제작된 플러시 카트는 일반적으로 1.5~3HP용량의 고양정 고유량 퍼지펌프를 적용

● 플러싱(Flushing) : 지열 열펌프 시스템의 운전을 수행하기 이전에, 시공 과정중에 배관 시스템 내부에 갇힌 이물질을 제거하기 위하여 배관 내부에 물을 순환시키는 작업

● 플로우 센터(Flow Center) : 하나의 케이스에 순환펌프와 밸브 그리고 포트를 설치하여 퍼징이나 플러싱, 부동액 충진, 지중루프 가압(가압 플로우 센터) 등을 수행할 수 있도록 제작된 일체형 장치

● 피티 프로브(P/T Probe) : 배관 시스템에서 측정이나 문제 해결을 위하여, 해당 지점의 온도와 압력을 측정을 위해 온도와 압력 센서를 즉시 설치할 수 있도록 준비되어 있는 배관 부품

● 하절기 설계 온도(Design Temperature - Summer) : 건물의 냉방 부하를 산정하는데 사용되는 온도. 하절기 설계 온도는 일반적으로 연중 온도 중에서 가장 높은 온도에서 0.4% 또는 1.0%를 제외한 온도로 정하는 것이 일반적임.

● 현열 냉방 부하(Sensible Cooling Load) : 실내 공간에서 정해진 온도 조건을 유지하기 위하여 열을 제거하는데 관련된 부하

● 현열비(Sensible Heat Factor) : 전체 냉방부하 중에서 현열로 인한 부분의 비율로 표시하며, 현열 냉방 부하를 총 냉방 부하로 나눈 값

● 헤더링(Headering) : 각각의 지중 열교환기 보어홀의 공급 및 환수 배관을 기계

실이나 맨홀의 공급 및 환수 배관으로 연결하는 작업 과정

● 호스 키트(Hose Kit) : 지열 배관에서 플로우 센터나 지열 히트펌프 유니트로 연결하기 위하여 일체로 제작된 장치. 배관, 클램프, 연결부품 그리고 피터 프로브 등을 장착

● 회수기간(Payback Period) : 투자에 대한 가치평가방법의 하나로서, 초기 투자금액을 회수하는데 소요되는 시간을 가리키며, 화폐에 대한 시간가치(Time Value)를 고려하지 않음.

● 히트 싱크(Heat Sink) : 방열체로 불리며, 히트펌프 유니트의 방열로 나오는 열을 흡수하는 공기, 물, 지중 등의 매체

● ARI(Air-Conditioning and Refrigeration Institute) : 공조냉동연구소의 약자

● ASHRAE(American Society of Heating, Refrigeration, Air-Conditioning Engineers) : 미국 냉동공조 공학회의 약자

● BTU(British Thermal Unit) : 1파운드의 물을 $1°F$만큼 올리는데 필요한 열량의 약자. 1 BTU = 0.25 kcal = 0.293 Wh. 1 BTU/h = 0.293 W

● EER(Energy Efficiency Ratio) : 히트펌프 유니트의 냉방 효율을 표시하는 단위의 약자. 공간의 냉방에 필요한 열량(BTU/h)을 전력소비량(kW)으로 나눈 값

● ELT(Entering Load Temperature) : 히트펌프 유니트의 부하측 냉매-물 열교환기 입구의 물의 온도의 약자

● EWT(Entering Water Temperature) : 히트펌프 유니트의 지중측 냉매-물 열교환기 입구의 물의 온도의 약자

● HDPE(High Density Polyethylene) : 고밀도 폴리에틸렌의 약자로서, 지중 열교환기에서 배관재료로 사용

● HSPF(Heating Seasonal Performance Factor) : 히트펌프 유니트의 연간 난방효율의 약자. 난방 기간 동안 해당 공간의 난방에너지(BTU)를 에너지 소비량(Wh)으로 나눈 값

- IGSHPA(International Ground Source Heat Pump Association) : 국제지열히트 펌프협회의 약자

- LLT(Leaving Load Temperature) : 히트펌프 유니트의 부하측 냉매-물 열교환기 출구의 물의 온도의 약자

- LWT(Leaving Water Temperature) : 히트펌프 유니트의 지중측 냉매-물 열교환기 출구의 물의 온도의 약자

- SEER(Seasonal Energy Efficiency Ratio) : 히트펌프 유니트의 연간 냉방 효율의 약자. 냉방 기간 동안 공간의 냉방에너지(BTU)를 에너지 소비량(Wh)으로 나눈 값

참고문헌

실용 열전달, 정 모 외, 2010, 사이텍미디어.

지열시공사, 지열인력양성센터, 2010, 건기원.

한정상·한 찬, "지열펌프 냉난방 시스템", 한림원, 2004.

ASHRAE Handbooks, 2007, 2008, 2009, 2010, *American Society of Heating, Refrigerating and Air-Conditioning Engineers,* Inc.

Building Heat Transfer, Davies, *M.G.,* 2004, John Wiley & Sons, Ltd

Closed-Loop/Ground-Source Heat Pump Systems: Installation Guide, *NRECA Research Project 86-1,* 1988, Oklahoma State University

Commissioning, Preventative Maintenance, and Troubleshooting Guide for Commercial Ground-Source Heat Pump Systems, SP-94, 2002, *American Society of Heating, Refrigerating and Air-Conditioning Engineers,* Inc.

Conduction of Heat in Solids Second Edition, Carslaw, *H.S., and Jaeger, J.C.,* 1959, Oxford University

D. Pahud, B. Matthey. Comparison of the Thermal Performance of Double U-Pipe Borehole Heat Exchangers Measured In Situ. University of Applied Sciences of Sourthern Switzerland.

DOE, 2000. Ground-source heat pumps applied to commercial facilities, Federal Technology Alerts, *US Department of Energy,* Washington D.C.

DOE, 2001, Ground-source heat pumps applied to federal facilities-second edition, Federal Energy Management Program, *US Department of Energy,* Washington D.C

Energy Simulation in Building Design, Clark, J.A., 2001, Butterworth-Heinemann

Ground Loop Design. Geothermal Design Studio. *GBT,* Inc.

Ground-Source Heat Pumps, Design of Geothermal Systems for Commercial and Institutional Buildings, *Kavanaugh & Rafferty,* 1997, American Society of Heating, Refrigerating and Air-Conditioning Engineers, Inc.

Henry Malcolm Steiner: *Engineering economic principles 2nd ed,.* Hanol, Seoul, Korea, pp. 86~94, 2000.

Importance of axial effects for borehole design of geothermal heat-pump systems, Marcotte, D., Pasquier, P., Sheriff, F., and Bernier, M., 2010, *Renewable Energy, Vol. 35,* pp.763-770

Kavanaugh, S.P. and Rafferty, K., 1997, Ground-source heat pumps : *design of geothermal systems for commercial and institutional buildings,* ASHRAE, Atlanta

Modelling Methods for Energy in Buildings, *Underwood,C.P., and Yik, F.W.,* 2004, Blackwell Publishing Ltd.

N. D. Paul, The effect of grout conductivity on vertical heat exchanger design and performance, *Master Thesis,* South Dakota State university.

Review of methods to evaluate borehole thermal resistances in geothermal heat-pump sytems, Lamarche, L., Kajl, S., and Beauchamp, B., 2010, *Geothermics Vol.39 No.2,* pp. 187-200

Sohn Byong Hu, Shin Hyun Jun and Park Sung Koo: "Comparative analysis of life-cycle costs of ground source heat pump and conventional HVAC system", *Proceedings of Air-Conditioning and Refrigeration Engineering,* 2004-s-222, pp. 1339~1344, 2004.

Stephen R. Petersen: "The NIST Building Life-Cycle Cost Program, User's guide and Referance manual", *NISTIR 5185-3,* 1995.

Vertical-borehole ground-coupled heat pumps: A review of models and systems, Yang, H. Cui, P., and Fang, Z., 2010, *Applied Energy 97,* pp.16-27

Yavuzturk C. and Spitler J. D., 1999. A short time step response factor model for vertical ground loop heat exchangers, *ASHRAE Transactions, Vol. 105,* Part 2, pp. 540-550.